Ulrike Ruch

Charakterisierung des Proteintransports im Malariaerreger P.falciparum

Ulrike Ruch

Charakterisierung des Proteintransports im Malariaerreger P.falciparum

(Welch, 1897)

Südwestdeutscher Verlag für Hochschulschriften

Impressum/Imprint (nur für Deutschland/only for Germany)
Bibliografische Information der Deutschen Nationalbibliothek: Die Deutsche Nationalbibliothek verzeichnet diese Publikation in der Deutschen Nationalbibliografie; detaillierte bibliografische Daten sind im Internet über http://dnb.d-nb.de abrufbar.
Alle in diesem Buch genannten Marken und Produktnamen unterliegen warenzeichen-, marken- oder patentrechtlichem Schutz bzw. sind Warenzeichen oder eingetragene Warenzeichen der jeweiligen Inhaber. Die Wiedergabe von Marken, Produktnamen, Gebrauchsnamen, Handelsnamen, Warenbezeichnungen u.s.w. in diesem Werk berechtigt auch ohne besondere Kennzeichnung nicht zu der Annahme, dass solche Namen im Sinne der Warenzeichen- und Markenschutzgesetzgebung als frei zu betrachten wären und daher von jedermann benutzt werden dürften.

Coverbild: www.ingimage.com

Verlag: Südwestdeutscher Verlag für Hochschulschriften GmbH & Co. KG
Heinrich-Böcking-Str. 6-8, 66121 Saarbrücken, Deutschland
Telefon +49 681 37 20 271-1, Telefax +49 681 37 20 271-0
Email: info@svh-verlag.de

Herstellung in Deutschland:
Schaltungsdienst Lange o.H.G., Berlin
Books on Demand GmbH, Norderstedt
Reha GmbH, Saarbrücken
Amazon Distribution GmbH, Leipzig
ISBN: 978-3-8381-3177-1

Imprint (only for USA, GB)
Bibliographic information published by the Deutsche Nationalbibliothek: The Deutsche Nationalbibliothek lists this publication in the Deutsche Nationalbibliografie; detailed bibliographic data are available in the Internet at http://dnb.d-nb.de.
Any brand names and product names mentioned in this book are subject to trademark, brand or patent protection and are trademarks or registered trademarks of their respective holders. The use of brand names, product names, common names, trade names, product descriptions etc. even without a particular marking in this works is in no way to be construed to mean that such names may be regarded as unrestricted in respect of trademark and brand protection legislation and could thus be used by anyone.

Cover image: www.ingimage.com

Publisher: Südwestdeutscher Verlag für Hochschulschriften GmbH & Co. KG
Heinrich-Böcking-Str. 6-8, 66121 Saarbrücken, Germany
Phone +49 681 37 20 271-1, Fax +49 681 37 20 271-0
Email: info@svh-verlag.de

Printed in the U.S.A.
Printed in the U.K. by (see last page)
ISBN: 978-3-8381-3177-1

Genehmigt vom Fachbereich Biologie
der Fakultät für Mathematik, Informatik und Naturwissenschaften
an der Universität Hamburg
auf Antrag von Prof. Dr. E. TANNICH
Weitere Gutachterin der Dissertation:
Prof. Dr. I. BRUCHHAUS
Tag der Disputation: 31. August 2011

Hamburg, den 02. August 2011

Professor Dr. J. Fromm
Vorsitzender des Promotionsausschusses
Biologie

Charakterisierung des Proteintransports im Malariaerreger *Plasmodium falciparum* (Welch, 1897)

Dissertation

zur Erlangung der Würde eines

Doktors der Naturwissenschaften

des Fachbereichs Biologie,

der Fakultät für Mathematik, Informatik und Naturwissenschaften,

an der Universität Hamburg

vorgelegt von

Ulrike Ruch

aus Bautzen.

Hamburg 2011

Inhaltsverzeichnis

Abkürzungsverzeichnis

Abb.	Abbildung
ACT	Artimisinin-Kombinations-Therapien (*engl.* Artimisinin combination therapy)
ADP	Adenosindiphosphat
AIDS	(*engl.*) Auto immunodeficientcy syndrome
AMA1	Apikales Membranantigen 1 (*engl.* Apical Membrane Antigen 1)
amp	Ampicillin
APS	Ammoniumpersulfat
AS	Aminosäure(n)
ATP	Adenosintriphosphat
ATPase	Adenosintriphosphatase
BiP	luminales Bindeprotein
Bp, bp	Basenpaar(e)
BSA	Albumin bovine Fraction V (*engl.* bovine serum albumin)
BSD	Blasticidin S
bzw.	beziehungsweise
ca.	circa
CD	Zytoplasmatische Domäne (*engl.* cytoplasmic domain)
cDNA	komplementäre DNA (*engl.* complementary DNA)
CGN	*cis*-Golgi-Netzwerk
CKAP4	(*engl.*) cytoskeleton-associated protein 4
COPI/II	(*engl.*) Coated protein I/II
CRT-Protein	Chloroquin-Resistenz-Transporter – Protein
cryoSEM	(*engl.*) cryogenic scanning EM
CSP	(*engl.*) Circum sporozoite protein
DAP	3,3'-Diaminobenzidin-tetrahydrochlorid
DAPI	4',6-Diamidino-2-Phenylindol
DBL-Protein	(*engl.*) Duffy binding like-Protein
DD	Destabilisierungsdomäne
DDT	Dichlordiphenyltrichlorethan
DHFR	Dihydrofolatreduktase
Dig	Digitonin
DMSO	Dimethylsulfoxid
DNA	Desoxyribonukleinsäure (*engl.* desoxyribonucleinacid)
dNTPs	Desoxynukleotide
DTT	1,4,-Dithiothreitol
DI, II, III	Domäne I, II, III
EBL-Protein	(*engl.*) Erythrocyte binding like-Protein
EDTA	Ethylendiamintetraessigsäure
EGTA	Ethylenglykoltetraessigsäure
eIF4A	(*engl*). eucaryotic initiation factor 4A
EM	Erythrozytenmembran, Elektronenmikroskopie
engl.	englisch
ER	Endoplasmatisches Retikulum
ERD2	(*engl.*) ER lumen protein retaining receptor 2
ERES	(*engl.*) tER-Exit site

et al.	und andere (*lat.* et alia)
EtBr	Ethidiumbromid
E. coli	*Eschericha coli*
FA	Formaldehyd
FACS	Durchflusszytometrie (*engl.* fluorescence activated cell sorting)
GalNAc	N-Acetylgalaktosamin
Galnt	N-acetylgalactosaminyltransferasen
GDA	Glutardialdehyd
Gen-ID	Gen-Identifikationsnummer
GFP	Grün-fluoreszierendes Protein (*engl.* green fluorescence protein)
GPI	Glykosylphosphatidylinositol
GRASP	(*engl.*) Golgi-Re-assembly-Stacking-Protein
GSA	(*engl.*) Gametocyte surface antigen
GTPase	Guanintriphosphatase
GXP	(*engl.*) Gene expression database
HA	Hämagglutinin
hDHFR	humane Dihydrofolatreduktase
HEPES	2-(4-(2-Hydroxyethyl)- 1-piperazinyl)-ethansulfonsäure
HRP	Meerettichperoxidase (*engl.* horse radish peroxidase)
Hsp	Hitzeschockprotein
IFA	Immunfluoreszenzfärbung (*engl.* immuno fluorescence assay)
IMC	Innerer Membrankomplex (*engl.* Inner membrane complex)
IP	Immunpräzipitation
IRS	(*engl.*) Indoor residual sprays
ital.	italienisch
kb	Kilobase(n)
LacZ	β-Galactosidase
lat.	lateinisch
LB-Medium	(*engl.*) lysogeny broth – Medium
mAK	monoklonaler Antikörper
Mb	Megabase(n)
MDR1 – Transporter	(*engl.*) multi-drug-resistance – Transporter
MFS	Kryo-Stabilisierungslösung (*engl.* Malaria freezing solution)
MGD	(*engl.*) Mouse genome database
Mio.	Million(en)
MOPS	3-(n-Morpholino)-Propansulfonsäure
Mrd.	Milliarde(n)
MSP1,2	(*engl.*) Merozoite surface protein 1,2
MTB	(*engl.*) Mouse tumor biology
MTS	Auftaulösung (*engl.* Malaria thawing solution)
M. musculus	*Mus musculus*
nano-ESI	nano-Elektrospray-Ionisierung
*Nc*AMA1	*N. canium* AMA1
NCBI	(*engl.*) National Center for Biotechnology Information
NWM	(*engl.*) New world monkeys
N. canium	*Neosproa canium*
OD	optische Dichte
OWM	(*engl.*) Old world monkeys
*Pb*AMA1	*P. berghei* AMA1
PBS	Phosphat-gepufferte Kochsalzlösung (*engl.* phosphate buffered saline)

*Pc*AMA1	*P. chabaudi* AMA1
PCR	Polymerase-Kettenreaktion (*engl.* polymerase chain reaction)
*Pf*AMA1	*P. falciparum* AMA1
*Pf*EBA-140/175/181	*P. falciparum* Erythrozyten-Binde-Antigen 140/175/181 (*engl.* Erythrocyte binding antigen-140/175/181)
*Pf*EMP1	*P. falciparum* Erythrozyten-Membranprotein 1 (*engl.* Erythrocyte Membrane Protein 1)
*Pf*ERC	(*engl.*) *Pf* ER-resident calcium binding protein
pH-Wert	negativer dekadischer Logarithmus von [H^+]
pI	isoelektrischer Punkt
*Pk*AMA1	*P. knowlesi* AMA1
PPM	Parasiten-Plasmamembran
*Pr*AMA1	*P. reichenowi* AMA1
ProD	Prodomäne
ProMut	*P. falciparum*-AMA1 mit mutierter Prodomänen-Spaltstelle
ProtK	Proteinase K
*Pv*AMA1	*P. vivax* AMA1
PVM	parasitophore Vakuolenmembran
*Py*AMA1	*P. yoelii* AMA1
P. alderi	*Plasmodium alderi*
P. berghei	*Plasmodium berghei*
P. billcollinsi	*Plasmodium billcollinsi*
P. blacklocki	*Plasmodium blacklocki*
P. chabaudi	*Plasmodium chabaudi*
P. falciparum	*Plasmodium falciparum*
P. gaboni	*Plasmodium gaboni*
P. gallinaceum	*Plasmodium gallinaceum*
P. knowlesi	*Plasmodium knowlesi*
P. malariae	*Plasmodium malaria*
P. ovale	*Plasmodium ovale*
P. reichenowi	*Plasmodium reichenowi*
P. vivax	*Plasmodium vivax*
P. yoelii	*Plasmodium yoelii*
Rab-Protein	(*engl.*) Ras-related in brain-Protein
RBL-Protein	(*engl.*) Reticulocyte binding like-Protein
rER	raues ER (*engl.* rough ER)
Rh-Protein	(*engl.*) Reticulocyte binding like homologs-Protein
Rn	(*engl.*) rhoptry neck
RNase	Ribunuklease
RON	(*engl.*) Rhoptry neck protein
RPMI-Medium	Roswell Park Memorial Institute-Medium
RT	Raumtemperatur
SAR-Stamm	Stramenopile, Alveolata, Rhizaria - Stamm
sER	glattes ER (*engl.* smooth ER)
SDS	Natriumdidodecylsulfat
SDS-PAGE	SDS-Polyacrylamidgelelektrophorese
SLC35	(*engl.*) Solute carrier family 35
SNARE-Protein	(*engl.*) soluble N-ethylmaleimide-sensitive-factor attachment receptor - Protein
SoTE-Puffer	Sorbitol- Tris-HCl- EDTA – Puffer
SP	Signalpeptid
spp.	Spezies

SUB1	Subtilisin 1
S. cerevisiae	*Saccharomyces cerevisiae*
TAE-Puffer	Tris-Acetat-EDTA – Puffer
Taq	*Thermus aquaticus*
TD	Transmembrandomäne
TE-Puffer	Tris-EDTA – Puffer
TEMED	N, N, N, N-Tetramethylendiamin
tER	transitorisches ER
*Tg*AMA1	*T. gondii* AMA1
TGN	*trans*-Golgi-Netzwerk
TIC	(*engl.*) Translocon of the inner membrane
TMCO1	(*engl.*) Transmembrane and coiled-coil domain 1
TOC	(*engl.*) Translocon of the outer membrane
TOM	(*engl.*) Translocaase of outer membrane
TRIS	Tris (hydroxymethyl)-aminomethan
T. brucei	*Trypanosoma brucei*
T. gondii	*Toxoplasma gondii*
uis3/4	(*engl.*) Upregulated in Infectious Sporozoites-Gen 3/4
üN	über Nacht
UV-Licht	ultraviolettes Licht
*vivax*PD	*P. falciparum*-AMA1 mit *P. vivax*-Prodomäne
VTS	Vakuolen-Transfer-Signal
v. Chr.	vor Christus-Geburt
WB	(*engl.*) Western-Blot
WHO	Weltgesundheitsorganisation (*engl.* World Health Organisation)
WT	Wildtyp
ΔPD	deltaPD: *P. falciparum*-AMA1 ohne Prodomäne

1 Zusammenfassung

Malaria ist eine parasitäre Infektionskrankheit und vor allem in den tropischen sowie subtropischen Gebieten verbreitet. Verursacht durch den einzelligen Parasiten der Gattung *Plasmodium* zählt Malaria der Weltgesundheitsorganisation zufolge mit ca. 250 Mio. Neuinfektionen und ca. 1 Mio. Todesopfern, neben AIDS und Tuberkulose zu einer der bedeutendsten Infektionskrankheiten weltweit (WHO, 2008 & 2010).

Der Parasit verfügt über ein komplexes Proteintransportsystem, das ihm erlaubt Proteine zielgerichtet in zahlreiche, parasitenspezifische Kompartimente zu transportieren und in die Wirtszelle zu exportieren.

Der Golgi-Apparat als zentrale Modifikations- und Sortierstelle von Proteinen spielt für den sekretorischen Transport eine besondere Rolle. In *Plasmodium falciparum* stehen für die strukturelle und funktionelle Charakterisierung dieses Organells derzeitig nur sehr wenige Golgiproteine zur Verfügung und die differentielle *trans*-Golgi-Sortierung von Proteinen zu den sekretorischen Organellen ist weitgehend ungeklärt.

In dieser Arbeit wurden zunächst in einem bioinformatischen Ansatz 117 putative Golgiproteine identifiziert und ihre mögliche Funktion im Golgi ermittelt. Acht dieser putativen Golgiproteine wurden als GFP-Fusionen im Parasiten lokalisiert: Eine Dolicholphosphat-Mannose-Synthase (PF11_0427), ein Transporterprotein (PF11_0141), zwei weitere Proteine mit Zink-Finger-Domänen (PFF0485c, PFE1415w) und drei Proteine (PFE1205c, PFF0415c, PF13_0331) ohne funktionelle Domänen. Ein weiteres Protein, PF13_0124, ist homolog zu dem *Saccharomyces cerevisiae*-Protein Sft2p, das bereits näher charakterisiert worden ist (Wooding & Pelham, 1998; Conchon *et al.*, 1999). Von diesen acht GFP-Fusionsproteinen zeigen vier (PFE1205c, PF11_0141, PF13_0124, PF13_0331) eine ER/Golgi Lokalisation, während drei in anderen Kompartimenten nachgewiesen werden konnten (Zytosol, Plasmamembran). Die schwache GFP-Expression von PFF0485c erlaubte hier keine Aussage über die Lokalisation des Proteins. Für PF13_0124, ein 4-Transmembranprotein wurde zudem die Membrantopologie aufgeklärt.

Im zweiten Teil der Arbeit wurde der post-Golgi-Transport von AMA1 („Apical membrane antigen 1“) zu den sekretorischen Organellen, genauer den Mikronemen, untersucht. AMA1 spielt bei der Invasion von Erythrozyten eine essentielle Rolle und wird als Typ I-Transmembranprotein über das Endoplasmatische Retikulum zunächst in die Mikronemen und dann auf die Oberfläche des Merozoiten transportiert. Einen Einfluss der zytoplasmatischen Domäne von AMA 1 konnte für diesen Transport ausgeschlossen werden (Treeck *et al.*, 2009); allerdings wird hierzu ein N-terminaler Bereich, der als Prodomäne bezeichnet wird, in einen funktionellen Zusammenhang gebracht (Healer *et al.*, 2005).

Um dieses zu überprüfen wurden von AMA 1 verschiedene Mutanten hergestellt, in *Plasmodium falciparum* exprimiert und deren Lokalisation im Parasiten untersucht. Der Austausch der *Pf*AMA1-Prodomäne gegen die AMA1-Prodomäne aus *Plasmodium vivax* sowie eine Deletionsmutante, die keine Prodomäne mehr besitzt, zeigten im Vergleich zum Wildtyp keine Lokalisationsdifferenz. Auch die Mutation der proteolytischen Spaltstelle, die eine Prozessierung der Prodomäne von AMA1 verhindert, zeigte ebenfalls keinen Einfluss auf die Lokalisation. Es konnte damit gezeigt werden, dass der Transport dieses Mikronemenproteins unabhängig von dessen Prodomäne erfolgt. Interessanterweise ist dieser Bereich nur bei den engverwandten Arten *Plasmodium falciparum* und *Plasmodium reichenowi* konserviert. Bezüglich der Re-Invasionsfähigkeit der transgenen Parasiten zeigte im Vergleich zum Wildtyp keine der Mutanten eine funktionelle Inaktivierung. Somit kann geschlussfolgert werden, dass dieser Bereich entweder eine artspezifische immunmodulatorische Funktion erfüllt, eine unbekannte Funktion in anderen Stadien wahrnimmt oder eine funktionslose Sequenzinnovation darstellt.

2 Einleitung

2.1 Malaria

Malaria (*ital.* mal aria – schlechte Luft) ist eine durch intrazelluläre Parasiten der Gattung *Plasmodium* verursachte Infektionskrankheit. Für das Jahr 2006 wurde die Anzahl an Neuinfektionen auf 247 Mio. geschätzt, wodurch Malaria neben Tuberkulose und AIDS zu einer der bedeutendsten und am weitesten verbreiteten Infektionskrankheiten zählt (WHO, 2008).
Der Weltgesundheitsorganisation (WHO) zufolge lebt die Hälfte der Weltbevölkerung (2,37 Mrd. Menschen) in Malaria-Risikogebieten, wozu insbesondere der südlich der Sahara gelegene Teil Afrikas, Zentral- und Südamerika, Ozeanien, Südostasien und Indien gezählt werden (WHO, 2008; Guerra *et al.*, 2008). Jährlich sterben knapp 1 Mio. Menschen an dieser Infektionskrankheit (WHO, 2010; siehe auch Abb. 2-1), wobei vor allem Kinder, jünger als fünf Jahre, betroffen sind. Die sozioökonomische Auswirkung dieser Infektionskrankheit ist drastisch: die wirtschaftlichen Einbußen der afrikanischen Staaten alleine werden mit jährlich 12 Mrd. US$ beziffert (Roll Back Malaria Partnership, 2009; www.rollbackmalaria.org).

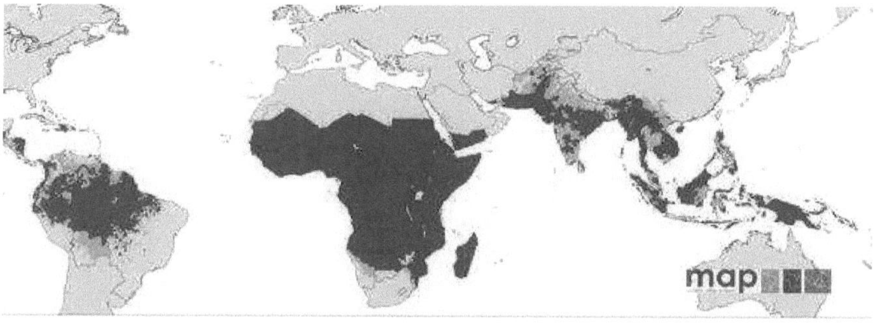

Abbildung 2-1: Weltweite Endemiegebiete der Malaria (*Plasmodium falciparum*)

In dunkelrot werden die Länder gezeigt, in denen die jährliche Anzahl an Neuerkrankungen durch *P. falciparum* ≥1 von 10000 Einwohnern ist. Hellrot: Gebiete mit einer Anzahl an Neuerkrankungen von <1 auf 10000 Einwohnern. Hellgrau: risikofreie Gebiete. (Guerra *et al.*, 2008)

Von mehr als 170 *Plasmodium*-Arten haben sich nur fünf auf den Menschen als Zwischenwirt spezialisiert. Infektionen mit *Plasmodium falciparum* (Erreger der *Falciparum*-Malaria/Malaria tropica), *Plasmodium malariae* (Erreger der Malaria quartana), *Plasmodium vivax* und *Plasmodium ovale* (Erreger der Malaria tertiana) lösen verschiedene Krankheitsbilder aus, wobei *P. falciparum* den gefährlichsten Verlauf verursacht. Diese Art ist auch für nahezu alle durch Malaria bedingten Todesfälle verantwortlich (WHO, 2008). Die Bedeutung von *Plasmodium knowlesi* Infektionen, der fünften humanpathogenen Art, findet durch verbesserte Diagnosetechniken zunehmend Beachtung, wobei dessen Verbreitungsgebiet sich auf bestimmte Gebiete in Süd-Ost-Asien beschränkt (Cox-Singh *et al.*, 2008; Pain *et al.*, 2008; White *et al.*, 2008). *P. knowlesi* wurde zunächst als Erreger der Affen-Malaria (in Rhesus-Affen (*Macaca spp.*)) in den 30iger Jahren beschrieben (Coggeshal & Kumm, 1937), aber dessen Potenzial für die Infektion von Menschen schon Mitte der 60er Jahren veröffentlicht (Chin *et al.*, 1965).

Plasmodien werden fast ausschließlich über weibliche Gabel- oder Fiebermücken der Gattung *Anopheles* übertragen, die Transmission von *P. falciparum* hauptsächlich über *Anopheles arabiensis* und *Anopheles gambiae*. Bisher sind mehr als 60 Arten bekannt, die als Malariavektoren dienen können (Service, 1993).

2.1.1 Geschichte der Malaria und ihre Erforschung

Chinesische Aufzeichnungen erwähnten Malaria bereits 1700 v. Chr. und kürzlich wurde beschrieben, dass der ägyptische Pharao Tutanchamun, der 1323 v. Chr. starb, an Malaria erkrankt gewesen sein soll (Hawass *et al.*, 2010; Timmann & Meyer, 2010). In Amerika wurden die ersten Malariafälle nach dem Eintreffen europäischer Eroberer beobachtet, wobei davon ausgegangen wird, dass die Krankheit durch afrikanische Sklaven in das Land gelangte (Desowitz, 1991). Zu Zeiten der Antike und des Römischen Reiches bis in die 50er Jahre des letzten Jahrhunderts galt in Europa die Mittelmeerregion als Malaria-Endemiegebiet. Bis Mitte des 20. Jahrhunderts traten außerdem in Mittel- und Nordeuropa Fälle von Malaria auf und wegen ausgeprägter Moor- und Marschlandschaften war selbst in Norddeutschland bis 1920 *P. vivax* weit verbreitet (beschrieben in Knottnerus, 2002). Der französische Militärarzt Charles L. Laveran konnte 1880 den Erreger der Malaria erstmals in Blut von algerischen Soldaten nachweisen (Laveran, 1880), wofür er 1907 den Nobelpreis in Medizin erhielt. 1897 beschrieb der englische Mediziner

Ronald K. B. Ross den Infektionsweg der Malaria und deren Transmission durch Mücken (Ross, 1897), wofür er 1902 ebenfalls mit dem Nobelpreis geehrt wurde. Wenige Monate später spezifizierte Giovanni B. Grassi den Überträger und stellte fest, dass die verschiedenen Erreger der Malaria ausschließlich über *Anopheles spp.* übertragen werden (Grassi *et al.*, 1899). Shortt und Garnham konnten 1948 zeigen, dass der Erreger aus den Speicheldrüsen der Mücke zunächst in die Leber wandert und diese infiziert bevor er im Blut nachweisbar ist (Shortt & Garham, 1948). 1976 gelang es Trager und Jensen erstmalig Plasmodien kontinuierlich *in vitro* zu kultivieren (Trager & Jensen, 1976).

1996 wurde die Sequenzierung des Genoms von *P. falciparum* begonnen und sechs Jahre später veröffentlicht (Gardner *et al.*, 1998, 2002a & 2002b; Carlton *et al.*, 2002; Hyman *et al.*, 2002; Hall *et al.*, 2002). Diese, sowie weitere Daten aus Proteom- (Florens *et al.*, 2002; Lasonder *et al.*, 2003; Hall *et al.*, 2005) und Transkriptionsanalysen (Le Roch *et al.*, 2003; Bozdech *et al.*, 2003) von *P. falciparum* und verwandten *Plasmodium*-Arten, sind in der Internetdatenbank „PlasmoDB" (www.plasmodb.org, Bahl *et al.*, 2003) frei verfügbar.

2.1.2 Krankheitssymptome der Malaria

Bedingt durch die Spezies des Malaria-Erregers treten erste Symptome in der Regel nach einer Inkubationszeit von ca. zwei Wochen auf (11-35 Tage). Es können einem grippalen Infekt ähnlich Kopf- und Gliederschmerzen, Müdigkeit, Appetitlosigkeit, auch Stimmungsschwankungen sowie Schweißausbrüche, Schüttelfrost und Fieber auftreten (White, 2003). Dabei bedingen Invasion, Transformation, Proliferation und die anschließende Zerstörung des Erythrozyten sowie die einsetzende Immunantwort des Menschen diese klinischen Symptome.

Ebenfalls zählen zu den typischen Symptomen die zyklisch auftretenden Fieberschübe, wobei diese je nach Erreger unterschiedlich häufig erfolgen. Eine Infektion mit *P. ovale* bzw. *P. vivax* bedingt die als „Drei-Tage-Fieber" bezeichnete Malaria tertiana, wohingegen das so genannte „Vier-Tage-Fieber" (Malaria quartana) durch *P. malariae* hervorgerufen wird. Bei Malaria tropica, der gefährlichsten Form der Malaria und hervorgerufen von *P. falciparum*, umfasst der Lebenszyklus ca. 48 h, allerdings treten hier die Fieberschübe sehr unregelmäßig auf, wodurch das Risiko einer Fehldiagnose steigt. Die bei der Zerstörung der infizierten Erythrozyten freigesetzten löslichen Malariatoxine wie z.B. Hämozoin und freies

Glykosylphosphatidylinositol sind mitverantwortlich für das einsetzende Fieber (Schofield *et al.*, 2002).

Im Gegensatz zu den anderen humanpathogenen Plasmodien-Spezies kann die Infektion mit *P. falciparum* zu schweren Komplikationen führen, weil dieser Erreger über spezifische Oberflächenproteine in der Membran des Erythrozyten an die Endothelien der Kapillaren (Zytoadhärenz) oder an uninfizierte Erythrozyten („Rosetting") binden kann (Wahlgren, 1986; Udomsangpetch *et al.,* 1989). Das am besten untersuchte Protein, welches vom Parasiten zur Oberfläche transportiert wird, ist das „Erythrocyte Membrane Protein 1" (*Pf*EMP1). *Pf*EMP1 wird in bestimmten Membranbereichen des infizierten Erythrozyten – so genannten „Knobs" – angereichert. Die vom Parasiten verursachte Veränderung der Erythrozytenoberfläche führt zur Bindung dieser Zellen an das Endothel (Biggs *et al.*, 1992; Baruch *et al.*, 1995; Crabb *et al.*, 1997 Gamain *et al.,* 2001; Rogerson *et al.*, 2004). Eine dadurch beeinträchtigte Mikrozirkulation kann somit eine Unterversorgung des entsprechenden Gewebes verursachen. Erfolgen diese Beeinträchtigungen in den Arteriolen des Gehirns, kommt es zur zerebralen Malaria, die sich durch Verwirrtheit, Krämpfe, Benommenheit, Bewusstlosigkeit bis hin zum Koma äußern kann (White, 2003).

Die Ausprägung der entsprechenden Krankheitsbilder ist sowohl vom Immunstatus und der Vorgeschichte des Patienten als auch von genetischen Faktoren des Menschen abhängig. Zum Beispiel können Mutationen von Enzymen der Erythrozyten (Glukose-6-phosphatdehydrogenase und Pyruvatkinase), Polymorphismen von Erythrozyten-Membranproteinen sowie strukturelle Veränderungen von Hämoglobinen vor schweren Verlaufsformen der Malaria schützen (zusammengefasst in Williams, 2006). Bei Menschen mit Sichelzellanämie, bei denen aufgrund eines Aminosäureaustauschs die Struktur von Hämoglobin und infolgedessen die Form der Erythrozyten verändert ist, treten signifikant weniger schwere Formen der Malariaerkrankungen auf (Beet *et al.* 1946; Allison *et al.,* 1954; Kreuels *et al.,* 2010; Ferreira *et al.,* 2011).

2.1.3 Malariamedikamente, Vakzine-Entwicklung & Vektorbekämpfung

2.1.3.1 Malariamedikamente

Chinin stellt eines der wichtigsten anti-Malaria-Therapeutika dar. Dieses Alkaloid konnte 1820 von zwei französischen Apothekern (J. Pelletier und J. Caventou) aus der Rinde des Chinarindenbaumes (*Cinchona pubescens*) extrahiert werden (beschrieben in Delepine, 1951).

Erst in den 30 Jahren des letzen Jahrhunderts gelang es H. Andersag ein synthetisches Derivat von Chinin herzustellen: Chloroquin, das als Resochin® schnell weltweit zum Malariamedikament avancierte. Chloroquin ist gut verträglich, hat eine hohe Wirksamkeit und geringe Produktionskosten (Foster, 1994). Dieser Wirkstoff gehört zur Gruppe der 4-Aminochinoline, die in der Lage sind stabile Komplexe mit Abbauprodukten des Hämoglobins (Ferriprotoporphyrin IX) zu bilden und damit den Parasiten zu töten (Orjih *et al.,* 1981). In Folge des weltweit massiven Einsatzes von Chloroquin und anderen 4-Aminochinolinen (z. B. Amodiaquin) traten bereits Anfang der 60er Jahre resistente *P. falciparum*-Stämme in Süd-Ost-Asien auf (Payne, 1987; Müller *et al.*, 1996; Seidlein, von *et al.*, 2001; Sutherland *et al.*, 2002). Ein molekularer Marker für Chloroquin-resistente Stämme ist der K76T-Austausch im Chloroquin-Resistenz-Transporter (CRT)-Protein (Fidock *et al.,* 2000). Neben Chloroquin gibt es eine weitere Anzahl an synthetischen Chinin-Derivaten, beispielsweise Primaquin. Primaquin, zur Gruppe der 8-Aminochinoline gehörend, wird seit 1952 verwendet und ist derzeitig die einzige Substanz, die gegen alle Leberstadien des Parasiten wirkt (Fisk *et al.,* 1989). Aus diesem Grund findet Primaquin, dessen Wirkmechanismus noch immer unbekannt ist, Anwendung in der Eliminierung von *P. vivax*- und *P. ovale*-Dauerstadien in der Leber (Hypnozoiten).

Andere Wirkstoffklassen, die als Therapeutika und zur Prophylaxe eingesetzt werden, sind so genannte Antifolate, Naphtochinone, Antibiotika und Artimisinine.

- Antifolate (Pyrimethamin, Sulfadoxin) sind Inhibitoren der am Folatstoffwechsel des Parasiten beteiligten Enzyme (Dihydropteroat-Synthase und Dihydrofolat-Reduktase). Sie werden unter anderem als Kombinationspräparat (Fansidar®) in Ländern verwendet, in denen Chloroquin-resistente *P. falciparum* auftreten.
- Naphtochinone, wie z.B. Atovaquon, inhibieren Enzyme der Atmungskette im Parasiten (Srivastava *et al.*, 1997). Atovaquon wirkt hierbei als funktionelles

Äquivalent von Ubichinon, was in einem Zusammenbruch des mitochondrialen Membranpotentials resultiert und folglich im Absterben der Parasiten (Srivastava *et al.*, 1997). Da die Behandlung mit Atovaquon allein schnell zu resistenten Parasitenstämmen führt, werden Kombinationspräparate aus Atovaquon und Proguanil (Malarone®) eingesetzt.

- Antibiotika: Die zur Malariatherapie eingesetzten Antibiotika Doxycyclin (aus der Gruppe der Tetracycline) und Clidamycin (aus der Gruppe der Licosamide) interferieren mit unterschiedlichen ribosomalen Untereinheiten und nutzen damit den evolutiven Ursprung des Chloroplasten-Derivats des Parasiten aus. Sowohl für Doxycyclin als auch für Clindamycin sind bisher keine klinisch relevanten Resistenzen im Malariaerreger bekannt.

- Artemisinine (Artemisinin, Dihydroartemisinin, Artemether und Artesunat), aus dem einjährigen Beifuß (*Artemisia annua*) extrahiert (Jiang *et al.*, 1982), gehören derzeitig zu den wirksamsten Malariamedikamenten (Laufer *et al.*, 2009). Die WHO empfiehlt Ländern, in denen aufgrund der Behandlung von Malaria mit Mono-Therapien resistente *P. falciparum*-Stämme auftreten, Artemisinin-Kombinations-Therapien (ACT) einzusetzen (WHO, 2010).

Aufgrund der unterschiedlichen geographischen Verteilung von Resistenzen unterscheiden sich sowohl Therapie als auch Prophylaxe. Eine Auflistung der empfohlenen Medikamentenkombination, die regelmäßig aktualisiert wird, ist beispielsweise unter http://www.malariaprophylaxe.info/ abrufbar.

2.1.3.2 Vakzine-Entwicklung

Aufgrund der Verbreitung von Medikamenten-restistenten Parasiten, Behandlungs- und Prophylaxenkosten, sowie verbundene Nebenwirkungen für den Patienten, besteht der außerordentliche Bedarf an wirksamen Vakzinen.

Obwohl der komplexe Lebenszyklus des Parasiten eine Vielzahl von experimentellen Interventionsmöglichkeiten bietet, hat sich die Entwicklung einer wirkungsvollen „Malaria-Impfung" als wesentlich schwieriger herausgestellt als einige Schlüsselversuche Ende der sechziger Jahre vermuten ließen (Nussenzweig *et al.*, 1967; Good & Doolan, 2010). Generell kann je nach Angriffspunkt auf einer prä-erythozytären, erythrozytären oder einer auf gametozytären Parasitenantigenen basierende Impfstoffentwicklung unterschieden werden. Beispiele prä-erythrozytäre Impfstoffe sind so genannte „Lebend-Impfstoffe", wobei u. a. γ-bestrahlte oder genetisch modifizierte „attenuierte" Sporozoiten verwendet werden (Nussenzweig *et al.*, 1967; Mueller *et al.*, 2005 a & b; Tarun *et al.*, 2007).

1967 konnte eine Immunität in Mäusen erzielt werden, denen zuvor γ-bestrahlte Sporozoiten injiziert worden waren (Nussenzweig *et al.*, 1967). 1979 konnte in einem ähnlichen Versuch, bei dem mit Röntgenstrahlen behandelte Sporozoiten Menschen injiziert wurden, eine Immunität für zumindest acht Wochen erzielt werden (Rieckman *et al.*, 1979). Der derzeitig einzige kommerziell erhältliche Impfstoff (bestrahlte Sporozoiten) wird von der Firma Sanaria Inc. produziert, gewährt allerdings keinen 100%igen und keinen lang anhaltenden Schutz vor einer Malaria-Infektion (Luke & Hoffman, 2003).

Eine konzeptionelle Weiterentwicklung stellt die Verwendung von genetisch attenuierten Sporozoiten dar. Diese können sich, aufgrund von Mutationen in den *uis3*- und *uis4* („Upregulated in Infectious Sporozoites")-Genen (Mueller *et al.*, 2005 a & b; Tarun *et al.*, 2007), in der Leberphase nicht weiter entwickeln - und damit nicht Erythozyten infizieren.

Auf einem völlig unterschiedlichen Konzept beruht die Impfstoffformulierung RTS,S/AS02A. Für diesen Impfstoff werden Epitope des CSP („Circum sporozoite protein") mit Komponenten von Hepatitis B Virus-Oberflächenproteinen fusioniert und behindert somit die Invasion von Hepatozyten durch Sporozoiten. Diese Impfstoffformulierung befindet sich als einzige Vakzinierung in der klinischen Testphase III (zusammengefasst in Ballou, 2009).

Große Bedeutung wird auch den auf Blutstadien basierenden Impfstoffen zugemessen. Für mehr als sieben Proteine (oder auf ihnen basierende Epitope und Kombinationen) gibt es umfangreiche klinische Studien (zusammenfassend betrachtet in Crompton *et al.*, 2010), wobei das Apikale Membran Antigen 1 eines der am besten untersuchten Proteine darstellt.

Eine weiteren Angriffspunkt potentieller Vakzine gegen Malaria stellen Oberflächenproteine von Gametozyten dar („GSA: gametocyte surface antigen"). Diese Antigene werden exklusiv auf der Oberfläche von sexuellen Parasitenstadien exprimiert (Saeed *et al.*, 2008) und ermöglichen damit die Entwicklung von Transmissions-blockierenden Vakzinen.

2.1.3.3 Vektorbekämpfung

Durch die Bindung des Lebenszyklus an den Wirtswechsel stellt die Vektorkontrolle eine weitere wichtige Möglichkeit zur Bekämpfung der Malaria dar. Die Vektorkontrolle war entscheidender Bestandteil verschiedener Programme zur Ausrottung der Malaria, wie beispielsweise dem „National Malaria Eradication Program" in den USA (1947-1951). Dabei wurde das Insektizid DDT (Dichlordiphenyltrichlorethan) hauptsächlich an den Innenwänden von Häusern versprüht („IRS - indoor residual sprays"), aber auch mit Hilfe von Flugzeugen weiträumig verteilt. Des Weiteren wurden Sumpfgebiete trocken gelegt, die als Brutgebiete der *Anopheles*-Mücken dienen. Auf dieser Grundlage sollte das „Global Malaria Eradication Program" (1955-1969) für die weltweite Ausrottung von Malaria sorgen. Obwohl in entwickelten Ländern sowie einigen Regionen des subtropischen Asiens und Lateinamerika dieses Ziel erreicht wurde, musste die WHO das Programm 1969 dennoch als gescheitert einstellen (Tanner & de Savigny, 2008). Dieses wurde mit zwei Hauptargumenten begründet: Einerseits wurden vermehrt ökologische Schäden durch das massenhafte Versprühen von DDT bekannt, des Weiteren traten DDT-resistente Mücken-Populationen auf. Aufgrund dieser Erfahrung, der unruhigen globalen politischen Situation, Stagnation in der Forschung und einer gewissen Resignation, trat die weltweite Malariabekämpfung in den 70ern und 80ern in den Hintergrund. Erst Ende der 90er Jahre und nicht zuletzt durch die Gründung und Einsatz der Bill und Melinda Gates Foundation (gegründet 1999, http://www.gatesfoundation.org), der Roll Back Malaria Partnership (gegründet 1998, http://www.rollbackmalaria.org) und anderer *non-Profit*-Organisationen gelangte Malaria wieder in das Interesse der breiten Bevölkerung und damit einhergehend die Vektorbekämpfung. So wird beispielsweise wieder DDT im Rahmen von IRS-Programmen verwendet (WHO, 2009). Andere „passive" Methoden wie die Verwendung von Insektizid-imprägnierten Bettnetzen und Mückengittern sind weitere wichtige Hilfsmittel bei der Bekämpfung von Malaria (zusammengefasst in Beier *et al.*, 2008 & Raghavendra *et al.*, 2011).

Vor kurzem wurden weitere interessante experimentelle Ansätze zur Malariabekämpfung veröffentlicht:

- transgene Pilze, die selektiv Malariaerreger in der Mücke töten und ähnlich wie DDT als Sporen-Suspension versprüht werden können (Fang *et al.*, 2011).

- die Entwicklung transgener *Anopheles*-Mücken, welche Antikörper produzieren, die zum Absterben des Malariaerregers in der Mücke beitragen (Isaacs *et al.*, 2011).

2.2 Biologie der Malaria-Erreger

Plasmodium spp. gehören zu der Klasse der Haemosporidia. Gemeinsam mit den Klassen der Cryptosporidia (z. B. *Cryptosporidium canium*) und der Coccidia (z. B. *Toxoplasma gondii*) bilden die Haemosporidia den Stamm der Apikomplexa (Storch & Welsch, 2003).

Ihrem Namen entsprechend besitzen Apikomplexa einen so genannten Apikalapparat, der einen elektronendichten Bereich am apikalen Pol der Parasiten beschreibt. Dieser Bereich zeichnet sich durch das Vorhandensein von sekretorischen Organellen (Rhoptrien, Mikronemen und elektronendichter Granula) aus, die während der Invasion der Wirtszellen als auch bei der Ausbildung der parasitophoren Vakuole in der Wirtszelle von entscheidender Bedeutung sind.

Apikomplexa besitzen zudem ein, dem pflanzlichen Chloroplasten ähnliches Plastid: den so genannten Apikoplasten (zusammengefasst in McFadden, 2010). Dieses essentielle DNA-haltige Organell (Wilson *et al.*, 1991) ist unter anderem Ort der parasitären Fettsäurebiosynthese (Waller *et al.*, 1998). *P. falciparum* besitzt ein ca. 23,3 Mb großes Genom, wobei von ca. 60 % der ca. 5300 Gene weder die Funktion noch Homologe in anderen Organismen bekannt sind (Gardner *et al.*, 2002a).

2.2.1 Phylogenie der Malaria-Erreger

Die phylogenetische Verwandtschaft der humanpathogenen Malariaerreger wird gerade durch neue genetische Untersuchungen von Malariaparasiten der Alt-Welt-Affen neu aufgearbeitet (zusammenfassend betrachtet von Prugnolle *et al.*, 2011). Insbesondere der phylogenetische Ursprung von *P. falciparum,* der ursprünglich in die Nähe des Vogelparasiten *P. gallinaceum* gerückt wurde (Waters *et al.*, 1991), ist Gegenstand intensiver wissenschaftlicher Untersuchungen (Ollomo *et al.*, 2009; Liu *et al.*, 2010; Prugnolle *et al.*, 2010). Nach derzeitigen Erkenntnissen und neuen phylogenetischen Analysen von Mitochondriengenomen wird geschlussfolgert, dass *P. falciparum* seinen Ursprung in Plasmodien-Arten der Alt-Welt-Affen hat (Liu *et al.*, 2010), sich vor ca. 5000-50000 Jahren entwickelte (zusammengefasst von Prugnolle *et al.*, 2011) und dass *P. reichenowi* seinen nächsten Verwandten darstellt.

Plasmodien, wie auch weitere Apikomplexa, sind durch eine sehr spezialisierte Ausstattung an Proteinen gekennzeichnet: sie besitzen Proteinfamilien, die beispielsweise für die Invasion der Wirtszellen von Bedeutung sind oder auf der Oberfläche entsprechend infizierter Wirtszellen präsentiert werden (Wasmuth *et al.*, 2009). *P. falciparum* exprimiert ebenfalls einzelne spezialisierte Domänenstrukturen. 192 exklusive Proteindomänen wurden *bis dato* für diesen humanpathogenen Erreger beschrieben, wobei Wasmuth *et al.* 42% dieser Strukturen auch in anderen Apikomplexa identifizieren konnten (Wasmuth *et al.*, 2009).

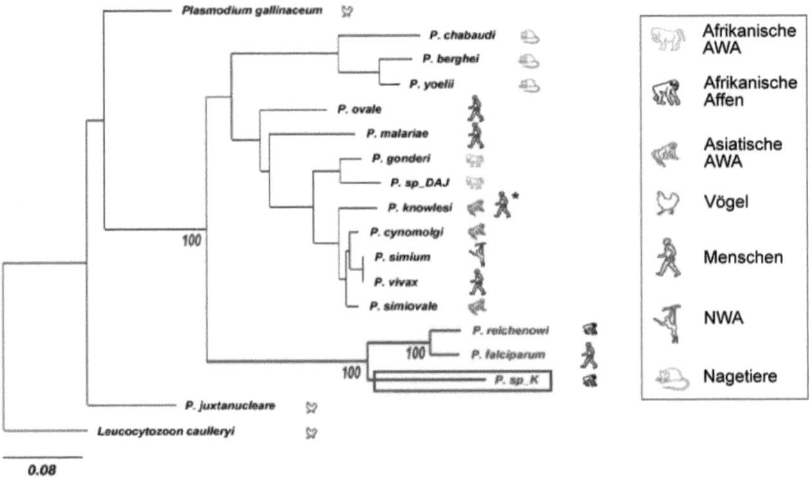

Abbildung 2-2: Phylogenetischer Stammbaum von *Plasmodium* (verändert nach Ollomo *et al.*, 2009)
Plasmodien können unter anderem afrikanische Alt-Welt-Affen (rosa, AWA), afrikanische Affen (schwarz), asiatische Alt-Welt-Affen (türkis, AWA), Vögel (grün), Menschen (blau), Neu-Welt-Affen (braun, NWA) und Nagetiere (gelb) infizieren. *P. falciparum*, der gefährlichste Erreger humaner Malaria, ist am engsten mit *P. reichenowi*, einem Erreger der Affen-Malaria, verwandt.

2.2.2 Lebenszyklus von *Plasmodium*

Der Lebenszyklus aller *Plasmodium spp.* ist durch einen Generations- sowie einen obligaten Wirtswechsel gekennzeichnet (Abb. 2-3). Sporozoiten werden durch den Stich einer weiblichen *Anopheles*-Mücke unter die Haut des menschlichen Wirts appliziert. Etwa 70% der so genannten Sporozoiten, ca. 15 µm große invasive und spindelförmige Parasitenformen, gelangen nach der Migration durch die Haut in die Sinusoide der Leber (Amiro *et al.*, 2006). Von da aus penetrieren Sporozoiten Kupfferzellen, transmigrieren mehrere Hepatozyten und invadieren einen Hepatozyten (Mota *et al.*, 2001; Mota *et al.*, 2002; Pradel *et al.*, 2002). In diesem bilden sie eine parasitophore Vakuole aus, welche sie vom Zytosol der Wirtszelle trennt, und durchlaufen den ersten massiven Proliferationsschritt. Entsprechend der Erreger-Spezies entwickeln sich in einem einzelnen Leber-Schizonten (ca. 30-70 µm groß) 30000-50000 neue Merozoiten, ca. 0,9 µm breite und 1,5 µm lange ovoide Parasitenstadien (Mitchell & Bannister, 1988).

P. ovale und *P. vivax* können weiterhin Ruhestadien ausbilden, so genannte Hypnozoiten, die in Hepatozyten Wochen bis Jahre überdauern ohne klinische Symptome zu zeigen (Krotoski *et al.* 1982, 1986; Sutherland *et al.* 2010). Durch einen noch unbekannten Stimulus reifen sie später erneut zu Leberschizonten, aus welchen wiederum Merozoiten in das Blutkreislaufsystem des Menschen entlassen werden und infolgedessen einen Malaria-Rückfall auslösen können (Krotoski *et al.*, 1980).

Merozoiten verlassen die Leber in Form von Merosomen (vesikuläre Ausstülpungen), die sich von infizierten Hepatozyten abknospen (Sturm *et al.*, 2006; Baer *et al.*, 2007). Die freigesetzten Merozoiten docken über spezifische Rezeptormoleküle and die Membran des Erythrozyten an und dringen aktiv in die Wirtszelle ein.

In der erythrozytären Entwicklung der Parasiten, die charakteristischerweise ca. 48 h dauert, werden verschiedene Stadien durchlaufen: frühe und späte Ring-, Trophozoiten- sowie Schizontenstadien (s. Abb. 2-4, Abschnitt 2.2.3). Im letzten Stadium entstehen durch eine Vielteilung (Schizogonie) 16-32 neue Parasiten, die nach dem Zerplatzen des Erythrozyten ihrerseits wiederum neue Erythrozyten infizieren können. Unter noch sehr unzureichend erforschten Bedingungen können sich auch Gametozyten (sexuelle Parasitenformen, ca. 9 µm groß) entwickeln (zusammenfassend dargestellt von Alano, 2007). In *P. falciparum* dauert die Reifung von weiblichen Makrogameten bzw. männlichen Mikrogameten mindestens 7 Tage (Ponnudurai *et al.*, 1986). Durch die Blutmahlzeit der Mücke können diese Stadien aufgenommen werden und im Darm der Mücke zu einem motilen Ookineten verschmelzen. Diese penetrieren das Darmepithel und entwickeln sich im Mitteldarm zu Oozysten. Aus diesen Oozysten gehen 2000-8000 Tochterzellen hervor, die so genannten Sporozoiten. Über die Hämolymphe gelangen Sporozoiten nach der Ruptur der Oozyste in die Speicheldrüsen der *Anopheles*-Mücke, von wo sie auf einen neuen Wirt übertragen werden können (Mehlhorn & Piekarski, 2002; Mehlhorn, 2003).

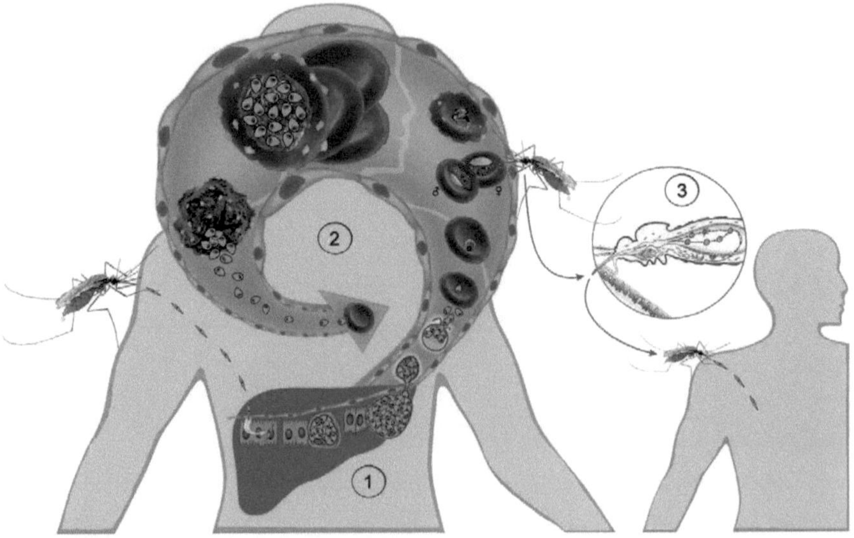

Abbildung 2-3: Lebenszyklus von *P. falciparum* (verändert nach K. Jürries, Bernhard-Nocht-Institut für Tropenmedizin Hamburg, 2009).

Der Lebenszyklus von *P. falciparum* wird in drei Phasen unterteilt: (1) Die exoerythrozytäre Phase, wobei sich der Parasit erstmalig massiv in Hepatozyten vermehrt ohne klinische Symptome zu zeigen. (2) Die erythrozytäre Phase, in der sich die Parasiten in einer erneuten Schizogonie über verschiedene Entwicklungsstadien (Ring-, Trophozoiten- und Schizontenstadien) zu Merozoiten entwickeln, die wiederum neue Erythozyten parasitieren. -Dabei differenzieren einige Parasiten zu Gametozyten (männliche Mikrogameten und weibliche Makrogameten). (3) Die sexuelle Entwicklung des Parasiten in *Anopheles*-Mücken. Im Darm der Mücken reifen die bei einer Blutmahlzeit aufgenommenen Gametozyten und verschmelzen anschließend miteinander zum Ookineten. Nach der Differenzierung des Ookineten zur Oozyste gelangen die neu generierten Sporozoiten in die Speicheldrüsen der Mücke und können somit bei einem erneuten Stich abermals den Wirt wechseln.

2.2.3 Intraerytrozytäre Entwicklung

Nach der Freisetzung der Merozoiten (aus den Merosomen) in die Blutbahn des Vertebratenwirts durchlaufen die Plasmodien ein intraerythrozytäres Stadium (Abb. 2-4).

Nach der Invasion eines Erythrozyten erscheint der Parasit in einem Giemsa-gefärbten Blutausstrich als Ring. Diese Phase ist geprägt durch eine hohe Motalität des Parasiten, der in diesem frühen Stadium durch seine amöboide Bewegung charakterisiert ist (Grüring *et al.*, 2011). Diese motile Phase wird abgelöst von einer stationären Phase, in welcher der Parasit an einer definierten Stelle innerhalb des Erythrozyten fixiert erscheint (Grüring *et al.*, 2011). Ring- und Trophozoitenstadien des Parasiten organisieren den gesamten Erythrozyten neu und exportieren mehr als 300 Proteine in das Zytosol und Membrankompartimente der infizieretn Erythrozyten (zusammenfassend dargestellt in Marti *et al.*, 2005). Besonders auffallend sind die im Wirtszellzytosol neu etablierten Kompartimente, so genannte „Maurer´s Clefts". Diese „Maurer´s Clefts" stellen möglicherweise auch Intermediärkompartimente dar, über welche Virulenzfaktoren wie PfEMP1 von *P. falciparum* auf die Erythrozytenmembran transportiert werden (Marti *et al.*, 2005; Tilley *et al.*, 2008). Das Wachstums des Parasiten in der Trophozoiten-Phase ist gekennzeichnet durch die Ausbildung der Nahrungsvakuole sowie der damit verbundenen Aufnahme von Hämoglobin, welche dem Parasiten die Bereitstellung von Nährstoffen während der intraerythrozytären Entwicklung erlaubt (zusammengefasst in McKerrow *et al.*, 1993). Der Abbau von Hämoglobin zu (Globin, das als Aminosäurequelle dient und) freiem Häm (Ferroprotoporphyrin IX), welches ein für den Parasiten toxisches Zwischenprodukt darstellt (Orjih *et al.*, 1981; Famin & Ginsburg, 2003; Campanale *et al.*, 2003; Becker *et al.*, 2004; Müller *et al.*, 2004), wird in weiteren Schritten zu dem weniger toxischen Hämozoin aggregiert (Sullivan, 2002). Hämozoin, auch als Malariapigment bezeichnet, ist als dunkles Aggregat ab dem Trophozoitenstadium in infizierten Erythrozyten sichtbar (Abb. 2-4: 16-48h).

Trophozoiten reifen, verbunden mit mehreren Kernteilungen, zu Schizontenstadien, die nach ca. 48 h bis zu 32 Merozoiten beinhalten können. Die Freisetzung reifer Merozoiten aus Schizontenstadien ist unter anderem abhängig von Proteasen, mit deren Hilfe die Merozoiten die parasitophore Vakuolen- als auch die Erythrozytenmembran überwinden können (Delplace *et al.*, 1988; Pang *et al.*, 1999; Salmon *et al.*, 2001; Wickham *et al.*, 2003; Hodder *et al.*, 2003; Abkarian *et al.*, 2011).

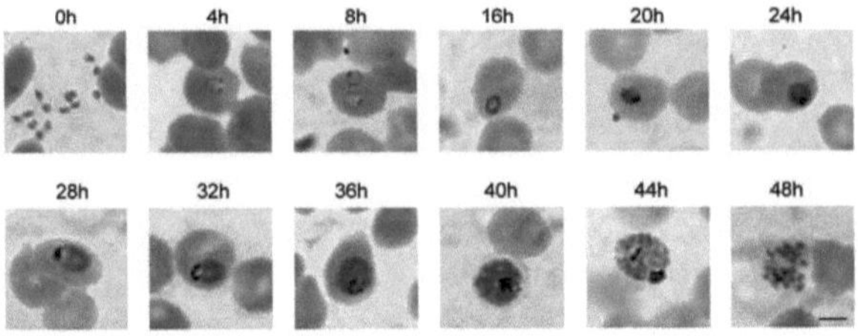

Abbildung 2-4: Intraerythrozytäre Stadien von *P. falciparum*

Von *in vitro P. falciparum*-Kulturen wurden Blutausstriche angefertigt und mittels Giemsa-Färbelösung gefärbt. Nach der Invasion von Merozoiten in Erythrozyten entwickeln sich die Parasiten zunächst zu Ringstadien (-8h post Invasion). Anschließend erfolgt die Weiterentwicklung von Trophozoiten (-36 h post Invasion) zu Schizontenstadien. Nach ca. 48 h haben *P. falciparum*-Parasiten ihre intraerythrozytäre Entwicklung abgeschlossen. Reife Schizonstadien entlassen bis zu 32 neu generierte Parasiten, so dass der Zyklus von neuem beginnen kann. (Maßstab: 5 µm).

2.2.4 Kompartimentierung im Merozoiten

Merozoiten sind kurzlebige, invasive Parasitenstadien während der intraerythrozytären Entwicklung. *P. falciparum*-Merozoiten sind ca. 0,9 µm breit und 1,3 µm lang, wobei sie eine ellipsoide Form mit einem apikalen Pol besitzen (Bannister *et al.*, 2000). Wie fast alle eukaryotischen Zellen verfügt der Parasit über einen Nukleus, Endoplasmatisches Retikulum, Golgi-Apparat und Mitochondrium. Neben dem Apikoplasten sind noch einige weitere Apikomplexa-spezifische Kompartimente zu nennen wie:

- Die apikalen, sekretorischen Organellen: Rhoptrien, Mikronemen und elektronendichte Granula. Rhoptrien sind paarige, keulenförmige vesikuläre Strukturen, die am apikalen Pol mit der Membran verbunden und ca. 400 nm x 200 nm groß sind (Bannister *et al.*, 2003). Mikronemen sind mit einer Größe von ca. 60 nm x 100 nm wesentlich kleiner, aber auch häufiger (20-40 Mikronemen pro Merozoit) und haben Bananen-förmige Strukturen (Ladda, 1969; Bannister *et al.*, 2003). Als elektronendichte Granula werden runde Vesikel im apikalen Teil des Merozoiten von ca. 90 nm im Durchmesser bezeichnet.
- Der Innere Membran Komplex („Inner membrane complex" - IMC): Diese Doppelmembran, die unterhalb der Plasmamembran liegt, ist ein Strukturmerkmal der Alveolata. Die Gruppe der Alveolata umfasst neben den Apikomplexa auch die Gruppe der Dinoflagellaten und Ciliaten (Gould *et al.*, 2008). Die Funktionen des IMC

sind vielfältig. Unter anderem spielt er bei Plasmodien eine entscheidende Rolle bei der Invasion (zusammenfassend dargestellt in Baum *et al.*, 2008).

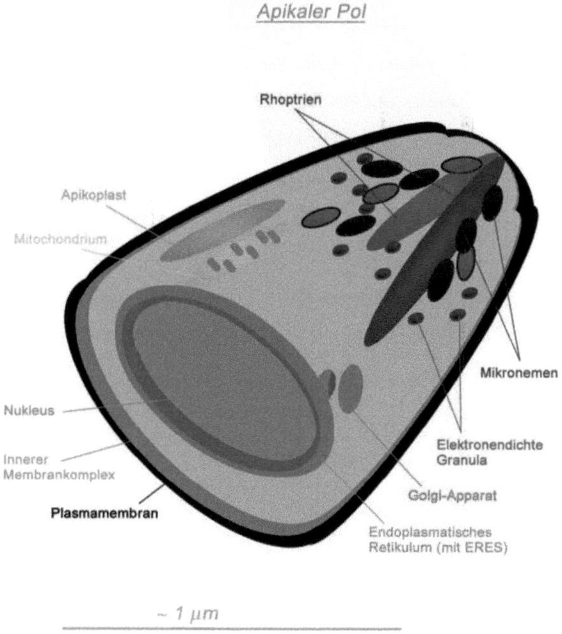

Abbildung 2-5: Schematische Darstellung eines *P. falciparum*-Merozoiten

Merozoiten sind ca. 1,5 µm groß und besitzen an ihrem apikalen Bereich sekretorische Organellen: Rhoptrien, Mikronemen und elektronendichte Granula. Weiterhin haben sie den für Apikomplexa typischen Apikoplasten; dazu ein Mitochondrium sowie einen Nukleus. Der Nukleus wird vom Endoplasmatischen Retikulum umgeben. In enger räumlicher Nähe zur tER-Exit site (ERES) befindet sich der Golgi-Apparat. Merozoiten werden von einer Plasmamembran begrenzt, wobei sich zwischen dieser und dem Zytosol weiterhin der innere Membrankomplex befindet.

2.2.5 Invasion von Erythrozyten

Die Invasion von Erythrozyten ist ein essentieller Prozess im Lebenszyklus des Parasiten, da nur durch ihn die massive Proliferation im menschlichen Organismus und damit letztendlich die erfolgreiche Transmission auf den Endwirt (die Mücke) stattfinden kann. Die Exposition dieser invasiven Stadien wird minimiert durch einen erstaunlich schnellen Invasionsprozess (im Sekundenbereich) und basiert auf dem zeitlich koordinierten Zusammenspiel von Interaktionen zwischen parasitären Proteinen und Oberflächenrezeptoren der Wirtszelle. Man unterscheidet vier Phasen

(Cowman & Crabb, 2006): 1) Erkennung und erste reversible Interaktion zwischen Oberflächenproteinen des Merozoiten und des Erythrozyten, 2) Re-Orientierung des Parasiten, sodass das apikale Ende der Wirtszelle zugekehrt ist, 3) "Tight junction" (bzw. Brücken-) Formation, wobei eine stabile Verbindung zwischen Parasiten- und Wirtsmembran hergestellt wird. Hier formt sich eine so genannte parasitophore Vakuole. Sie ist eine Invagination der Wirtsmembran und durch parasitäre Proteine modifiziert. 4) Eintritt des Parasiten in den Erythrozyten und „Versiegelung" der parasitophoren Vakuole. Die molekularen Grundlagen der Re-Orientierung sind unklar, jedoch ist die Ausbildung von „Tight junction" und „Moving Junction" mechanistisch weit besser verstanden (Cowman & Crabb, 2006; Boothroyd & Dubrametz, 2008; Baum *et al.*, 2008; Besteiro *et al.*, 2011). Während dieser Phase der Invasion spielen Rezeptor-Liganden-Interaktionen eine entscheidende Rolle: Oberflächenproteine des Parasiten interagieren mit hoher Affinität mit Rezeptoren auf der Erythrozytenmembran. Gut charakterisierte Liganden in *P. falciparum* sind Parasitenproteine der EBL („Erythrocyte-binding-like")/DBL („Duffy-binding-like")-Familie, die an Glykoproteine auf der Erythrozytenmembran binden und das Apikale Membranantigen 1, welches seine eigenen Rezeptoren in die Membran des Erythrozyten injiziert (Cao *et al.*, 2009; Lamarque *et al.*, 2011). Ein Beispiel für die erste Gruppe der Rezeptor-Liganden-Interaktionen ist das Erythrozytenoberflächenprotein Glykophorin A, das mit *Pf*EBA („*Pf* Erythrocyte binding antigen")-175 interagiert (Dolan *et al.*, 1994; Sim *et al.*, 1994). Sowohl EBA-175 wie auch EBA-181 und EBA-140 gehören zur Gruppe der Erythrozyten-Binde-Antigene und lokalisieren in den Mikronemen (Sim *et al.*, 1992; Mayer *et al.*, 2001; Thomson *et al.*, 2001; Narum *et al.*, 2002; Gilberger *et al.*, 2003; Mayer *et al.*, 2004). Eine weitere Familie von Adhäsionsmolekülen, die am apikalen Pol der Merozoiten lokalisiert sind, sind die RBL („Reticulocyte-binding-like")-Proteine. In *P. falciparum* lokalisieren Rh („Reticulocyte-binding-like-homologs")-Proteine in den Rhoptrien (Rayner *et al.*, 2000; Duraisingh *et al.*, 2003; Baum *et al.*, 2008; Cao *et al.*, 2009; Triglia *et al.*, 2009). Die Interaktion von RBL-Proteinen erfolgt unabhängig von Duffy-Bindemotiven, jedoch ist der Rezeptor für RBL-Proteine ist noch nicht bekannt. Möglicherweise vermittelt die Interaktion der RBL-Proteine die Freisetzung von Mikronemenproteinen, die dann wiederum an der Ausbildung der „Tight Junction" beteiligt sind (Galinski *et al.*, 1992; Galinski & Barnwell, 1996). Während der

Merozoiteninvasion kommt es zur proteolytischen Prozessierung von Invasions-assoziierten Proteinen (Blackman *et al.*, 1990; Howell *et al.*, 2001) sowie der Aktivierung von Motorproteinen (Pinder *et al.*, 2001). Für diesen Prozess wird Energie in Form von ATP benötigt (Dluzewski *et al.*, 1983), die den Aktin-Myosin-Motor des Parasiten aktiviert und damit die Invasion des Erythrozyten ermöglicht.

2.2.5.1 Das Apikale Membranantigen 1 (AMA1)

AMA1 ist ein hoch konserviertes Typ I-Transmembranprotein, das neben den *Plasmodien*-Arten auch in weiteren Apikomplexa wie *T. gondii* und *Cryptosporidium parvum* vorkommt. Die Expression von AMA1 erfolgt in späten Schizonten (ab 40 h post Invasion) sowie in Merozoitenstadien. In *P. falciparum* wird *ama1* auf Chromosom 11 codiert und umfasst 1869 bp. Das Molekulargewicht von AMA1 beträgt 83 kDa (622 AS) und das der prozessierten Form (ohne Signalpeptid und Prodomäne) 66 kDa (526 AS).

AMA1 besitzt ein N-terminales Signalpeptid (24 AS), das den Eintritt in den sekretorischen Transportweg eröffnet (Abb. 2-6, 2-7). Daran schließt sich eine für *P. falciparum* (und *P. reichenowi*) exklusive Prodomäne (72 AS) an, die vor der Translokation auf die Merozoitenoberfläche prozessiert wird (Narum & Thomas, 1994; Howell *et al.*, 2001). Die proteolytische Spaltung der Prodomäne erfolgt an Position $_{94}$FSS*I (Howell *et al.*, 2001). Auf die Prodomäne folgt eine Ektodomäne, die entsprechend der ausgebildeten Disulfid-Brückenbindungen in drei Regionen unterteilt wird (Hodder *et al.*, 1996).

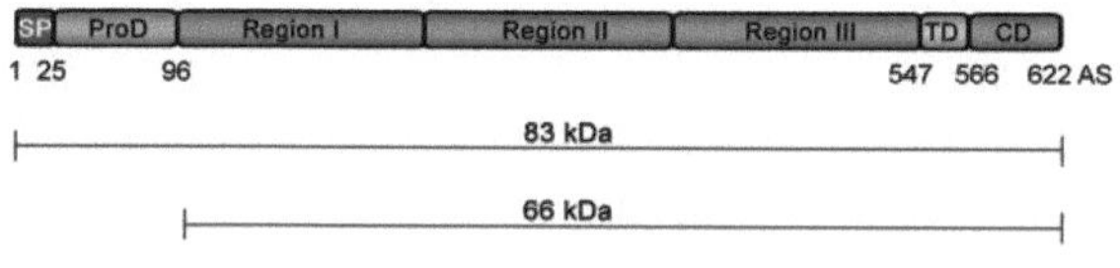

Abbildung 2-6: Domänenstruktur von *P. falciparum*-AMA1

AMA1 wird als 83 kDa großes Protein exprimiert und wird vor der Translokation aus den Mikronemen auf die Oberfläche von Merozoiten zu einem 66 kDa großen Fragment prozessiert. SP: Signalpeptid, ProD: Prodomäne, TD: Transmembrandomäne, CD: zytoplasmatische Domäne („cytoplasmic domain“).

Konservierte Aminosäurereste bilden innerhalb der Ektodomäne eine hydrophobe Tasche, in deren Zentrum sich Tyrosin an Position 251 (in Region I) befindet (Bai *et al.*, 2005; Pizarro *et al.*, 2005). Durch die Mutation von Tyr251 konnte eine Komplexbildung mit AMA1-assozierten Proteinen (z. B. RON-Proteine) verhindert werden (Collins *et al.*, 2007). Weiterhin sind verschiedene Antikörper bekannt, die gegen Epitope in Region I (1F9: Coley *et al.*, 2007) bzw. in Region II (4G2: Collins *et al.*, 2009) gerichtet sind und durch ihre Bindung an AMA1 die Invasion unterbinden konnten. Diesen Effekt kann ebenfalls durch ein 20 Aminosäuren großes Peptid, R1-Peptid, erreicht werden, das auch in der Region I der Ektodomäne von AMA1 bindet (Harris *et al.*, 2005). Die Ektodomäne ist der funktionelle Bereich von AMA1, der während der Invasion, insbesondere der Ausbildung der „Tight junction" mit parasiteneigenen Proteinen interagiert, die zuvor in die Membran der Wirtszelle inseriert wurden. AMA1 bindet an RON2 („Rhoptry neck protein 2"), welches wiederum einen Komplex mit weiteren RON-Proteinen bildet. Diese Interaktion zwischen AMA1 und RON ist besondern detailliert in *T. gondii* untersucht worden (Besteiro *et al.*, 2009; Lamarque *et al.*, 2011; Tyler *et al.*, 2011).

AMA1 besitzt, wie in Abb. 2-6 dargestellt, eine Transmembrandomäne (AS: 547-566), die sich zwischen Ektodomäne und der C-terminalen zytoplasmatischen Domäne befindet. Diese Domäne ist nicht für den Proteintransport notwendig, hat aber eine essentielle Funktion (Treeck *et al.*, 2009). Es konnte gezeigt werden, dass die Phosphorylierung dieser Domäne durch die Protein-Kinase A vermittelt wird und entscheidend für die Funktion von AMA1 ist (Leykauf & Treeck *et al.*, 2010). Interessanterweise wurde für diesen Bereich von AMA1 in *T. gondii* gerade kürzlich noch eine weitere Funktion gezeigt: Er hat eine entscheidende Funktion für die nachfolgende Replikation dieses Parasiten (Santos *et al.*, 2011).

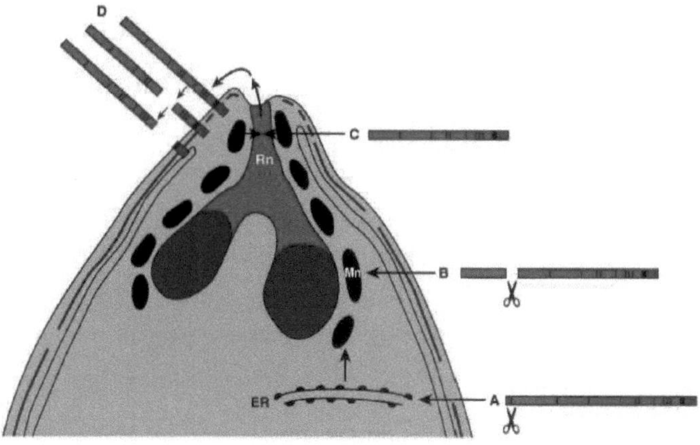

Abbildung 2-7: Prozessierung von AMA1 im Merozoiten (aus Healer *et al.*, 2002)

AMA1 wird zunächst im Endoplasmatischen Retikulum als 83 kDa großes Protein synthetisiert. Nach der Prozessierung des Signalpeptides (rot, **A**) erfolgt die Translokation über ein noch unbekanntes Signal in die Mikronemen am apikalen Pol des Merozoiten (orange). Nach der Freisetzung der Merozoiten aus reifen Schizontenstadien erfolgt der Transport von AMA1 auf die Oberfläche (**C**). Zuvor wird allerdings die Prodomäne (blau) durch eine noch nicht identifizierte Protease prozessiert (**B**). Während der Invasion eines Erythrozyten erfolgen weitere Proezessierungen von AMA1 (**D**), sodass nur die Transmembrandomäne (schwarz) mit der, in das Zytosol des Merozoiten ragenden, zytoplasmatischen Domäne (grün) übrig bleibt. Rn: „rhoptry neck", Mn: Mikronemen, ER: Endoplasmatisches Retikulum.

2.2.6 Der sekretorische Proteintransport

Wie in Abb. 2-7 dargestellt, wird AMA1 mit Hilfe seines Signalpeptides in den sekretorischen Proteinstransportweg eingeschleust.

Einer eukaryotischen Zelle entsprechend besitzt *P. falciparum* verschiedene mebranumschlossene, subzelluläre Kompartimente. Der Transport zu den einzelnen Bestimmungsorten wird in der Regel durch Sequenzmotive in der Primärsequenz der Proteine gewährleistet. Von herausragender Bedeutung für diese Proteinsortierung und den Transport ist das Endoplasmatische Retikulum (ER) und der Golgi-Apparat. Die synthetisierten Proteine werden mittels einem „Signal Recognition Particle" durch ihren N-terminalen hydrophoben Bereich (das „Signalpeptid") erkannt und zu den Translokons im ER gebracht (Walter *et al.*, 1981; Gilmore *et al.*, 1982). Im Lumen des ERs wird dann das Signalpeptid von spezifischen Endopeptidasen abgespalten. Das ER ist der Ort der Faltung und der Modifizierung von Proteinen, sowie der Phospholipid- und Steroidbiosynthese. Es lässt sich strukturell und funktional in verschiedene Regionen unterteilen: raues ER (rER), glattes ER (sER), transitorisches ER (tER) sowie Kernhülle. Das tER stellt hierbei eine spezialisierte Subdomäne des sERs dar, welche auch „ER-Exit site“ (ERES) genannt wird. Diese Regionen sind als Export-kompetent beschrieben und durch das Vorkommen von Hüllproteinen der COP („Coated protein“) II-Untergruppe charakterisiert (Kühn & Schekman, 1997). Entsprechend können korrekt prozessierte Proteine mittels COPII-beschichteter Vesikel vom ER zum Golgi transportiert werden, wo die weitere Sortierung, Modifizierung und Verpackung erfolgt. Vom Golgi werden sie über den vesikulären Transportweg weiter zu ihrem endgültigen Bestimmungsort gebracht. ER-ständige Proteine entgehen dem Export durch so genannte ER-Retentionssignale, die klassischerweise ein C-terminales KDEL-Motiv umfassen. Dieses Motiv vermittelt die Bindung an ERD2 („ER lumen protein retaining receptor“) und leitet damit den retrograden Transport vom Golgi zum ER ein (Lewis *et al.*, 1990; Lewis & Pelham, 1990; Lewis & Pelham, 1992). Für einige ER-Proteine von Plasmodien wie z.B. *Pf*ERC („*Pf* ER-resident calcium binding protein“) und *Pf*BiP („*Pf* binding protein“) sind die Aminosäuresequenzen –IDEL-COOH bzw. –SDEL-COOH als ER-Retentionssignal identifiziert worden (Peterson *et al.*, 1988; La Greca *et al.*, 1997).

2.2.6.1 Der Golgi-Apparat

Im Zentrum des sekretorischen Transportweges steht in nahezu allen eukaryotischen Zellen der Golgi-Apparat. Zum einen ist dieses Organell Ort von posttranslationalen Modifikationen neu synthetisierter Proteine und Lipide; andererseits dient es der Sortierung und Verpackung von Proteinen in spezifische Transportvesikel (zusammengefasst in Shorter & Warren, 2002).

Der Golgi-Apparat besteht klassischerweise aus abgeflachten und aneinander gelagerten Zisternen, die in so genannten Stapeln organisiert (und meist von Transportvesikeln umlagert) sind (Ladinsky *et al.*, 1999). Die Anordnung der Stapel erfolgt in einer *cis-trans*-Polarität, wobei die *cis-* und *trans*-Kompartimente zusätzlich durch einen *medialen* Bereich abgegrenzt werden (Rothman & Orci, 1992; Becker & Melkonian, 1996; Glick, 2000; Wang *et al.*, 2005). *Cis*-Kompartimente fusionieren mit Vesikeln aus dem ER, die neu synthetisierte Proteine transportieren. Über den *medialen* Bereich, dem Kernbereich des Golgis, gelangen in COPI-Vesikel verpackte Proteine anterograd in *trans*-Kompartimente (Rothman & Wieland, 1996). Nach der Sortierung in spezifische Transportvesikel erfolgt der Weitertransport zu den Zielorganellen schließlich über komplexe Netzwerke, die sich dem *trans*-Golgi anschließen: so genannte *trans*-Golgi-Netzwerke (TGN; Griffiths & Simon, 1986). Solche Netzwerke sind auch für den *cis*-Bereich des Golgi-Apparates beschrieben und werden entsprechend als *cis*-Golgi-Netzwerke (CGN) bezeichnet (zusammengefasst in Rothman & Orci, 1992 und Mellman & Simons, 1992). Aufgrund dieser Anordnung ist eine unterschiedliche Lipidzusammensetzung der Zisternen und die Ausbildung eines Ionen- und pH-Wert-Gradienten innerhalb der Stapel möglich (Wang *et al.*, 2003; Puthenveedu & Linstedt, 2005).

Die Morphologie des Golgi-Apparats, deren Anzahl und Anordnung in der Zelle können entsprechend der Spezies deutlich variieren. In tierischen Zellen sind Golgi-Apparate meist aus mehreren Zisternen aufgebaut. So wird der Golgi in Säugerzellen meist als „ribbon-like“ (schleifenartige) Struktur beschrieben, deren Zisternen teilweise untereinander verbunden und in der Nähe des Nukleus angeordnet sind (Rambourg *et al.*, 1987; Rambourg & Clermont, 1990; Cole *et al.*, 1996; Ladinsky *et al.*, 1999; Mogelsvang *et al.*, 2004; Marra *et al.*, 2007). Invertebrate Organismen weisen wiederum sehr individuelle Golgi-Strukturen auf (Latijnhouwers *et al.*, 2005). *Drosophila melanogaster* besitzt beispielsweise einen ungestapelten Golgi-Apparat (Kondylis & Rabouille, 2009). Bei *Saccharomyces cerevisiae* sind einige Golgi-Stapel in der Zelle verteilt (Preuss *et al.*, 1992; Rambourg *et al.*, 2001). Pflanzliche Zellen weisen ebenfalls diverse Golgi-Stapel auf, die jeweils (abhängig von der sekretorischen Aktivität der entsprechenden Zelle) mehrere Zisternen besitzen (zusammengefasst in Richter *et al.*, 2009).

Hinsichtlich der morphologischen Ausprägung des Golgi-Apparates unterscheiden sich humane Parasiten maßgeblich. Während *T. gondii* einen gestapelten Golgi-Apparat besitzt, der in der Nähe des Nukleus organisiert ist (Sheffield & Melton 1968), zeigt *Giardia lambia* nur eine transiente Golgi-ähnliche Zisterne (Marti *et al.*, 2003a & b; Stefanic *et al.*, 2006).

In *P. falciparum* konnte die Existenz eines Golgi-ähnlichen Organells zunächst durch die Identifizierung von *Pf*Rab6 (De Castro *et al.*, 1996; Van Wye *et al.*, 1996; Struck & Herrmann *et al.*, 2008) und *Pf*ERD2 (Elmendorf & Haldar, 1993) nachgewiesen werden. Durch die Charakterisierung des „Golgi-Re-assembly-Stacking-Proteins“ (GRASP) konnte gezeigt werden, dass sich plasmodiale Golgi-

Kompartimente vor der Teilung der Nuclei multiplizieren und während der Schizogonie auf neu generierten Merozoiten aufgeteilt werden (Struck *et al.*, 2005). Zudem zeigten Ko-Lokalisationsstudien mit doppelt-transgenen Parasiten, dass während der Schizogonie die *trans-cis*-Polarität des Golgis erhalten bleibt (s. auch Abb. 2-8; Struck & Herrmann *et al.*, 2008).

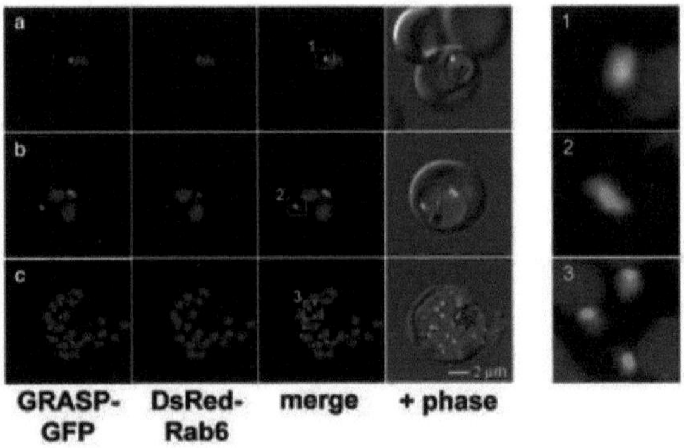

Abbildung 2-8: Darstellung des Golgis in *P. falciparum* (aus Struck & Herrmann *et al.*, 2008)

Die Abbildung zeigt den Golgi-Apparat in Ringstadien (**a**), Trophozoiten (**b**) und Schizonten-Stadien (**c**) von doppelt-transgenen *P. falciparum*-Parasiten. Das Marker-Protein GRASP wird dabei als GFP-Fusionsprotein und der *trans*-Golgi-Marker Rab6 als DsRed-Fusionsprotein exprimiert. Die Ausschnittsvergrößerungen **1-3** zeigen die Kompartimentierung des Golgis während der erythrozytären Entwicklung des Parasiten.

Die Proteinkomposition des Golgi-Apparates besteht aus zwei Gruppen: zum einen aus strukturgebenden Proteinen, wie *Pf*GRASP (Struck *et al.*, 2005; Struck & Herrmann *et al.*, 2008); zum anderen aus Enzymen, welche die Funktion dieses Organells gewährleisten, wie beispielsweise die kleine GTPase *Pf*Rab6 (De Castro *et al.*, 1996; Van Wye *et al.*, 1996). Interessanterweise ist die für andere Organismen typische und im Golgi lokalisierte Glykosylierung in *P. falciparum* stark reduziert. Der Malaria-Erreger verfügt im Gegensatz zu z. B. *Toxoplasma* über keine O-Glykosylierung und nur eine sehr eingeschränkte N-Glykosylierungsmaschinerie (Templeton *et al.*, 2004).

Eine umfassendere Proteinbestandsaufnahme des Golgis in *P. falciparum*, die Rückschlüsse sowohl auf die Funktion als auch auf die Struktur dieses Organells ermöglicht, steht derzeitig noch aus.

Zur Visualisierung des Golgis und seiner Dynamik wurden fluoreszenzmikroskopische Verfahren mittels GFP (Green fluorescent protein)- oder mCherry (rot fluoreszierend)-Fusionsproteinen sowie indirekte Immunfluoreszenz verwendet (Elmendorf & Haldar, 1993; De Castro *et al.*, 1996; Van Wye *et al.*, 1996; Struck *et al.*, 2005; Lee *et al.*, 2008). Elektronenmikroskopische Analysen (EM) erlauben weiterhin höhere Auflösungen (~ 2 nm; Schatten, 2011) als bei fluoreszenzmikroskopischen Untersuchungen (~ 200 nm; Schmolze *et al.*, 2011).
Mittels „cryoSEM" („cryogenic scanning electron microscopy") konnten Weiner *et al.* Aufnahmen des Nukleus mit seinen Kernporen liefern (Weiner *et al.*, 2011). Für die Detektion der meisten Organellen, die beispielsweise nicht von Natur aus elektronendichter sind, wie beispielsweise die Granula am apikalen Pol des Parasiten, müssen zunächst Proteine, die in dem betreffenden Organell lokalisiert sind, markiert werden. Diese Markierungen können unterschiedlich erfolgen. In der Immuno-EM wird Elektronen-streuendes Material (u. a. Ferritin, Gold) verwendet, das an spezifische Antikörper gekoppelt ist. Die zu verwendenden Fixierprotolle können allerdings mit der Antigenität der Zielproteine interferieren. Eine Alternative stellt die Markierung von Proteinen mit einer Peroxidase („Horse raddish peroxidase", HRP) dar (Baljet & VanderWerf, 2005). Bei der HRP-basierenden EM setzt das Enzym DAP (3,3'-Diaminobenzidin-tetrahydrochlorid) um, sodass das entsprechende Reaktionsprodukt das zu untersuchende Kompartiment markiert. Luminale Proteine bzw. Membranproteine des Golgis in *P. falciparum*, die für eine HRP-basierende EM genutzt werden können, sind derzeitig noch nicht bekannt.

2.2.6.2 Transport-Signale in *P. falciparum*

P. falciparum besitzt eine, seinem Lebenszyklus entsprechende, sehr komplexe Proteintransportmaschinerie. Dabei müssen über zehn verschieden spezialisierte Membrankompartimente differentiell mit bestimmten Proteinen bestückt werden und gleichzeitig deren Integrität erhalten bleiben (zusammenfassend dargestellt von Tonkin *et al.*, 2006).
Gut etablierte Transportsignale, die einen spezifischen Transport in die Mitochondrien und Apikoplasten des Parasiten bewerkstelligen, sind in N-terminalen Bereichen der Proteine lokalisiert.

Proteine, die zum Apikoplasten des Parasiten transportiert werden benötigen sowohl ein N-terminales Signalpeptid und ein so genanntes Transit-Peptid. Zunächst vermitteln hier Signalpeptide den Eintritt in das ER-Lumen, wo die Prozessierung desgleichen erfolgt (Waller *et al.,* 2000). Transit-Peptide in *P. falciparum* sind reich an den Aminosäuren Lysin und Asparagin, weisen aber weniger Glutamin- und Asparaginsäure auf (Foth *et al.,* 2003). Apikoplastenproteine verlassen den sekretorischen Transportweg vor dem Erreichen des *cis*-Golgis (Tonkin *et al.*, 2006) und werden dann durch das Membransystem des Apikoplasten vermutlich mit Hilfe eines TIC/TOC-ähnlichen Translokons gebracht (Stuart, 2005).
Die Sortierung von Proteinen, die zum Mitochondrium transportiert werden erfolgt ER-unabhängig (zusammengefasst in Przyborski & Lanzer, 2004). Mitochondriale Proteine von Plasmodien scheinen ein N-terminales Transfer-Peptid zu besitzen (Bender *et al.,* 2003). Zudem konnten in *P. falciparum* Orthologe von Komponenten des Translokations-Komplexes („TOM - Translocase of outer membrane“) beschrieben werden (Macasev *et al.,* 2004). Mitochondriale Proteine assoziieren über ihre Transfer-Peptide mit TOM-Komplexen und werden auf diesem Wege in die Mitochondrien importiert (Hoogenraad *et al.,* 2002; Neupert & Brunner, 2002).
Der Transport von Proteinen zur Nahrungsvakuole des Parasiten ist speziell und Gegenstand der aktuelle Forschung. Plasmepsin II beispielsweise, eine am Abbau von Hämoglobin beteiligte Protease, wird zunächst als Pro-Protein synthetisiert. Pro-Plasmepsin II kann zunächst an Zytostomen-Membranen und schließlich in der Nahrungsvakuole lokalisiert werden (Klemba *et al.,* 2004). Möglicherweise wird Pro-Plasmepsin II erst über einen so genannten „Default trafficking pathway“ (Standardtransportweg) in das Erythrozytenzytosol transportiert; das N-terminale Pro-Peptid besitzt eine Transmembrandomäne, die den Export vermitteln könnte. Anschließend könnte die Protease dann zusammen mit ihrem Substrat (Hämoglobin) über Zytostome (endozytotische Invaginationen in der Parasitenmebran) in Vesikeln zur Nahrungsvakuole befördert werden, wo die Prozessierung des Pro-Peptides erfolgt und Plasmepsin II aktiviert würde (Klemba *et al.,* 2004).
Protein-Export in das Zytosol als auch auf die Membran von Erythrozyten wie z. B. *Pf*EMP1, wird zunächst durch eine hydrophobe N-terminale Sequenz vermittelt, die Proteine zum ER geleitet, von wo sie über die „Default trafficking pathways“ in die parasitophore Vakuole transportiert werden (Wickham *et al.*, 2001; Lopez-Estrano *et al.*, 2003). Der Transport über die parasitophore Vakuolenmembran kann

über ein pentameres Export-Motiv, das PEXEL-Motiv (Marti *et al.*, 2004), das auch als Vakuolen-Transfer-Signal (VTS; Hiller *et al.*, 2004) bezeichnet wird, erfolgen. Allgemeine Transportsequenzen, die den Versandt von Proteinen zu den sekretorischen Organellen in *P. falciparum* (Rhoptrien, Mikronemen und elektronendichte Granula) vermitteln, sind derzeitig noch nicht bekannt. Allerdings verfügen sie gemeinsam über ein N-terminales Signalpeptid. Für *T. gondii*-Mikronemenproteine sind Tyrosin-Motive und Sequenzen mit sauren Aminosäuren beschrieben, die allerdings für *P. falciparum*-Mikronemenproteine ausgeschlossen werden können (Di Cristina *et al.*, 2000; Reiss *et al.*, 2001; Baldi *et al.*, 2000; Gilberger *et al.*, 2003). Möglicherweise vermitteln so genannte Eskorter-Proteine den Transport zu den sekretorischen Organellen (Baldi *et al.*, 2000; Gilberger *et al.*, 2003; Treeck *et al.*, 2006; Richard *et al.*, 2009; Treeck *et al.*, 2009; Dvorin *et al.*, 2010). Entscheidend für den korrekten Transport in die sekretorischen Organellen ist auch der Zeitpunkt der Proteinexpression (Kocken *et al.*, 1998; Rug *et al.*, 2004; Treeck *et al.*, 2006). Dementsprechend ist eine korrekte Promotor-Aktivität insbesondere bei episomal exprimierten Proteinen von Bedeutung (Rug *et al.*, 2004).

3 Zielsetzung

Der Proteintransport im Malariaparasiten ist hochspezialisiert, aber nur wenige Motive und Mechanismen sind bekannt, die sekretorische Proteine vom Golgi-Apparat zu ihren Zielkompartimenten translozieren.

Um eine funktionelle Analyse dieser Organelle zu ermöglichen, sollten in der vorliegenden Arbeit weitere Golgiproteine mittels „BlastSearch"-Analysen identifiziert und mit Hilfe von Lokalisationsstudien in transgenen Parasiten charakterisiert werden.

Weiterhin sollte der Transport von Proteinen aus dem *trans*-Golgi zu den Mikronemen untersucht werden. Zu diesem Zwecke sollte der Einfluss der N-terminalen Prodomäne von AMA1 auf die Translokation des Proteins in die Mikronemen bzw. auf die Oberfläche der Merozoiten untersucht werden. Die Herstellung verschiedener Mutanten sollte in Lokalisationsstudien sowie mit der funktionellen Untersuchung der transgenen Zelllinien in Re-Invasionstests entsprechend Rückschlüsse auf die Bedeutung der Prodomäne geben.

4 Material & Methoden

4.1 Material

4.1.1 Technische Geräte & Verbrauchsmaterialien

Autoklav V120	Systec, Wettenberg
Brutschrank	Binder, Tuttlingen
Eismaschine AF-10	Scotsman, Vernon Hills, USA
Elektroporator x-Cell	Biorad, München
Entwickler Curix 60	AGFA, Mortsel, Belgien
FACSCalibur Durchflusszytometer™	BD Biosciences, Franklin Lakes, USA
Feinwaage SBA 32	Scaltec, Göttingen
Gel-Dokumentations-System	Biorad, München
Gelelektrophorese, Blot- & SDS-PAGE Zubehör	Biorad, München
Laborwaage MC1 Laboratory LC 2200P	Sartorius, Göttingen
LTQ-Orbitrap Massenspektrometer	ThermoFisher Scientific, Scoresby, Australien
Mikroskope	
-Durchlicht-Mikroskop Standard 20	Zeiss, Jena
-Fluoreszenz-Mikroskop Axio Imager. M1	Zeiss, Jena
Orca C4742-95 Kamera	Hamamatsu, Herrsching am Ammersee
Magnetrührer 19 R3001	Heidolph, Schwabach
Mikrowelle Micromaxx MM41568	Medion, Mülheim
Milli-Q Reinstwasseranlage	Millipore, Bedfort, USA
Netzspannungsgerät	Consort, Deisenhofen
PCR Mastercycler epgradient	Eppendorf, Hamburg
pH 211 Microprocessor pH Meter	Hanna Instruments, Kehl
Photometer	Eppendorf, Hamburg
Protan Nitrozellulose	Schleicher & Schuell, Dassel

Schüttelinkubator GFL 1083	Eppendorf, Hamburg
Sterilfilter 0,2 µm	Sarstedt, Nümbrecht
Sterilbank Sterigard III Advance	Baker, Sanford, USA
Thermomixer 5436	Eppendorf, Hamburg
UV-Tisch PHEROlum289	Biotec Fischer, Reiskirchen
Vario Macs Seperation Columns	Miltenyi Biotec, Auburn, USA
Vortex Genie 2	Scientific Industries, Bohemia NY, USA
Wasserbad	GFL, Burgwedel
Zentrifugen	
Eppendorf 5415 D	Eppendorf, Hamburg
J2-MI Ultrazentrifuge	Beckman, München
Megafuge 1,0R, Rotor 2705	Heraeus, Hanau
Sorvall Evolution, SS34-Rotor	Du Pont Instruments, Bad Homburg
Sorvall Superspeed GSA-Rotor	Du Pont Instruments, Bad Homburg

Plastiklaborbedarf wurde von der Firma Sarstedt, Nürnbrecht bezogen.

4.1.2 Chemikalien

Aceton	Merck, Darmstadt
Acrylamid/Bisacrylamidlösung, 40%	Roth, Karlsruhe
Agar-Agar	Becton Dickinson, Heidelberg
Agarose	Eurogentec, Seraign, Belgien
Albumax™II	Invitrogen, Karlsruhe
Albumin bovine Fraction V (BSA)	Biomol, Hamburg
Ammoniumpersulfat (APS)	Merck, Darmstadt
Bacto™ Hefeextrakt	Becton Dickinson, Heidelberg
Bacto™ Pepton	Becton Dickinson, Heidelberg
Bromphenolblau	Merck, Darmstadt
Coomassie Brilliant Blue G-250	Merck, Darmstadt
Calciumchlorid	Sigma-Aldrich, Steinheim
Casein	Merck, Darmstadt
Dako Fluorescence Mounting Medium	Dako, Hamburg

Desoxynukleotide (dNTPs)	Fermentas, St. Leon-Rot
4',6-Diamidino-2-Phenylindol (DAPI)	Roche, Mannheim
Digitonin	Sigma-Aldrich, Steinheim
Dikaliumhydrogenphosphat	Roth, Karlsruhe
Dimethylsulfoxid (DMSO)	Sigma-Aldrich, Steinheim
Dinatriumhydrogenphosphat	Roth, Karlsruhe
1,4,-Dithiothreitol (DTT)	Roche, Mannheim
Entwicklerlösung G150	AGFA, Leverkusen
Essigsäure, 100%	Merck, Darmstadt
Ethanol	Merck, Darmstadt
Ethidiumbromid (EtBr)	Sigma-Aldrich, Steinheim
Ethylendiamintetraessigsäure (EDTA)	Biomol, Hamburg
Ethylenglycoltetraessigsäure (EGTA)	Merck, Darmstadt
Fixierlösung G334	AGFA, Leverkusen
Formaldehyd (FA), 10%	Polyscience, Warrington, UK
Formamid	Merck, Darmstadt
Giemsas Azur-Eosin-Methylenblaulösung	Merck, Darmstadt
D-Glukose	Merck, Darmstadt
Glutardialdehyd (GDA), 25%	Roth, Karlsruhe
Glyzerin	Merck, Darmstadt
Glycin	Biomol, Hamburg
HEPES 2-(4-(2-Hydroxyethyl)- 1-piperazinyl)-ethansulfonsäure	Roche, Mannheim
Hypoxanthin	Biomol, Hamburg
IGEPAL CA-630 („Nonidet P-40“)	Sigma-Aldrich, Steinheim
Isopropanol	Merck, Darmstadt
Kaliumchlorid	Merck, Darmstadt
Kaliumdihydrogenphosphat	Roth, Karlsruhe
Magnesiumchlorid	Merck, Darmstadt
Manganchlorid	Merck, Darmstadt
ß-Mercaptoethanol	Merck, Darmstadt
Methanol	Merck, Darmstadt
Milchpulver	Roth, Karlsruhe
3-(n-Morpholino)-Propansulfonsäure (MOPS)	Merck, Darmstadt

N, N, N, N-Tetramethylendiamin (TEMED)	Merck, Darmstadt
Natriumacetat	Merck, Darmstadt
Natriumchlorid	Gerbu, Gaiberg
Natriumhydrogencarbonat	Sigma-Aldrich, Steinheim
Natriumdidodecylsulfat (SDS)	Serva, Heidelberg
Natriumdihydrogenphosphat	Roth, Karlsruhe
Natriumhydroxid	Merck, Darmstadt
Ponceau S	Sigma-Aldrich, Steinheim
Phenol Chloroform Isoamylalkohol (25:24:1)	Sigma-Aldrich, Steinheim
RPMI (Roswell Park Memorial Institute)-Medium	Invitrogen, Karlsruhe
Salzsäure	Merck, Darmstadt
Saponin	Serva, Heidelberg
Sorbitol	Sigma-Aldrich, Steinheim
Sucrose	Sigma-Aldrich, Steinheim
TRIS (Tris (hydroxymethyl)-aminomethane)	Roth, Karlsruhe
Triton X-100	Biomol, Hamburg
WR99210	Jacobus Pharmaceuticals, Maryland, USA
Xylencyanol	Sigma-Aldrich, Steinheim

4.1.3 Antibiotika

Ampicillin (amp)	Roche, Mannheim
Blasticidin S (BSD)	Invitrogen, Karlsruhe
Gentamycin	Ratiopharm, Ulm

4.1.4 Kits - fertige Versuchansätze

NucleoSpin® Plasmid	Macherey-Nagel, Düren
NucleoSpin® Extract II	Macherey-Nagel, Düren
Plasmid Midi Kit	Qiagen, Hilden
Western Blot ECL-Detection Kit	Thermo Fisher Scientific, Schwerte
Western Blot ECL-Detection Kit	GE Healthcare, Buckinghamshire, UK

4.1.5 DNA- und Proteinstandards

GeneRuler™ 1000 bp ladder	Fermentas, St. Leon-Rot
PageRuler™ prestained protein ladder	Fermentas, St. Leon-Rot
PageRuler™ unstained protein ladder	Fermentas, St. Leon-Rot

4.1.6 Medien, Puffer & Lösungen

4.1.6.1 Medien, Puffer & Lösungen für mikrobiologische Untersuchungen

4.1.6.1.1 Medien, Puffer & Lösungen für *E. coli*-Kulturen

Antibiotika-Stocklösung	100 mg/ml Ampicillin in 70% Ethanol
Glycerinstabilat	50% (v/v) Glycerin in H_2O_{DD}
LB-Flüssigmedium	1% (w/v) NaCl, 0,5% (w/v) Pepton, 1% (w/v) Hefeextrakt in H_2O_{DD}, autoklaviert
LB-Agarplatten	1,5% (w/v) Agar-Agar in LB Flüssigmedium
LB+amp-Flüssigmedium	autoklaviertes LB-Flüssigmedium versetzt bei etwa 50 °C mit amp (100 mg/ml), (Endkonzentration 100 µg/ml)

4.1.6.1.2 Puffer zur Herstellung chemisch kompetenter *E. coli*

TFBI-Puffer	30 mM Essigsäure 50 nM $MnCl_2$ 100 mM RbCl 10 mM $CaCl_2$ 15% (v/v) Glycerin pH 5,8 (mit 0,2 N Essigsäure)

TFBII-Puffer	10 mM MOPS 75 mM $CaCl_2$ 10 mM RbCl 15% (v/v) Glycerin pH 7,0 (mit NaOH)

4.1.6.2 Puffer & Lösungen für molekularbiologische Untersuchungen

4.1.6.2.1 Puffer für das Fällen von DNA

EtOH	100% und 70%
Natriumacetat	3 M, pH 5,2

4.1.6.2.2 Puffer für das Auftrennen von DNA

Agarosegel	1% (w/v) Agarose in 1xTAE-Puffer
Ethidiumbromid	10 mg/ml EtBr in H_2O_{DD}
6x Probenpuffer	40% (v/v) Glycerin 0,25% (w/v) Xylencyanol 0,25% (w/v) Bromphenolblau in H_2O_{DD}
50x TRIS-Acetat-EDTA (TAE)	2 M TRIS 1 M Eisessig 0,5 M EDTA pH 8,5

4.1.6.2.3 Puffer & Lösungen zur Isolation von genomischer DNA

Puffer A	50 µM NaAc 100 µM NaCl 1 mM EDTA

SDS	18% (w/v) in H_2O_{DD}

4.1.6.3 Medien, Puffer & Lösungen für zellbiologische Untersuchungen

4.1.6.3.1 Medien, Puffer & Lösungen für *P. falciparum in vitro* – Kulturen & Fixierungen

Auftaulösung(MTS)	3,5% (w/v) NaCl in H_2O_{DD} steril filtriert
Blasticidin S Arbeitslösung	5 mg/ml BSD in RPMI-Komplettmedium
Blockierungslösung	3% BSA in 1x HT-PBS
Blutkonserve	humanes Erythrozyten-Konzentrat; Blutgruppe 0^+ (Blutbank, Universitätsklinikum Eppendorf, Hamburg)
Fixierlösung A	4% Formaldehyd (FA) 0,0075% Glutardialdehyd (GDA) 500 µl 10x HT-PBS add 5,0 ml H_2O_{DD}
Fixierlösung B	100% eiskaltes Methanol
Kryo-Stabilisierungs-lösung (MFS)	4,2% (w/v) D-Sorbitol 0,9% (w/v) NaCl 28% (v/v) Glyzerin steril filtriert
Permeabilisierungslösung	0,1% TritonX-100 in 1x HT-PBS
RPMI-Komplettmedium	15,87 g/l RPMI 1640 12 mM $NaHCO_3$ 6 mM D-Glukose

	0,5% (v/v) Albumax II 0,2 mM Hypoxanthin 0,4 mM Gentamycin pH 7,2 steril filtriert
selektiver Lysepuffer	0,03% (w/v) Saponin in 1x PBS
Synchronisationslösung	5% (w/v) D-Sorbitol in H_2O_{DD} steril filtriert
Transfektionspuffer (Cytomix)	120 mM KCl 150 µM $CaCl_2$ 2 mM EGTA 5 mM $MgCl_2$ 10 mM K_2HPO_4 / KH_2PO_4, pH 7,6 25 mM HEPES, pH 7,6 steril filtriert
WR99210-Stocklösung	20 mM in 1 ml DMSO steril filtriert
Arbeitslösung	1:1000 Stocklösung in RPMI-Komplettmedium

4.1.6.4 Puffer & Lösungen für biochemische Untersuchungen

4.1.6.4.1 Proteinase K–Protektionsassay

SoTE-Puffer	0,6 M Sorbitol 20 mM TRIS-HCl, pH 7,5 2 mM EDTA
Proteinase K	20 mg/ml

Arbeitslösung	0,1 mg/ml in SoTE-Puffer
Digitonin	40 mg/ml in DMSO
Arbeitslösung	0,01% (v/v) in SoTE-Puffer

4.1.6.4.2 Proteinauftrennung mittels SDS-PAGE

Ammoniumpersulfat	10% (w/v) in H_2O_{DD}
10x Laufpuffer	250 mM TRIS 1,92 M Glycin 1% (w/v) SDS in H_2O_{DD}
1x Laufpuffer	1:10 Verdünnung des 10x Laufpuffers in H_2O_{DD}
Sammelgelpuffer	1 M TRIS-HCl, pH 6,8
Sammelgel (4%)	1 ml Sammelgelpuffer 2,5 ml H_2O_{DD} 0,5 ml 40% Acrylamid/Bisacrylamid-Lösung 40 µl 10% (w/v) SDS in H_2O_{DD} 20 µl 10% (w/v) APS in H_2O_{DD} 5 µl TEMED
5x SDS-Probenpuffer (reduzierend)	375 mM TRIS-HCl pH 6,8 12% (w/v) SDS 60% (v/v) Glyzerin 0,6 M DTT 0,06% (w/v) Bromphenolblau
1x Probenpuffer (nicht reduzierend)	2% (w/v) SDS 0,05 M TRIS 0,02% (w/v) Bromphenolblau

	10% (v/v) Glycerin
Trenngelpuffer	1,5 M TRIS-HCl, pH 8,8
Trenngel (10%)	1,5 ml Trenngelpuffer 2,5 ml H_2O_{DD} 2 ml 40% Acrylamid/Bisacrylamid-Lösung 60 µl 10% (w/v) SDS in H_2O_{DD} 25 µl 10% (w/v) APS in H_2O_{DD} 5 µl TEMED

4.1.6.4.3 Transfer von Proteinen (Western-Blot)

Kathoden-Puffer	25 mM TRIS 40 mM 6-Aminohexanonsäure 20% (v/v) Methanol in H_2O_{DD}
Anoden-Puffer I	30 mM TRIS 20% (v/v) Methanol in H_2O_{DD}
Anoden-Puffer II	300 mM TRIS 20% (v/v) Methanol in H_2O_{DD}
10x HT-PBS	20 mM Na_2HPO_4 5,2 mM NaH_2PO_4 120 mM NaCl in H_2O_{DD} pH 7,2
Blockierlösung	5% (w/v) Milchpulver in 1x PBS
Waschpuffer	1x PBS
Coomassie-Lösung	0,025% (w/v) Coomassie Brillant Blue R-250 10% (v/v) Eisessig 45% (v/v) Methanol in H_2O_{DD}

Ponceau S – Lösung	0,2% (w/v) Ponceau S 1% (v/v) Essigsäure in H_2O_{DD}

4.1.7 Bakterien- & Plasmodien-Stämme

4.1.7.1 Bakterienstamm

E. coli XL-10 Gold	TetrΔ*(mcrA)183*Δ*(mcrCB-hsdSMRmrr) 173 endA1 supE44* thi-1 recA1 gyrA96 relA1 lac Hte [F'proAB laclqZ ΔM15 Tn10 (Tetr) Amy Camr]

4.1.7.2 Plasmodien-Stämme

P. falciparum 3D7	MR4, Manasses/ USA, Ursprung: Afrika
P. falciparum W2mef	Indochina III/CDC-Stamm
P. vivax	Patientenisolate, Klinik Bernhard-Nocht-Institut für Tropenmedizin, Hamburg

4.1.8 Enzyme

Lysozym	Sigma-Aldrich, Steinheim
Proteinase K	NEB, Ipswich, USA
RNaseA	Merck, Darmstadt

4.1.8.1 Polymerasen

FirePol® DNA Polymerase [5 U/µl]	Solis Biodyne, Taipei, Taiwan
Phusion® High-Fidelity DNA Polymerase [2 U/µl]	NEB, Ipswich, USA
Taq DNA Polymerase [5 U/µl]	NEB, Ipswich, USA

4.1.8.2 Ligase

T4 DNA-Ligase [3 U/µl]	NEB, Ipswich, USA

4.1.8.3 Restriktionsendonukleasen

*Avr*II (C^CTAGG), [4 U/µl]	NEB, Ipswich, USA
Fast digest® *BamHI* (G^GATCC)	Fermentas, St. Leon-Rot
*Dpn*I [20 U/µl]	NEB, Ipswich, USA
Fast digest® *Kpn*I (GGTAC^C)	Fermentas, St. Leon-Rot
*Kpn*I [10 U/µl]	NEB, Ipswich, USA
Fast digest® *Not*I (GC^GGCCGC)	Fermentas, St. Leon-Rot
*Xho*I [20 U/µl]	NEB, Ipswich, USA

4.1.9 Antikörper & Fluoreszenzfarbstoffe

4.1.9.1 Primäre Antikörper

Tabelle 4-1: Übersicht aller in dieser Arbeit verwendeten primären Antikörper. IFA: Immunfluoreszenz-Analyse, IP: Immunpräzipitation, WB: Westernblot.

Antigen	Organismus	Verdünnung	Verwendung	Quelle
GFP	Maus	1:1000	WB	Dianova, Hamburg
GFP	Kaninchen	1:2000	IFA	Roche, Mannheim
TY1	Maus	-	IP	Diagenode, Liège, Belgien
GRASP	Maus	1:5000	WB	Struck *et al.*, 2005
BiP	Kaninchen	1:2000	WB IFA	Kumar *et al.*, 1991
1F9 (3D7-AMA1)	Maus	1:500 1:2000	WB IFA	Coley *et al.*, 2001
AMA1	Kaninchen	1:2000	WB	Howell *et al.*, 2003

4.1.9.2 Sekundäre Antikörper

Tabelle 4-2: Übersicht aller in dieser Arbeit verwendeten sekundären Antikörper

Antigen	Organismus	Konjugat	Verdünnung	Quelle
Maus Fc	Ziege	HRP	1:3000	Dianova, Hamburg
Kaninchen Fc	Esel	HRP	1:2500	Dianova, Hamburg
Maus Fc	Ziege	Alexa Fluor 488	1:2000	Molecular Probes, Leiden, Niederlande
Maus Fc	Ziege	Alexa Fluor 594	1:2000	Molecular Probes, Leiden, Niederlande
Kaninchen Fc	Esel	Alexa Fluor 488	1:2000	Molecular Probes, Leiden, Niederlande
Kaninchen Fc	Esel	Alexa Fluor 594	1:2000	Molecular Probes, Leiden, Niederlande

4.1.9.3 Weitere Fluoreszenzfarbstoffe

4'-6-Diamidin-2-phenylindol (DAPI) 1:2000 Roche, Mannheim

4.1.10 Oligonukleotide

Die in dieser Arbeit verwendeten Oligonukleotide wurden von der Firma Sigma-Aldrich, Steinheim und von der Firma Eurofins MWG Operon, Ebersberg synthetisiert und in lyophilisierter Form geliefert. Vor Gebrauch wurden diese auf eine Arbeitskonzentration (Stocklösung 100 µM) von 10 µM in H_2O_{DD} verdünnt und bei -20 °C gelagert. Alle Oligonukleotide sind in 5`-3`Richtung dargestellt, wobei die Erkennungssequenzen der Restriktionsenzyme kursiv hervorgehoben sind.
Eine Übersicht über alle verwendeten Oligonukleotide findet sich im Anhang (Tab. 7-1).

4.1.11 Transfektions-Vektoren für *P. falciparum*

pARL1a(-) (Crabb *et al.*, 2004)

Das binäre Shuttle-Plasmid pARL1a(-) (Abb. 4-1) kann in Prokaryoten (*E. coli*) amplifiziert und ebenfalls in *P. falciparum* transfiziert werden. Das ß-Lactamase-Gen ermöglicht eine Selektionierung mit Ampicillin (amp) in *E. coli*. Das Antifolat WR99210 erlaubt die Selektionierung in *P. falciparum,* da die durch das Plasmid kodierte humane Dihydrofolatreduktase im Gegensatz zum plasmodialen Enzym nicht von WR99210 gehemmt wird. Die Expression der eingebrachten Transgenen in *P. falciparum* kann einerseits durch den stadienspezifischen Promotor *ama1* (Treeck *et al.*, 2006) oder durch den konstitutiven *crt*-Promotor kontrolliert werden.

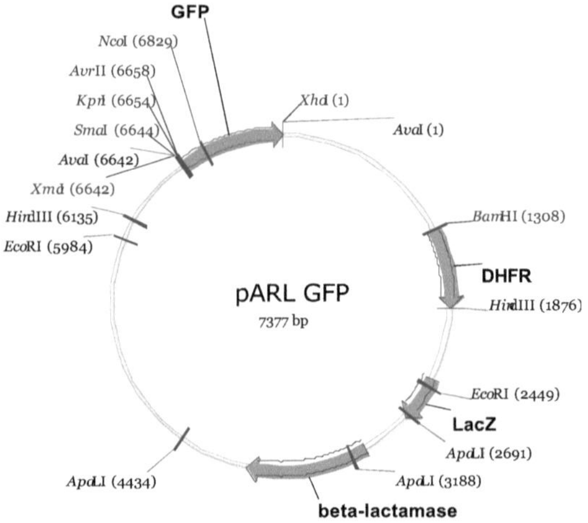

Abbildung 4-1: pARL-GFP

Dieser Vektor kann dazu genutzt werden gewünschte Gene C-terminal mit GFP zu versehen. Die Klonierung erfolgt dabei über die Restriktionsschnittstellen *KpnI* und *AvrII*. Das eingebrachte β-Lactamase-Gen bedingt die Resistenz gegen Ampicillin und dient damit als Selektionsmarker in *E. coli*-Kulturen. Das LacZ-Gen ist ein in *E. coli*-Wildtypbakterien vorkommendes Gen. Bestimmte kompetente *E. coli*-Bakterien besitzen ein mutiertes LacZ-Gen bzw. der LacZ-Repressor wird überexprimiert. Das durch Transformation eingeführte LacZ-Gen dient in diesen Bakterien als Selektionsmarker. Das DHFR-Gen, welches für die humane Dihydrofolatreduktase codiert, ermöglicht eine Selektionierung von transgenen Parasiten, die dadurch gegenüber dem Antifolat WR99210 resistent sind. Das Antifolat WR99210 hemmt die parasiteneigene Dihydrofolatreduktase.

pBcam-hrp (basierend auf Flueck *et al.*, 2009)

Wie pARL1a(-) ermöglicht der binäre Shuttle-Vektor pBcamR-MS2/GFP-3xHA, basierend auf dem Plasmid pBcam (Prof. Till Voss, Schweizer Tropeninstitut TPH, Basel), neben der Expression in *E. coli* eine Transfektion in *P. falciparum*.

Das für die Meerrettichperoxidase (HRP; „horseraddish peroxidase“) kodierende Gen *hrp* (Sequenz, s. Anhang 7.2) wurde über die Restriktionsstellen *BamHI* und *NotI*, mit einem 3´Stop-Kodon versehen, in pBcam kloniert.

Die zu untersuchenden Gene werden über die Schnittstelle *BamHI* kloniert und unter der Kontrolle eines konstitutiven *cam*-Promotors (Promotor des *calmodulin*-Gens) exprimiert.

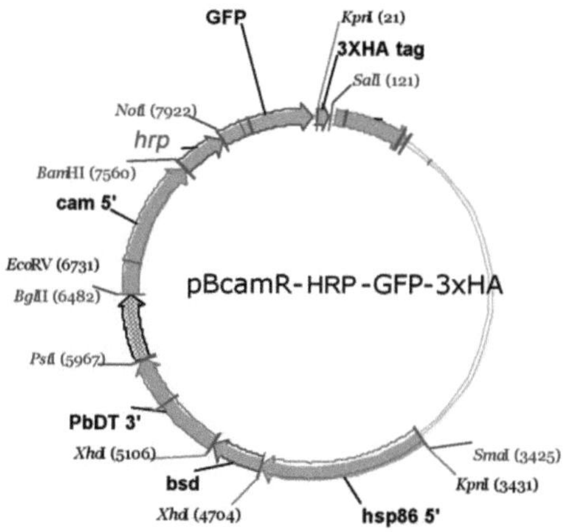

Abbildung 4-2: pBcam-hrp

Mit Hilfe dieses Vektors können Gene C-terminal mit HRP versehen werden. Die Selektionierung transgener Parasiten erfolgt mit dem Antibiotikum Blasticidin S (BSD), was durch das Vorhandensein der Blasticidin-S-Deaminase – Selektionskassette (*bsd*) ermöglicht wird. Das hoch toxische BSD inhibiert die Proteinbiosynthese nicht-transfizierter Parasiten, wobei die Blasticidin-Deaminase in Transfektanten BSD und Wasser zu Deaminohydroxyblasticidin S und Ammonium umsetzt. *cam*: Calmodulin-Promotorregion; 3xHA-tag: Hämagglutinin-Markierung; *PbDT 3'*: Terminator des *P. berghei* Dihydrofolatreduktase-Thymidin-Gens; *hrp2 3'*: Terminator des Hisitdin-reichen Proteins; *hsp86 5'*: Promotor des Hitzeschockprotein 86-Gens.

4.1.12 Computer Software & online Hilfsprogramme

Adobe Photoshop	Adobe Systems, San Jose, Kalifornien, USA
Adobe Illustrator	Adobe Systems, San Jose, Kalifornien, USA
AxioVision 40 v4.7.0.0	Zeiss, Jena
Cell Quest Pro	BD Biosciences, San Jose, Kalifornien, USA

ClustalW2 - Multiple Sequence Alignment
http://www.ebi.ac.uk/Tools/msa/clustalw2/

DNA sequence Reverse & Complement
http://www.cellbiol.com/scripts/complement/reverse_complement_sequence.html

Hydrophobizitäts-Blot – Analyse (Kyte & Doolittle, 1982)
http://kr.expasy.org/cgi-bin/protscale.pl?1

Microsoft Office — Microsoft Corporation, Redmond, USA

PRofile ALIgNEment (PRALINE) (Simossis *et al.*, 2005a&b; Pirovano *et al.*, 2008)
http://www.ibi.vu.nl/programs/pralinewww/

SignalP 3.0 (Nielsen *et al.*, 1997)
http://www.cbs.dtu.dk/services/SignalP/

Translation tool
http://www.expasy.ch/tools/dna.html

Motif Scan (Pagni *et al.*, 2007)
http://myhits.isb-sib.ch/cgi-bin/motif_scan

big-PI Predictor-GPI (Eisenhaber *et al.*, 1996; Sunyaev *et al.*, 1999)
http://mendel.imp.ac.at/sat/gpi/gpi_server.html

4.2 Methoden

4.2.1 Sterilisierung von Lösungen & Geräten

Glasgeräte und Pipettenspitzen sowie Lösungen und Medien werden für 20 min bei 1,5 bar Dampfdruck und 121 °C steril autoklaviert. Hitzeinstabile Lösungen werden mit Sterilfiltern der Porengröße 0,2 µm steril filtriert.

4.2.2 Mikrobiologische Methoden

4.2.2.1 Kultivierung & Lagerung von *E. coli*
(Sambrook *et al.*, 1989)

Die Kultivierung von *E. coli* erfolgt auf LB-Agarplatten bzw. in Schüttelkolben mit 1x LB-Medium, wobei der entsprechende Selektionsdruck durch Zugabe von Ampicillin in einer Endkonzentration von 100 µg/ml erreicht wird.
Um klonale Kulturen zu gewinnen, werden zunächst Bakteriensuspensionen auf LB-Agarplatten ausgestrichen und über Nacht (üN) bei 37 °C inkubiert. Von diesen Platten können einzelne Klone gepickt und Schüttelkulturen inokuliert werden. Die Kultivierung erfolgt wiederum üN bei 37 °C.

LB-Agarplatten können bei 4 °C und Flüssigkulturen langfristig (mit Glyzerin versetzt) gelagert werden. Dafür werden 600 µl Bakterienkultur mit 300 µl 50% Glyzerin versetzt und bei -20 °C eingefroren.

4.2.2.2 Herstellung chemisch kompetenter *E. coli*

(Hanahan *et al.*, 1983)

Unter natürlichen Bedingungen ist die Aufnahme von Fremd-DNA durch *E. coli* begrenzt, sodass für genetische Manipulationen die Transformationseffizienz erhöht werden muss. Eine Möglichkeit dazu besteht in der Vorinkubation von *E. coli* in $CaCl_2$-Lösung, was eine Destabilisierung der bakteriellen Zellwand zur Folge hat. Die Zellwand dieser kompetenten Bakterien ist dadurch permeabeler für Fremd-DNA.
Zunächst werden 4 ml einer *E. coli*-üN-Kultur in 200 ml 1x LB-Medium aufgenommen und bei 37 °C bis zu einer optischen Dichte (OD_{600nm}) von 0,5-0,6 geschüttelt. Die Kultur wird anschließend bei 4 °C und 2400 g für 20 min zentrifugiert. Der Überstand wird verworfen, die Zellen werden in 30 ml TFBI-Lösung resuspendiert und bei 4 °C für 10 min inkubiert. Nach anschließender Zentrifugation bei 4 °C und 2400 g für 20 min, wird das Zellpellet in 10 ml TFBII-Lösung resuspendiert. Die Suspension wird in 100 µl-Aliquots bei -80 °C gelagert.

4.2.2.3 Transformation chemisch kompetenter *E. coli*

(Dower *et al.*, 1988; Taketo, A. 1988)

Als Transformation wird das Einschleusen von Fremd-DNA in prokayotische Zellen bezeichnet, das unter anderem durch einen Hitzeschock erfolgen kann.
100 µl chemisch kompetente *E. coli* (siehe 4.2.2.2) werden auf Eis aufgetaut, mit der entsprechenden Plasmid-DNA versetzt und 30 min auf Eis inkubiert. Anschließend wird das Gemisch für 90 s einem Hitzeschock bei 42 °C ausgesetzt und dann erneut für 2 min auf Eis inkubiert. Nach Zugabe von 600 µl 1x LB-Medium (ohne amp) schüttelt der Transformationsansatz für ca. 30 min bei 37 °C. Während dieser Zeit können die Bakterien das durch das Plasmid eingebrachte Resistenzgen exprimieren. Abschließend wird der komplette Ansatz auf LB-Agarplatten (mit amp) ausplattiert und üN bei 37 °C inkubiert.

4.2.3 Molekularbiologische Methoden

4.2.3.1 Polymerase-Kettenreaktion (PCR)

(Mullis & Faloona, 1987; Saiki *et al.*, 1988)

Polymerase-Kettenreaktionen (PCR) dienen der gezielten Amplifikation von DNA *in vitro*. Dabei werden Oligonukleotide, kurze komplementäre DNA-Fragmente, verwendet die das 5´- und 3´-Ende (ca. 20 Basen), der zu amplifizierenden DNA flankieren. Weiterhin werden für diese Reaktion freie Nukleotide (dNTPs), Puffer und eine thermostabile Polymerase benötigt.

Taq-DNA-Polymerasen, welche aus dem Eubakterium *Thermus aquaticus* stammen, besitzen ein Temperaturoptimum von 72 °C, bleiben jedoch selbst bei 92 °C noch stabil. Diese Polymerasen synthetisieren mehr als 1000 Nukleotide pro min, besitzen dabei allerdings gleichzeitig eine hohe Mutationsrate (ca. 1:10000 Basen; Tindall & Kunkel, 1988) aufgrund einer fehlenden Korrekturlesefähigkeit. Im Gegensatz dazu können so genannte „proof reading"-Polymerasen falsch eingebaute Nukleotide erkennen und entfernen. Um nahezu mutationsfreie PCR-Produkte zu erhalten, wurde in dieser Arbeit die Phusion® High-Fidelity "proof-reading"-Polymerase verwendet, die nach Herstellerangaben eine 50fach geringere Mutationsrate aufweist.

Die PCR basiert auf drei aufeinander folgenden Temperaturzyklen (Tab. 4-3): 1) Trennung der beiden DNA-Stränge des zu amplifizierenden DNA-Fragments (*Denaturierung* bei 92 °C), 2) Hybridisierung der Oligonukleotide mit dem zu amplifizierenden DNA-Fragment (*Annealing* bei 42-60 °C) und 3) Synthese des DNA-Stranges durch die Polymerasen (*Elongation* bei 72 °C). Durch das Anpassen von *Annealing*- und *Elongations*-Temperatur sowie -Dauer können den Oligonukleotiden und DNA-Fragmenten entsprechend optimale Bedingungen eingestellt werden. Aufgrund des AT-reichen Genoms von *P. falciparum* (Gardner *et al.*, 2002a & 2002b) liegen die optimalen Annealing- und Elongations-Bedingungen mit 42-54 °C bzw. 62-68 °C meist niedriger als bei DNA-Amplifikation mit einem höheren GC-Gehalt.

Standard-PCR-Ansatz

50–400 ng DNA
10 µl 5x High-Fidelity Phusion® Polymerase-Puffer

5 µl dNTPs [2mM]
2,5 µl vorwärts-Oligonukleotid [10 µM]
2,5 µl rückwärts-Oligonukleotid [10 µM]
0,2 µl Phusion® High-Fidelity DNA-Polymerase [2 U/µl]
mit H_2O_{DD} ad 50 µl

Tabelle 4-3: Standard-PCR-Programm mit 30-35 Zyklen:

		T [°C]	t [s]
	Anfangsdenaturierun	95	120
Zyklus	Denaturierung	95	15
	Annealing	42-60	30
	Elongation	62-68	60-240
	Endelongation	72	420
	PCR-Ende	4	∞

4.2.3.2 Oligonukleotid basierende Mutagenese (Higuichi *et al.*, 1988)

Beliebige Mutationen können mit Hilfe von geeigneten Oligonukleotiden in jedes DNA-Fragment eingebracht werden. Eine effektive und kostengünstige Methode ist die als Overlapping-PCR oder „Two-Step Megaprimer Muatagenesis“ bezeichnete Methode: Dabei wird das Endprodukt aus zwei sich überlappenden PCR-Fragmenten produziert. Zunächst werden die entsprechenden PCR–Fragmente (A, B) in separaten PCR-Ansätzen unter den Standardbedingungen (4.2.3.1 und Tab. 4-3) amplifiziert. Dabei werden für die Amplifikation von Template A das Rückwärts-Oligonukleotid und von Template B das Vorwärts-Oligonukleotid so gewählt, dass ca. 20 Basen komplementär sind (und die gewünschte Mutation/Mutationen kodieren). Nach Aufreinigung (s. 4.2.3.4) dieser sich überlappenden PCR-Fragmente („megaprimer“) werden in der zweiten PCR (two-step) beide PCR-Produkte in einem gleichen Verhältnis gemeinsam mit dem Vorwärts-Oligonukleotid von Template A sowie dem Rückwärts-Oligonukleotid von Template B eingesetzt. Dieses führt nach anfänglich linearer Elongation zur expotentiellen Amplifikation des gewünschten offenen Leserahmens mit den eingebrachten Nukleotidaustauschen/deletionen/insertionen.

4.2.3.3 Identifikation von transformierten Bakterienklonen mittels PCR

Durch die Selektionierung mit Ampicillin enthalten zwar alle *E. coli*-Kolonien auf den Selektionsplatten das eingebrachte Plasmid, jedoch nur einige das gewünschte DNA-Fragment, das in das Plasmid kloniert werden sollte. Zur Identifikation dieser Kolonie erfolgt eine PCR mit entsprechenden Oligonukleotiden. Dazu werden Bakterienkolonien mit einer sterilen Pipettenspitze gepickt und zunächst auf einer weiteren LB-Agar-Platte („Masterplatte") kurz ausgestrichen. Dieselbe Pipettenspitze wird nun in den PCR-Ansatz überführt und die PCR gestartet (Tab. 4-4).

Standard-PCR-Ansatz für 25 Kolonien - 1 Kolonie wird jeweils in 10 µl resuspendiert:

25 µl 10x FIREPol®-Puffer
25 µl $MgCl_2$
25 µl dNTPs [2 mM]
10 µl Vorwärts-Oligonukleotide [10 µM]
10 µl Rückwärts-Oligonukleotide [10 µM]
2,5 µl FirePol® DNA Polymerase [5 U/µl]
mit H_2O_{DD} ad 250 µl

Tabelle 4-4: Screen-PCR-Programm mit 30 Zyklen:

		T [°C]	t [s]
	Anfangsdenaturierung	95	60
Zyklus	Denaturierung	95	15
	Annealing	48	30
	Elongation	68	120
	Endelongation	62	240
	PCR-Ende	4	∞

4.2.3.4 Reinigung von PCR-Produkten

PCR-Produkte wurden entsprechend den Anweisungen des Herstellers mittels NucleoSpin® Extract II (Macherey-Nagel, Düren) aufgereinigt. Hierbei werden die DNA-Fragmente in Gegenwart von hohen Salzkonzentrationen an Silica-Membranen gebunden und nach entsprechenden Reinigungsschritten in H_2O_{DD} eluiert.

4.2.3.5 Agarose-Gelelektrophorese zur Auftrennung von DNA-Fragmenten (Garoff & Ansorge, 1981)

DNA kann im elektrischen Feld mittels Gel-Elektrophorese in Abhängigkeit von ihrer Ladung, Konformation, Pufferzusammensetzung sowie der Konzentration des Agarosegels aufgetrennt werden. Die Konzentration der Agarosegele richtet sich nach der Größe der aufzutrennenden DNA-Fragmente. Fragmente mit einer Größe von 0,6 bis 8 kb werden optimal in 1%igen Gelen aufgetrennt. Aufgrund ihrer negativen Ladung, durch Phosphatgruppen im Zucker-Phosphat-Rückgrat, kann DNA im elektrischen Feld zur Anode wandern. Vor dem Auftragen in das Gel werden die Proben mit Bromphenolblau-haltigem Ladepuffer versetzt, womit die Lauffront der Fragmente im Gel verfolgt werden kann. Der Vergleich mit einem Längenstandard dient sowohl der Bestimmung der Fragmentgröße als auch der Abschätzung der DNA-Konzentration. Die Detektion erfolgt durch Ethidiumbromid (EtBr), einem Farbstoff, der mit DNA interkaliert und im UV-Licht sichtbar wird. Zum Herstellen von Agarosegelen wird zunächst die entsprechende Menge an Agarose in 1x TAE-Puffer aufgekocht und anschließend auf ca. 60 °C abgekühlt, damit EtBr (0,5 µg/ml

Endkonzentration) dazugegeben werden kann. Die Auftrennung der DNA-Fragmente erfolgt im elektrischen Feld unter Standardbedingungen (10 V/cm Gellänge).

4.2.3.6 Isolierung von DNA aus Agarosegelen

Die Isolierung von DNA aus Agarosegelen erfolgt ebenfalls mit dem NucleoSpin® Extract II-Kit (Macherey-Nagel, Düren) nach den Angaben des Herstellers. Zuvor werden dafür die entsprechenden DNA-Banden mit einem Skalpell aus dem Agarosegel ausgeschnitten.

4.2.3.7 Restriktionsverdau von DNA

Spezielle bakterielle Enzyme, so genannte Restriktionsendonukleasen, können Phosphodiesterbindungen in DNA-Molekülen hydrolysieren. Die Erkennungssequenzen von Restriktionsendonukleasen sind meist vier bis acht palindromisch angeordnete Nukleotide in doppelsträngiger DNA. Entsprechend der verwendeten Enzyme werden glatte Enden, meist allerdings einzelsträngige, kohäsive DNA-Überhänge generiert.
In dieser Arbeit werden für Klonierungen von Genen in die entsprechenden Vektoren Restriktionsendonukleasen in einer Endkonzentration von 0,04 U/µl bei Inkubationszeiten von 45 min – 3 h eingesetzt.

4.2.3.8 Ligation von DNA-Fragmenten

Nukleinsäuremoleküle können durch die enzymatische Katalyse von DNA-Ligasen, häufig T4-Ligasen, unter Bildung einer Phosphodiesterbindung zwischen einer freien 5'-Phosphat- und einer 3'-Hydroxylgruppe verknüpft werden. Dem Reaktionsansatz wird Ligase-Puffer, Ligase (Endkonzentration: 0,15 U/µl), geschnittener Vektor und das Insert in einem molaren Verhältnis von 1:3 zugesetzt. Die Ligation erfolgt 1 h bei RT.

4.2.3.9 Plasmid-Isolation (Mini- & Midi-Präparation)

Plasmid-Isolationen werden im Mini- bzw. Midi-Ansatz mittels NucleoSpin® Plasmid-Kit (Macherey-Nagel, Düren) bzw. Plasmid Midi Kit (Qiagen, Hilden) entsprechend den Anweisungen der Hersteller durchgeführt.

Das *E. coli*-Pellet einer 2 ml (Mini-Präparation) bzw. 100 ml (Midi-Präparation) üN-Kultur wird zunächst in RNaseA-haltigem Puffer resuspendiert. Die Zellen werden in alkalischem Lyse-Puffer aufgeschlossen und durch die Zugabe des Neutralisationspuffers werden wieder physiologische Bedingungen geschaffen, wodurch DNA-Schädigungen entgegen gewirkt wird. Mittels Zentrifugation werden resultierende Zelltrümmer von der DNA-Lösung getrennt. Die DNA wird an eine Silicamatrix gebunden, gewaschen und in 50 µl (Mini-Präparation) bzw. 200 µl (Midi-Präparation) H_2O_{DD} eluiert. Die durchschnittliche Plasmid-DNA-Ausbeute bei Mini-Präparation ist bei den hier verwendeten Vektoren ca. 10 µg und bei Midi-Präparationen 200 µg DNA.

4.2.3.10 Präparation von genomischer DNA aus *P. falciparum*

Aufgrund ihres hohen DNA-Gehalts werden für die Präparation von genomischer DNA späte Stadien einer synchronisierten Kultur verwendet. Die Parasiten werden 5 min bei 1500 g zentrifugiert und in 5 Volumen Puffer A resuspendiert. Die Lyse der Zellen erfolgt durch die Zugabe von 1 Volumen 18%igem SDS und einer Inkubation für 3 min bei RT. DNA und Proteine werden durch Zugabe von 2,5 Volumen Phenol / Chloroform / Isoamylalkohol schüttelnd voneinander getrennt. Nach 10 minütiger Zentrifugation bei 1100 g verbleiben die Proteine in der wässrigen DNA-haltigen und der phenolischen Phase. Phenolische Reste werden durch ein erneutes Ausschütteln mit Chloroform entfernt. Nach dem Überführen der wässrigen Phase in ein Eppendorf-Reaktionsgefäß wird die DNA üN bei -20 °C gefällt (4.2.3.11). Nach zweimaligem Waschen des Präzipitats mit 70%igem EtOH trocknet die DNA bei RT und kann anschließend bei 4 °C in 50 µl TE-Puffer aufgenommen werden. Die genomische DNA kann anschließend als Template für Polymerase-Kettenreaktionen (4.2.3.1) eingesetzt werden.

4.2.3.11 Konzentrationsbestimmung von DNA

Die Bestimmung der DNA-Konzentration- und Reinheit erfolgt mittels Photometer, wobei die Licht-absorbierenden Eigenschaften der Basen ausgenutzt werden.
Eine OD_{260nm} von 1 entspricht einer Konzentration von 50 µg/ml doppelsträngiger DNA (Sambrook, 1989). Das Absorptionsmaximum aromatischer Aminosäuren in Proteinen liegt bei 280 nm; damit kann über den Quotienten der Werte 260 nm / 280 nm die Reinheit der DNA-Präparation ermittelt werden. Dieser beträgt bei reiner DNA 1,8.

4.2.3.12 Fällung von DNA

Durch die Zugabe von 1/10 Volumen NaAc pH 5,2 und 3 Volumen 100%igem EtOH wird DNA aus einer wässrigen Lösung gefällt. Das Anlagern von NaAc an die DNA und die anschließende Zugabe von Alkohol bewirken ein Überschreiten des Löslichkeitsproduktes der DNA und in dessen Folge deren Fällung.

4.2.3.13 Sequenzierungen

Die in dieser Arbeit erfolgten Sequenzierungen wurden von der Firma Seqlab, Göttingen, mittels der Didesoxymethode nach Sanger, durchgeführt. Gemäß des Firmenprotokolls (http://www.seqlab.de/index.php?id=47) wurden ca. 600-700 ng Plasmid-DNA und 20 pmol Sequenzier-Oligonukleotide in einem Gesamtansatz von 7 µl eingesendet.

4.2.4 Zellbiologische Methoden

4.2.4.1 Kulturführung von *P. falciparum*
(Trager & Jensen, 1976)

P. falciparum-Parasiten werden in RPMI-Komplettmedium und humanen Erythrozyten der Blutgruppe O^+ in 90 x 14 mm Petrischalen bei 37 °C und einer sauerstoffarmen Atmosphäre (5% CO_2, 1% O_2, 94% N_2) kultiviert. Die hier verwendeten Petrischalen fassen ein Kulturvolumen von 10 ml und werden mit einem

Hämatokrit von 5% versehen. Unter diesen Bedingungen findet innerhalb von ca. 48 Stunden eine 6-8fache Vermehrung statt. Die Parasitämie einer Parasitenkultur wird über Giemsa-gefärbte Blutausstriche mit Hilfe eines Lichtmikroskops ermittelt (4.2.4.2). Standard *in vitro*-Kulturen werden bei einer Parasitämie zwischen 0,5 und 10% gehalten; höhere Parasitämien sind nur kurzfristig zu erzielen und eignen sich nicht für eine kontinuierliche Kulturführung.

4.2.4.2 Herstellung von Blutausstrichen & Anfertigung von Giemsa-Färbepräparaten (Giemsa, 1904)

Zur Beurteilung der Vitalität von *P. falciparum* und deren Parasitämie werden Blutausstriche der *in vitro*-Kulturen angefertigt. Dazu werden 1-5 µl von einer sedimentierten Kultur aufgenommen und auf einem Objektträger mit einem zweiten Objektträger ausgestrichen, sodass die Erythrozyten vereinzelt vorliegen. Nach dem Trocknen des Ausstrichs wird dieser 10 s in MeOH fixiert, kurz unter fließendem Wasser gespült und anschließend für 10 min in einer 10%igen Giemsa-Lösung (Azur-Eosin-Methylenblaulösung) gefärbt. Nach einem erneuten Spülen unter fließendem Wasser werden die Objektträger getrocknet und unter dem Lichtmikroskop analysiert (4.2.5.1). Erythrozyten erscheinen im Mikroskop bläulich, wobei die DNA der Plasmodien durch Komplexbildung mit dem Farbstoff sich dunkelblau bis violett darstellt.

4.2.4.3 Fixierung von Parasitenmaterial für die Fluoreszenzmikroskopie

Für Immunfluoreszenzfärbungen (IFA) von Plasmodien müssen sowohl die erythrozytären als auch die parasiteneigenen Membranen permeabilisiert werden, damit Antikörper im Inneren des Parasiten die entsprechenden Antigene erreichen. Dafür können zwei Methoden verwendet werden, die sich im verwendeten Fixiermittel unterscheiden. Bei der ersten Methode werden Blutausstriche zunächst 30 s bis höchstens 4 min in eiskaltem MeOH fixiert und anschließend luftgetrocknet. Danach werden die Zellen 5 min mit 1x PBS rehydriert und 1 Stunde mit dem primären Antikörper in einer feuchten Kammer inkubiert. Nach dreimaligem Waschen mit 1x PBS (jeweils 5 min) werden die Zellen 1 Stunde mit dem sekundären Fluorophor-gekoppelten Antikörper und DAPI (jeweils 1:2000 verdünnt) inkubiert.

Nach erneutem Waschen, 3x 5 min, wird der Objektträger kurz angetrocknet anschließend mit einem Tropfen „Mounting“-Medium (zum Schutz der Fluoreszenz) und mit einem Deckgläschen versehen. Alle Färbe- und Waschschritte erfolgen bei RT und die fertigen Präparate können bei 4 °C gelagert werden.

Eine zweite Möglichkeit der Fixierung von Parasiten erfolgt mit einem Gemisch aus Formaldehyd (FA) und Glutardialdehyd (GDA) dar. Dabei werden die Parasiten einer 10 ml Kulturschale bei 1500 g für 5 min zentrifugiert. Anschließend wird das resultierende Zellpellet mit einer Fixierlösung aus 4% FA und 0,0075% GDA in 1x PBS für 30 min bei RT inkubiert. Nach der Zentrifugation (2 min, 3400 g) werden die Zellen 3x mit 1x PBS gewaschen. Die Permeabilisierung der Membranen erfolgt für 10 min mit 0,1% TritonX-100 in 1x PBS bei RT. Nach erneutem dreimaligen Waschen werden die Zellen 1 Stunde mit 3% BSA in 1x PBS bei RT blockiert und anschließend 1 Stunde mit dem primären Antikörper inkubiert. Nach dreimaligem Waschen mit 1x PBS erfolgt die Inkubation der Zellen mit dem sekundären Antikörper und DAPI für 1 Stunde bei RT im Dunkeln. Abschließend werden die Zellen erneut 3x mit 1x PBS gewaschen und in 30-50 µl 1x PBS aufgenommen. Die Präparate können nun fluoreszenzmikroskopisch (4.2.5.2) untersucht werden.

4.2.4.4 Synchronisation von *P. falciparum*-Kulturen

(Lambros & Vanderberg, 1979)

Parasiten durchlaufen in ihrer 48stündigen Replikation drei unterschiedliche Stadien, die sich nicht nur morphologisch sondern auch biochemisch voneinander unterscheiden. Um eine homogene Kultur herzustellen, wo sich alle Parasiten im selben Entwicklungsstadium befinden (mit einem Zeitfenster von 4-8 h), wird die Parasitenkultur sedimentiert (5 min, 1500 g) und anschließend 10 min bei 37 °C in 5 Volumen 5% D-Sorbitol inkubiert. Unter diesen veränderten osmotischen Bedingungen bleiben Ringstadien und uninfizierte Erythrozyten intakt, jedoch lysieren Trophozoiten und Schizonten. Diese selektiv lysierte Zellsuspension wird pelletiert und in 10 ml Medium und 100 µl Blut resuspendiert.

Eine Synchronisation kann außerdem durch die Aufreinigung von Schizontenstadien über ein magnetisches Feld erfolgen, wobei Schizonten aufgrund ihres hohen Eisengehaltes (in der Nahrungsvakuole akkumuliertes Hämozoin) im Feld in einer mit Eisenwolle gefüllten Säule fixiert werden, jedoch uninfizierte Erythrozyten sowie Ring- und Trophozoitenstadien mit sterilem 1x PBS ausgewaschen werden können.

Diese mit Schizonten angereicherte Säule kann dann aus dem magnetischen Feld genommen und die infizierten Zellen anschließend in Medium eluiert und mit frischem Blut wieder in Kultur aufgenommen werden.

4.2.4.5 Isolation von Parasiten durch begrenzte Saponin-Lyse
(Umlas & Fallon, 1971)

Um Parasitenmaterial von Erythrozyten zu separieren, kann durch die Zugabe von Saponin die Erythrozytenmembran lysiert werden. Saponin konkurriert dabei mit Phospholipiden um die Bindung an Cholesterin und bewirkt damit eine Destabilisierung der Erythrozytenmembran. Die Plasmamembran des Parasiten besitzt kein Cholesterin und bleibt deshalb intakt.
Die Zellen einer Kulturschale werden hierbei zunächst sedimentiert und anschließend auf Eis mit 0,03%igem Saponin in 1x PBS für 10 min inkubiert. Das Lysat wird danach 30 s bei 11000 g zentrifugiert und das resultierende Pellet mehrmals mit kaltem 1x PBS gewaschen bis der Überstand klar ist. Das Parasitensediment kann im Anschluss für Western-Blot Analysen verwendet werden.

4.2.4.6 Transfektion von *P. falciparum* mittels Elektroporation
(Wu *et al.*, 1995; Crabb & Cowman 1996; Fidock & Wellems 1997)

Bei Transfektionen wird Fremd-DNA in eukaryotische Zellen eingebracht. Im Falle von *P. falciparum* werden mittels Elektroporation vier Membranen überwunden: die des Erythrozyten, die parasitophore Vakuolenmembran, die parasiteneigene Zellmembran und dessen Kernmembran.
Für Transfektionen werden Kulturen mit einem hohen Anteil an Ringstadien (5-10%) verwendet, welche bei 1500 g für 5 min pelletiert werden. 100 µg Plasmid-DNA werden in 15 µl sterilem TE-Puffer resuspendiert, sowie 385 µl Transfektionspuffer (Cytomix) versetzt und anschließend mit der pelletierten Kultur in Elektroporationsküvetten (Spaltdicke: 2 mm) überführt. Bei der Elektroporation wird ein elektrisches Feld bei 310 V und 950 µF angelegt, wobei die Pulszeit zwischen 8-12 ms liegt. Danach werden die Parasiten sofort in 10 ml warmes Medium mit einem Hämatokrit von 5% überführt und 5 Stunden nach der Transfektion erfolgt ein Mediumwechsel sowie die Zugabe des entsprechenden Selektionsmittel (WR99210 in einer Endkonzentration von 6 nM bzw. BSD in einer Endkonzentration von

1,5 µg/ml). Das Medium wird täglich für 10 Tage gewechselt und anschließend alle 2 Tage. Bei einer erfolgreichen Transfektion sind nach etwa 21-35 Tagen erste transgene Parasiten in Blutausstrichen (4.2.4.2) zu sehen.

4.2.4.7 Herstellung von *P. falciparum*-Kryo-Stabilaten

Für die langfristige Lagerung von Parasiten werden Kulturen mit einem hohen Anteil an Ringstadien (> 5%) benötigt. Diese werden sedimentiert und in 1 ml Kryo-Stabilisierungslösung resuspendiert. Die Stabilate werden in flüssigem Stickstoff bei -196 °C gelagert.

4.2.4.8 Auftauen von Kryo-Stabilaten

Kryo-Stabilate werden zunächst bei 37 °C aufgetaut, in ein 15 ml-Falconröhrchen überführt und bei 1500 g für 5 min zentrifugiert. Das Pellet wird in 1 ml Auftaulösung resuspendiert und erneut zentrifugiert (1500 g, 5 min) und mit 5 ml Medium gewaschen. Das Pellet wird dann in eine Petrischale mit frischem Medium und 5%igem Hämatokrit überführt.

4.2.4.9 Erythrozyten-Invasion-Inhibitionsassay

Die Proliferation von Parasiten unter verschiedenen Bedingungen (z.B. in Anwesenheit von Inhibitoren, Antikörpern, etc.) kann durch die Bestimmung der Parasitämie vor und nach 48 h erfolgen. Zur Bestimmung der Parasitämie können eine Vielzahl von Methoden eingesetzt werden. Ursprünglich wurde dies durch das Auszählen von Giemsa-gefärbten Blutausstrichen (4.2.4.2) ermittelt. Eine neuere Methode verwendet Durchflusszytometrie (Treeck *et al.*, 2009) um infizierte von nicht infizierten Erythrozyten zu unterscheiden. Dabei wird die DNA des Parasiten mit EtBr visualisiert. Die Einstellungen am Durchflusszytometer werden in dieser Arbeit so gewählt, dass nur späte Trophozoiten und Schizonten-Stadien entsprechend ihrer Größe und der durch EtBr vermittelten Fluoreszenz der Parasiten-DNA gezählt werden. Zunächst werden bei dem hier verwendeten Invasions-Inhibitionstest synchrone Trophozoiten- bzw. Schizontenstadien transgener Parasiten (sowie 3D7- und W2mef-Wildtypparasiten als entsprechende Kontrollen) in einer 96-Well-Platte (Flachboden) mit einer Parasitämie von 0,5-1% ausgesät – in An- oder Abwesenheit des R1-Inhibitors (Harris *et al.*, 2005). Wie unter 2.2.5.1 und 5.2.1.2.3 beschrieben, ist dieses Peptid durch die sequenzspezifische Bindung an AMA1 aus 3D7-Parasiten in der Lage, die Re-Invasion von Parasiten zu verhindern (Harris *et al.*, 2005). Das Kulturvolumen beträgt je Well 100 µl. Der Assay wird in Dreifachansätzen durchgeführt: jeweils Triplikate mit und ohne 100 µg/ml R1-Peptid. Nach 48 Stunden werden Blutausstriche (mit ca. 1 µl) von jedem Well angefertigt. Zu jedem Well wird EtBr (10 µg/ml Endkonzentration) pipettiert und bei 37 °C für 20 min inkubiert. Nach dreimaligem Waschen der Parasiten mit Medium erfolgt eine Parasitämiebestimmung mit Hilfe des FACSCalibur Durchflusszytometers™. Die Re-Invasion der Parasiten wird durch den Quotienten aus „Parasitämie in Gegenwart des R1-Peptids" und „Parasitämie in Abwesenheit des R1-Peptids" bestimmt.

4.2.5 Mikroskopische Methoden

4.2.5.1 Lichtmikroskopie

Giemsa-gefärbte *P. falciparum*-Präparate werden mit einer 1000fachen Vergrößerung und Immersionsöl mikroskopiert.

4.2.5.2 Fluoreszenzmikroskopie

Mit Hilfe der Fluoreszenzmikroskopie können sowohl fixierte als auch Lebendpräparate untersucht werden. Dabei können eine Vielzahl von Fluorochromen verwendet werden: beispielsweise das aus dem marinen Organismus *Aequorea victoria* stammende grün-fluoreszierende Protein (GFP, Chalfie *et al.*, 1994), Alexa 488 und 594. Der Vorteil von GFP ist, dass dieses als Fusionsprotein für die Expression sowie Lokalisation von beliebigen Proteinen verwendet werden kann und gleichzeitig die Visualisierung von dynamischen Vorgängen in lebenden Zellen ermöglicht (Htun *et al.*, 1996). GFP kann mit energiereichem Licht der Wellenlängen 395/470 nm (blau) angeregt werden und emittiert wiederum grünes Licht einer Wellenlänge von 509/540 nm (zusammengefasst von Chalfie, 1995).

Für die Fluoreszenzmikroskopie von GFP-exprimierenden Plasmodien werden zunächst ca. 50 µl einer Parasiten-Suspension entnommen, zur Anfärbung der Nuclei 0,5 µl DAPI (1 mg/ml) hinzu pipettiert und ca. 10 min bei RT inkubiert. Anschließend können 5 µl dieser Suspension auf einen Objektträger gegeben und ein Deckgläschen aufgelegt werden.
Neben lebenden transgenen Zellen erfolgt auch die Analyse von IFAs (4.2.4.3) mittels Fluoreszenzmikroskopie. Hierbei werden Fluoreszenzen durch die Verwendung von sekundären Antikörpern erzeugt, die mit verschiedenen Fluorochromen versehen sind. In dieser Arbeit wird dabei auf die Alexa-Fluorochrome 488 und 594 zurückgegriffen. Alexa 488 emittiert grünes Licht der Wellenlänge 519 nm (Absorptions-Max.: 495 nm) und Alexa 594 rotes Licht bei einer Wellenlänge von 617 nm (Absorptions-Max.: 590 nm). In IFAs (4.2.4.3) können unterschiedliche Proteine durch die simultane Verwendung der entsprechenden Fluorophor-gekoppelten Antikörper gleichzeitig untersucht werden. Mit Hilfe eines Fluoreszenzmikroskops, entsprechenden Filtern und einer digitalen Bilderfassung erfolgt die Visualisierung und Dokumentation.

4.2.6 Proteinbiochemische Methoden

4.2.6.1 Proteinextraktion aus isolierten Parasiten

Für Western-Blot-Analysen werden die Parasiten zunächst wie oben beschrieben mittels Saponin aus infizierten Parasiten isoliert (4.2.4.5). Das resultierende Parasitenpellet wird entsprechend seiner Größe mit 30-100 µl SDS-Probenpuffer versetzt und 5 min bei 85 °C erhitzt.

4.2.6.2 Proteinase K – Protektionsassay

Um die Lokalisation von Proteinen in der Zelle sowie deren Orientierung in Membranen zu untersuchen, können so genannte Proteinase K-Protektionsassays durchgeführt werden. Dabei werden Erythrozytenmembran, parasitophore Vakuolenmembran und Parasitenmembran durch Digitonin permeabilisiert. Die Konzentration an Digitonin ist dahingehend ausgetestet, dass die Membranen von intrazellulären Organellen intakt bleiben. Die permeabilisierten Zellen werden anschließend mit Proteinase K inkubiert und danach mittels Western-Blot (4.2.6.5) untersucht. Durch den Vergleich mit entsprechenden Kontrollen können anhand des Vorhandenseins bzw. der Größe des Proteins vor der Behandlung und nach der Behandlung mit Proteinase K Rückschlüsse auf dessen Lokalisation in der Zelle gezogen werden. Da luminale Proteine in Organellen „geschützt“ sind, können diese (im Gegensatz zu zytosolischen oder an der zytosolischen Seite von Membranen angelagerte Proteine) nicht von Proteinase K prozessiert werden. Membranproteine werden nur teilweise prozessiert und können im Western-Blot entsprechend detektiert werden.

Für einen Proteinase K-Protektionsassay werden 30 ml Parasiten-Kultur mit einer Parasitämie ≥ 5% geerntet (1500 g, 5 min), mit 1x PBS gewaschen und anschließend zentrigugiert (1500 g, 5 min). Das resultierende Pellet wird in 1,5 ml SoTE-Puffer aufgenommen und in drei 1,5 ml-Eppendorf-Reaktionsgefäße (#1, #2, #3) zu gleichen Teilen aliquotiert. Zu Probe #1 wird 0,5 ml SoTE-Puffer gegeben und Proben #2 und #3 werden jeweils mit 0,5 ml 0,01% Digitonin / SoTE-Puffer versetzt. Alle drei Proben werden vorsichtig vermischt und anschließend genau 5 min auf Eis inkubiert. Danach folgt die Zentrifugation bei 4 °C und 0,5 g für 10 min. Nach dem Verwerfen der Überstände wird zu den Probe #1 und #2 jeweils 0,5 ml SoTE-Puffer pipettiert und zu Probe #3 0,5 ml SoTE-Puffer versetzt mit 1 µg/µl Proteinase K. Die Inkubation aller drei Proben erfolgt für 30 min auf Eis. Zur Inaktivierung der Proteinase K wird zu Probe #3 sowie zu beiden Kontrollproben (#1 und #2) kalte Trichloressigsäure in einer finalen Konzentation von 10% gegeben, für 30 min auf Eis inkubiert und anschließend bei max. Geschwindigkeit 20 min zentrifugiert. Nach 2x Waschen mit Aceton, Trocknen und der Resuspension in 1x PBS können die Proben mit SDS-Probenpuffer versetzt und für 5 min bei 95 °C gekocht werden. Anschließend erfolgt die weitere Analyse mittels Western-Blot (4.2.6.5).

4.2.6.3 Immunpräzipitation von Proteinen

Bei einer Immunpräzipitation werden spezifische Antikörper-Antigen-Reaktionen ausgenutzt um Proteine oder Proteinkomplexe aus einer Suspension aufzureinigen, die dann anschließend für weitere Applikationen zur Verfügung stehen: beispielsweise Western-Blot (4.2.6.6) oder Massenspektrometrie (4.2.6.8).

Zunächst werden 150 ml synchronisierte Kultur (die gewünschten Parasitenstadien - ca. 10%- enthaltend) pelletiert (1500 g, 5 min). Nach der begrenzten Lyse mit Saponin (4.2.4.5) werden die Parasiten in 200 µl 1x PBS aufgenommen und durch dreimaliges Einfrieren in flüssigem Stickstoff und Auftauen sowie anschließendem Sonifizieren (10 min, das Reaktionsgefäß in Eiswasser) aufgeschlossen und danach für 10 min bei 4 °C mit max. Geschwindigkeit zentrifugiert. Der Überstand wird vorsichtig abgenommen und mit 20 µg des spezifischen Antikörpers versetzt und über Nacht bei 4 °C gerollt. Das Pellet wird zu Kontrollzwecken bei -20 °C gelagert. Am Folgetag werden 40 µl Protein-G-Sepharose (50% w/v), die über Nacht in 1 % Casein/1x PBS blockiert wurden, zur Lysat-Antikörper-Suspension hinzugefügt und 3 h bei 4 °C gerollt. Nach der Zentrifugation (1000 g, 1 min) wird die Sepharose 3x mit 1 ml 1% TritonX-100 in 1x PBS gewaschen. Die Änderung des pH-Werts, durch die Inkubation der Sepharose mit 0,1% Glycin in 1x PBS (pH 2,0), bedingt die Elution der gebundenen Proteine. Nach Zentrifugation (1000 g, 1 min) wird dieser Elutionsschritt wiederholt.

4.2.6.4 Auftrennung von Proteinen durch SDS-PAGE (Laemmli, 1970)

Entsprechend ihres Molekulargewichts können Proteine aus Parasitenlysaten mittels SDS-Polyacrylamidgelelektrophorese (SDS-PAGE) aufgetrennt werden. Die PAGE wird bei einer Spannung von 200 V und unter denaturierenden Bedingungen durchgeführt um die Auftrennung der Proteine im elektrischen Feld unabhängig von ihrer Eigenladung zu machen. Die verwendeten Laufpuffer sowie das Gel werden hierzu mit SDS versetzt, wodurch die Eigenladung der Proteine maskiert und Protein-Protein-Interaktionen verhindert werden. Die Zugabe von DTT bewirkt zusätzlich die Reduzierung von intramolekularen Disulfidbrückenbindungen zu Cysteinen.

Die SDS-PAGE ist eine diskontinuierliche Gelelektrophorese, die aus zwei verschiedenen Gelen und Puffersystemen besteht. Die Proteinproben werden zunächst auf ein so genanntes Sammelgel aufgetragen. Dabei durchlaufen sie ein eher „weitmaschiges" Gel in einem Glycin-reichen Puffer (pH 6,8). Glycin liegt bei diesem pH als ungeladenes Zwitterion vor und wandert im elektrischen Feld nur langsam. Als weitere Ladungsträger dienen Chlorid-Ionen, die aufgrund ihrer geringen Größe und der negativen Ladung das Sammelgel schneller passieren können. Die Proteine wandern deshalb in einem Feldstärke-Gradienten zwischen

Chlorid-Ionen und Glycin und werden deshalb an der Grenze zum Trenngel in einer dünnen Zone aufkonzentriert. Der pH-Wert des Trenngelpuffers (TRIS-Glycin-Puffer, pH 8,8) resultiert in einem negativ geladenem Glycin, wodurch dieses im Gel zurückbleibt und die Proteine entsprechend ihres Molekulargewichts aufgetrennt werden.
Die Konzentration an Acrylamid in Sammel- und Trenngelen richtet sich nach der Größe der zu analysierenden Proteine. In dieser Arbeit wurden Gele mit einem Acrylamidgehalt von 7,5-10% im Trenn- und 4% im Sammelgel verwendet. Anhand eines Proteinstandards können die Größen der Proteine bestimmt werden. Proteine können anschließend durch verschiedene Färbemethoden im Gel oder Western-Blot (4.2.6.6) nachgewiesen werden.

4.2.6.5 Coomassie-Färbung von Acrylamidgelen

Nach dem Auftrennen von Proteinen mittels SDS-PAGE (4.2.6.4) können die Proteine im Gel durch eine Färbung mit Coomassie-Färbelösung sichtbar gemacht werden.
Dazu erfolgt die Inkubation des Gels für 10 min in der Färbelösung. Dabei erfolgt die Bindung des anionischen Farbstoffs Coomassie-Brilliant-Blue an basische Seitengruppen von Lysinen, Argininen und Histidinen. Durch mehrmaliges Waschen mit H_2O_{DD} kann überschüssiger Farbstoff entfernt werden.

4.2.6.6 Western-Blot (Kyhse-Andersen, 1984)

Nach dem Auftrennen der Proteine mittels SDS-PAGE (4.2.6.4) erfolgt der Transfer auf eine Nitrozellulose-Membran im „Semidry"-Blotsystem bei 80 mA für 1 Stunde. Im elektrischen Feld werden die Proteine aus dem SDS-Gel auf die Membran übertragen und über hydrophobe Wechselwirkungen daran gebunden. Um einen korrekten Transfer zu überprüfen, wird die Membran anschließend mit Ponceau (4.2.6.7) gefärbt. Nach dem Entfärben mit H_2O wird die Membran bei RT für 30 min in einer 1x PBS-Lösung mit 5 % Milchpulver inkubiert, um unspezifische Bindungspartner zu blockieren. Anschließend erfolgt die Inkubation der Membran für 1 Stunde bei RT oder üN bei 4 °C mit dem primären Antikörper. Nach dreimaligem Waschen jeweils für ca. 10 min mit 1x PBS wird die Membran mit dem sekundären

Antikörper für 1 Stunde bei RT inkubiert. An diesen Antikörper ist Meerrettichperoxidase gekoppelt, dessen enzymatische Aktivität bei der Detektion der Antikörper-Protein-Interaktionen ausgenutzt wird. Meerrettichperoxidase erzeugt durch die Reaktion mit einem Substrat (ECL-Western Blot Detektion Kit) ein photoaktives Produkt, wodurch ein Röntgenfilm an dieser Stelle belichtet und das markierte Protein entsprechend nachgewiesen werden kann.
Vor der Inkubation der Membran mit der Substratlösung (ECL-Western Blot Detektion Kit) erfolgen drei Waschschritte mit 1x PBS für jeweils ca. 10 min.

4.2.6.7 Ponceau-Färbung von Nitrozellulose-Membranen

Ein erfolgreicher Protein-Transfer auf eine Nitrozellulose-Membran kann mittels Ponceau-Färbung überprüft werden. Ponceau, ein Azo-Farbstoff, färbt reversibel die basischen Seitenketten der Aminosäuren an und kann so auch Rückschlüsse auf die Auftrennung der Proteine während der SDS-PAGE geben. Vor dem Blockieren der Membran sollte der Farbstoff mit H_2O abgewaschen werden.

4.2.6.8 Massenspektrometrie

Die Massenspektrometrie ist ein Analyseverfahren zur Bestimmung von Massenfragmenten und Molekülmassen. Entsprechend der Häufigkeit und der Zusammensetzung der geladenen Moleküle lassen sich Rückschlüsse auf die zu analysierende Probe ziehen.
Im Massenspektrometer wird die Probe zunächst (als Feststoff oder in einen gasförmigen Zustand versetzt) mittels einer Ionenquelle ionisiert. Dadurch können die Teilchen im elektrischen Feld beschleunigt und von einem Analysator in einem Masse/Ladungs-Verhältnis aufgetrennt werden. Bei diesem Prozess werden die Moleküle fragmentiert und anschließend von einem Detektor analysiert.
In dieser Arbeit erfolgte die Massenspektrometrie von Proteinen, die zunächst mittels SDS-PAGE (4.2.6.4) aufgetrennt und mit Coomassiefärbung (4.2.6.5) sichtbar gemacht wurden. Gewünschte Proteinbanden wurden dann mit einem sterilen Skalpell aus dem gefärbten Gel ausgeschnitten. Die Proteinbanden wurden anschließend in der Abteilung „Joint Proteomics“ am Ludwig Institute for Cancer Research (Melbourne, Australien) weiter bearbeitet.

Dabei erfolgte der Verdau der Proteine standardmäßig im Gel mit Trypsin und die anschließende Analyse der Proteine mittels nano-Elektrospray-Ionisierung (nano-ESI) in einem LTQ-Orbitrap-Massenspektrometer (ThermoFisher Scientific, Scoresby, Australien). Die spezifischen Parameter zur Messung finden sich im Anhang Tabelle 7-4.

5 Ergebnisse

5.1 Studien zum Golgi-Apparat in *P. falciparum*

Der Golgi-Apparat hat in nahezu allen eukaryotischen Organismen eine entscheidende Bedeutung für den Proteintransport sowie post-translationale Modifikationen. Innerhalb der divergenten Gruppe von einzelligen Organismen ist die Morphologie (und damit vermutlich auch die physiologische Funktion) dieses Organells höchst verschieden, weshalb diese Gruppe auch als Querschnitt durch die Evolution des Golgi betrachtet wird (Mowbrey & Dacks, 2009). Der Malariaparasit mit seinem vermutlich ungestapelten Golgi unterscheidet sich morphologisch deutlich von anderen Apikomplexa wie etwa *Toxoplasma gondii* (zusammengefasst in Joiner & Roos, 2002) oder den Kinetoplastida *Trypanosoma spp.* (zusammengefasst in De Souza, 2002). Allerdings stehen zur morphologischen und funktionellen Analyse des Plasmodien-Golgis derzeitig nur eine sehr begrenzte Anzahl an „echten" Golgiproteinen zur Verfügung: Das Golgi-Re-Assembly-Stacking-Protein GRASP (Struck *et al.*, 2005 & 2008) und eine putative Palmitoyl-Transferase (Seydel *et al.*, 2005), wobei dessen Charakterisierung noch am Anfang steht. Um diesen Satz an Golgiproteinen zu erweitern und damit eine detaillierte strukturelle sowie funktionelle Analyse dieses Organells im Malariaparasiten zu initiieren, sollten neue Golgiproteine im Genom des Parasiten identifiziert werden.

5.1.1 Genomweite Suche neuer putativer *P. falciparum*-Golgiproteine

Für die genomweite Identifizierung von neuen Golgiproteinen im Malariaparasiten wurde ein Eingangsdatensatz von 806 putativen Golgiproteinen (s. Anhang Tab. 7-2) verwendet, die aus Veröffentlichungen von Golgiprotein-Datenbanken für *Mus musculus* (http://www.informatics.jax.org/; Zugriff: 07/2008), und der *Saccharomyces cerversiae*-Datenbank (http://www.yeastgenome.org/; Zugriff: 07/2008) sowie der gezielten Suche von *Trypanosoma brucei*-Golgiproteinen in der

Protein-Datenbank von NCBI (http://www.ncbi.nlm.nih.gov/; Zugriff: 07/2008) zusammengestellt worden sind. Überschneidungen innerhalb dieses Datensatzes (d. h. Homologe der verschieden Organismen) wurden nicht herausgefiltert und alle 806 Proteine für die „BLASTsearch-Analysen" verwendet. Die Homologie-Suche erfolgte mit dem Programm „blastp" in der Plasmodien-Datenbank „PlasmoDB" (http://plasmodb.org/plasmo/) unter der Verwendung folgender Parameter: „Target Organism": *Plasmodium falciparum*, „Taget Data Type": Proteins, „Expectation Value": 10, „Maximum description (V)": 50, „Maximum alignments (B)": 50, „Low complexity filter": yes. Aus dem Eingangsdatensatz (806 Proteine) konnten 117 Homologe in *P. falciparum* identifiziert werden (s. Anhang Tab. 7-3).
Von den 117 gefundenen Proteinen verfügen 40 über eine oder mehrere Transmembrandomänen (s. Anhang Tab. 7-3, orange), und neun über ein N-terminales Signalpeptid (SP, gelb). Die restlichen 68 Proteine sind entweder als periphere Golgi-Membranproteine zu betrachten (wie z. B. GRASP oder GM130; Nakamura *et al.,* 1995), oder werden über den sekretorischen Proteinstransportweg über nicht annotierte „Signal patches" (Wang *et al.,* 1998) in das Lumen des Golgi transportiert.

Von den 40 putativen Membranproteinen wurden acht Proteine in „PlasmoDB" als Transporter (PFB0535w, PFE0260w, PFE0410w, PFI0240c, PFL0170w, PF07_0065, PF11_0141, PF13_0271) und weitere acht Proteine als Enzyme (PFA0310c, PFE0340c, PFF1215w, PFL059c, PFL0950c, PFL1125w, PF11_0427, PF14_0297) klassifiziert (s. Anhang, Tab. 7-2 grün bzw. blau hervorgehoben). Weitere 13 Proteine (PFD0945c, PFD1015w, PFE1205c, PFE1340w, PFF0415c, PFF0540c, PFL1740w, PF10_0205, PF11_0271, PF11_0479a, PF13_0331, PF14_0659, PF14_0714) werden als konserviert, jedoch noch ohne Funktion in „PlasmoDB" annotiert (s. Anhang, Tab. 7-2 grau hervorgehoben).
Die übrigen Proteine dieser Gruppe (MAL8P1.57, PFB0915w, PFC0510w, PFD0110w, PFD0930w, PFE1415w, PFF0485c, PFL2070w, PF11_0486, PF13_0082, PF13_0124) haben unterschiedliche funktionelle Domänen (Tab. 7-2 in pink hervorgehoben) wobei hier z. B. PFD0110w (*Pf*Rh1, Rayner *et al.,* 2001; Stubbs *et al.,* 2005) und PF11_0486 („MAEBL" Blair *et al.,* 2002; Ghai *et al.,* 2002), gut untersuchte Rhoptrien- bzw. Mikronemenproteine, als falsch-positiv Proteine klassifiziert werden (Tab. 7-2 in lila hinterlegt). Eine Rhomboid-Protease (PFE0340c),

die als Merozoiten-Plasmamembranprotein lokalisiert wurde (O´Donnell *et al.*, 2006), ist ebenfalls als falsch-positiv zu bewerten. PF10_0204 besitzt ein Apikoplast-Transportmotiv und PF10_0351 wurde bereits bei einer Studie von Hu & Cabrera *et al.* identifiziert, wobei für PF10_0351 eine Invasions-relevante Funktion propagiert wird (Hu & Cabrera *et al.*, 2010). Damit werden neben diesen Proteinen zwei weitere (PF13_0073, MAL13P1.121) zu der Gruppe der Falsch-positiven gerechnet. PF13_0073 besitzt ein Exportmotiv und MAL13P1.121 ist durch ein C-terminales ER-Retentionssignal (-SDEL) gekennzeichnet.
Für diese Arbeit wurden zwölf putative Golgiproteine zu weiterführenden Lokalisationsstudien ausgesucht, wofür folgende Selektionskriterien verwendet wurden:

1. Die putative Funktion der Proteine sollte nicht in einem Widerspruch mit einer entsprechenden Golgi-Lokalisation stehen.
2. Interne *Kpn*I- oder *Avr*II-Restiktionsschnittstellen und ein offener Leserahmen über 2 kB sollten vermieden werden um eine effiziente Klonierung zu erleichtern.

Bei den zwölf ausgewählten Proteinen handelt es sich ausschließlich um Transmembranproteine und wie in Tab. 5-3 zusammenfassend dargestellt, zeigen neun von ihnen Homologien zu funktionell annotierten Domänen wie putativen Transportern (PFD0945c, PFE0260w, PF11_0141), Enzymen wie eine putative Sphingomyelin-Synthase (PFF1215w) und Dolichyl-phosphat-beta-D-Mannosyltransferase (PF11_0427) oder sie besitzen Zink-Finger-Domänen (PFF0485c, PFE1415w). Die Sft2p- und Got1p-ähnlichen Proteine PF13_0124 und PFD0930w wurden ebenfalls in der Auswahl berücksichtigt. Drei Proteine (PFE1205c, PFF0415c, PF13_0331) verfügen über keine bekannten funktionellen Domänen.

Tabelle 5-3: Putative neue Golgiproteine in *P. falciparum*

	P. falciparum	Annotierung	Molekulargewicht [kDa]	Codogene Sequenz [Bp]
1	PFD0930w	Got1 ähnl. Proteinfamilie	16	411
2	PFD0945c	ABC-Transporter MsbA	64	1611
3	PFE0260w	UDP-N-acetyl glucosamine:UMP-Antiporter	74	1836
4	PFE1205c	konserv. *Plasmodium* Membranprotein, unbek. Fkt.	18	465
5	PFE1415w	put. Zellzyklus-Regulator (Zn-Finger-Domäne)	48	1221
6	PFF0415c	konserv. *Plasmodium* Membranprotein, unbek. Fkt.	13	321
7	PFF0485c	put. Zn-Finger-Protein	33	855
8	PFF1215w	Sphingomyelin-Synthase	47	1200
9	PF11_0141	put. UDP-Galaktose-Transporter	39	1032
10	PF11_0427	put. Dolichyl-phosphat beta-D-Mannosyltransferase	30	780
11	PF13_0124	Sft2 ähnl. Protein	29	780
12	PF13_0331	konserv. *Plasmodium* Membranprotein, unbek. Fkt.	22	570

5.1.2 Klonierung & Expression neuer putativer *P. falciparum*-Golgiproteine

Zur Validierung sollten die zwölf ausgewählten Proteine mit Hilfe von GFP-Markierung im Parasiten lokalisiert werden. Die entsprechenden Gene wurden entweder mit Hilfe eines gDNA-Templates (PFD0930w, PFD0945c, PFE0260w, PFF0415c, PF11_0141, PF11_0427, PF13_0331) oder einer cDNA-Bibliothek als PCR-Template (Kaslow *et al.*, 1988; PFE1205c, PFE1415w, PFF0485c, PFF1215w, PF13_0124) und spezifischen Primern als „full-length"-Gene amplifiziert (Abb. 5-1 und s. Anhang Tab. 7-1).

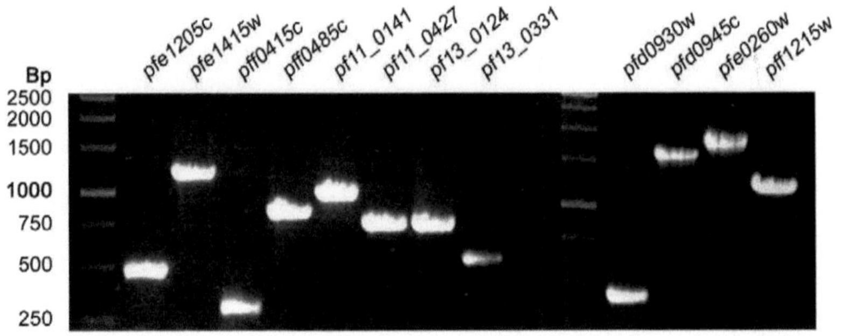

Abbildung 5-1: PCR-Produkte von zwölf putativen neuen Golgiproteinen in *P. falciparum*.
Agarose-Gelelektrophorese der PCR-Genamplifikation. Es wurden jeweils 5 µl PCR-Produkt auf einem 1% Agarose-Gel aufgetragen. Gen-ID und die Größen des Längenstandards (Bp) sind angegeben.

Durch die eingebrachten Schnittstellen (*Kpn*I/*Avr*II) in den jeweiligen Oligonukleotidpaaren konnten die Fragmente nach anschließender Restriktion mit den entsprechenden Endonukleasen in den Transfektionsvektor pARL^{crt}-GFP ligiert werden. Nach Transformation von *E. coli* XL-10 Gold (s. 4.2.2.3), PCR-basierendem Kolonie-Screen zur Identifizierung von positiven Klonen (s. 4.2.3.3) und anschließender Mini-Plasmid-Präparation (s. 4.2.3.9) wurde zunächst die Identität der Plasmide mit Hilfe eines analytischen Restriktionsverdaus (s. 4.2.3.7) bestätigt.
Zur Kontrolle auf mögliche Mutationen wurden alle Plasmide (pARL-PFD0930w-GFP, pARL-PFD0945c-GFP, pARL-PFE1205c-GFP, pARL-PFE1415w-GFP, pARL-PFE0260w-GFP, pARL-PFF0415c-GFP, pARL-PFF0485c-GFP, pARL-PFF1215w-GFP, pARL-PF11_0141-GFP, pARL-PF11_0427-GFP, pARL-PF13_0124-GFP, pARL-PF13_0331-GFP) sequenziert und alle mutationsfreien Klone anschließend für Midi-Plasmid-Präparationen verwendet. Die Identität der entsprechenden Midi-Plasmid-Präparationen (s. 4.2.3.9) wurde vor der Transfektion wiederum mittels Restriktionsverdau bestätigt. Die durchschnittliche Ausbeute aus einer 100 ml-*E. coli*-Suspension waren 200 µg dsDNA, wovon 2 x 100 µg gefällt und wie unter 4.2.4.6 beschrieben zur Transfektion von 3D7-*P. falciparum*-Parasiten eingesetzt wurden. Nach der Elektroporation und Selektionierung mit dem Antifolat WR99219 (s. 4.1.10, 4.2.4.6) wurden durchschnittlich nach 28 Tagen (+/- 7 Tage) die ersten Parasiten im Blutausstrich (mit Giemsa gefärbt) detektiert. Nach Anfertigung von

Kryo-Stabilaten (s. 4.2.4.7) wurde zunächst die Expression der GFP-Fusionsproteine mit Hilfe des Western-Blots (s. 4.2.6.6) und GFP-spezifischen Antikörpern durchgeführt (Abb. 5-2). Vier dieser Proteine (PFD0930w, PFD0945c, PFE0260w, PFF1215w) wurden in der Diplomarbeit von Frau Dipl. Biol. Caroline Bruns in der Arbeitsgruppe Gilberger (vorgelegt im März 2009 an der Universität Köln, Fachbereich Biologie) mitbearbeitet.

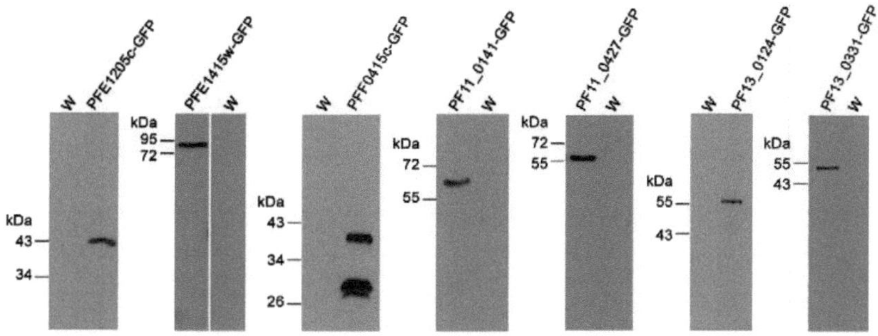

<u>Abbildung 5-2:</u> Nachweis der Expression der Fusionsproteine durch Western-Blot-Analyse

Die Analyse der GFP-Fusionsproteine erfolgte mittels GFP-spezifischen Antikörpern in den Zelllinien PFE1205c-GFP, PFE1415w-GFP, PF11_0141-GFP, PF11_0427-GFP, PF13_0124-GFP und PF13_0331-GFP, wobei alle Fusionsproteine mit den erwarteten Proteingrößen detektiert werden konnten. In Zelllinie PFF0415c-GFP zeigten sich zusätzliche kleinere Proteinbanden bei ca. 30kDa. Die Auftrennung der Proben erfolgte auf 10%igen SDS-PAGE-Gelen. W: 3D7-Wildtypparasiten.

Aufgrund der schwachen Expression des GFP-Fusionsproteins wurde eine Zelllinie (PFF0485c) von der weiteren mikroskopischen Lokalisation ausgeschlossen.

5.1.3 Lokalisation der putativen Golgiproteine im Malariaparasiten

Wie in Abbildung 5-3 gezeigt, stellt sich der Golgi als perinukleäres Kompartiment in unmittelbarer Nähe zum Endoplasmatischen Retikulum (Struck *et al.*, 2005) und den ER-„exit sites“ (Struck & Herrmann *et al.*, 2008) dar. Zur Visualisierung des ER können Antikörper genutzt werden, die gegen das luminale „Binding Protein“ (BiP) in *P. falciparum* gerichtet sind (Kumar *et al.*, 1991). Das ER ist auf einen perinukleären Bereich eng begrenzt und zeigt je nach Entwicklungsstadium einige Ausstülpungen (Abb. 5-3).

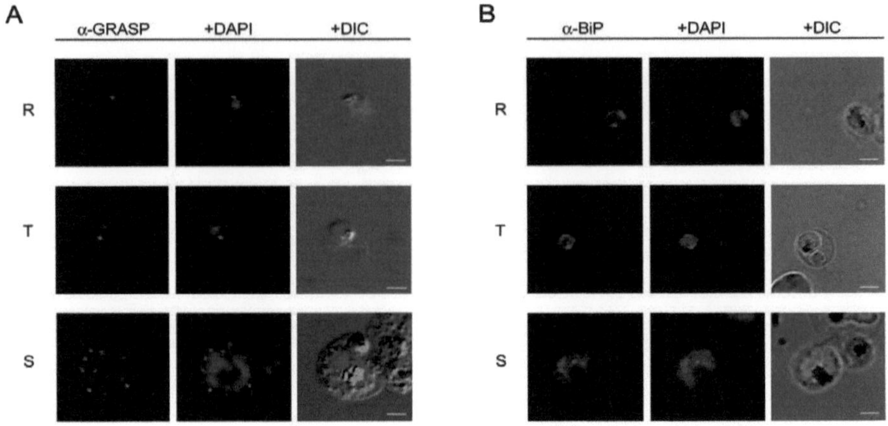

<u>Abbildung 5-3:</u> Der Golgi-Apparat und das Endoplasmatische Retikulum in *P. falciparum*

Mit Hilfe der spezifischen Antikörper α-GRASP bzw. α-BiP konnten in fixierten Parasiten der Golgi (**A**) und das ER (**B**) in Ring-, Trophozoiten- und Schizonenstadien detektiert werden. Die Nuclei der Parsiten wurden mit DAPI (blau) visualisiert. In Ringstadien konnte α-GRASP den Golgi perinukleär als einzelnen Punkt detektieren, der sich während der weiteren Entwicklung zu späteren Trophozoiten multipliziert und in Schizontenstadien wiederum als einzelne Struktur in jedem neu generierten Merozoiten vorliegt. α-BiP visualisiert das ER in allen erythrozytären Stadien als perinukleären Ring. R: Ring-, T: Trophozoiten-, S: Schizonten-Stadien; Maßstab: 2 µm.

Zunächst wurden die GFP-Fusionsproteine (PFE1205c, PFE1415w, PFF0415c, PF11_0141, PF11_0427, PF13_0124, PF13_0331) in unfixierten Parasiten lokalisiert (siehe Abb. 5-4). Die GFP-Fusionsproteine von PFE1415w, PFF0415c, und PF11_0427 sind teilweise zytosolisch oder in Strukturen an der Plasmamembran oder der parasitophoren Vakuolenmembran lokalisiert (Abb. 5-4). PFE1205c-GFP, PF13_0124-GFP, PF13_0331-GFP und PF11_0141-GFP lokalisieren perinuklär mit einigen Ausstülpungen (Abb. 5-4), die an die Verteilung von BiP im ER erinnern (Abb. 5-3).

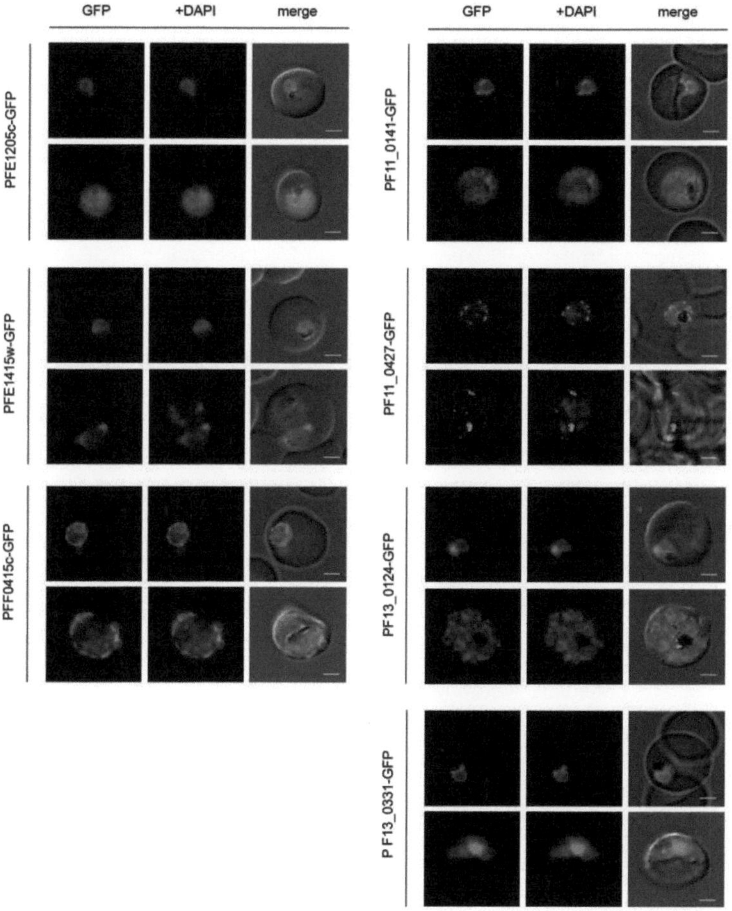

Abbildung 5-4:
Lokalisation putativer *P. falciparum*-Golgiproteine in unfixierten Parasiten
Repräsentative Lokalisation (durchschnittlich wurden 20-30 infizierte Erythrozyten pro Zelllinie mikroskopiert) der GFP-Fusionsproteinein (grün) Trophozoiten (jeweils die erste Reihe) und Schizonten (jeweils die zweite Reihe). Zellkern (blau) ist mit DAPI gefärbt. Maßstab: 2 µm.

5.1.3.1 Ko-Lokalisation von PFE1205c-GFP, PF11_0141-GFP, PF13_0124-GFP sowie PF13_0331-GFP mit dem Golgi-Marker *Pf*GRASP & dem ER-Marker *Pf*BiP

Aufgrund der perinukleären Lokalisation der GFP-Fusionsproteine der Zelllinien PFE1205c, PF13_0124, PF13_0331 und PF11_0141 wurden zusätzliche Ko-Lokalisationsstudien mit Antikörpern gegen die Markerproteine *Pf*GRASP und *Pf*BiP durchgeführt. Wie bereits in unfixierten Parasiten beobachtet, zeigt keines dieser putativen Golgiproteine eine exklusive Golgi-Lokalisation im Parasiten (Abb. 5-5). Nur für TMCO1 („Transmembrane and coiled-coil domains 1), einem Membranprotein unbekannter Funktion ist eine duale Lokalisation im ER und Golgi beschrieben (Iwamuro *et al.*, 1999), wie sie auch für dessen Homologes PF13_0331-GFP beobachtet werden kann. Die Homologen zu PF11_0141 (Zucker-Transporter SLC35B4 „Solute carrier family 35"; Ashikov *et al.*, 2005) und PF13_0124 (Sft2p-Golgi-Protein, Banfield *et al.*, 1995; Wooding & Pelham, 1998; Conchon *et al.*, 1999) sind als Golgi-Marker etabliert. Das homologe Protein zu PFE1205c, ein Polyamin-Transporter (TPO5, Tachihara *et al.*, 2005) kann in *S. cerivisiae* an Golgi und post-Golgi-Vesikeln detektiert werden. Die hier festzustellende ER-Lokalisation könnte eine ER-Retention der untersuchten Fusionsproteine darstellen, die aus der Überexpression resultiert (Prosser *et al.*, 2008; s. auch Diskussion).

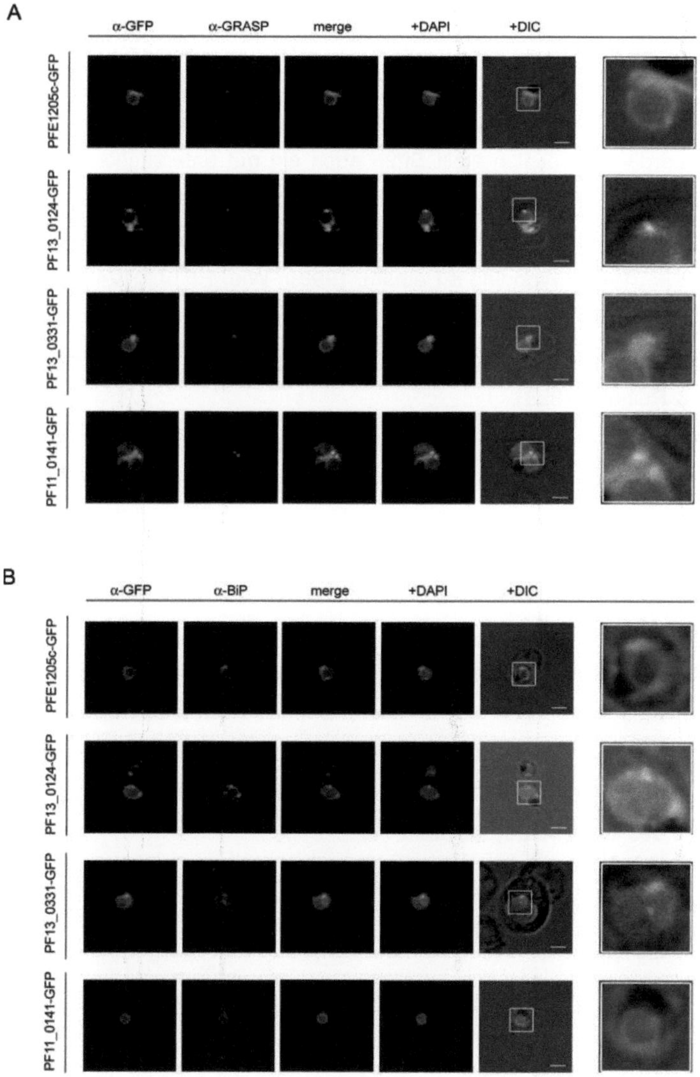

Abbildung 5-5: Ko-Lokalisationsstudie mit *Pf*GRASP und *Pf*BiP

Die transgenen Parasiten PFE1205c-GFP, PF13_0124-GFP, PF13_0331-GFP und PF11_0141-GFP wurden mit GA/PFA (alle Zelllinien) bzw. MeOH (PF13_0331-GFP mit α-BiP) fixiert und anschließend mit α-GRASP (in **A:** rot, 2. Spalte von links) bzw. α-BiP (in **B:** rot, 2. Spalte von links) inkubiert, wobei die Nuclei mit DAPI angefärbt wurden (blau). In allen vier Zelllinien lokalisieren die GFP-Fusionsproteine perinukleär mit einer (PF13_0331-GFP) oder mehreren Ausstülpungen (PFE1205c-GFP, PF13_0124-GFP, PF11_0141-GFP). Ausschnitts-Vergrößerungen zeigen den Nukleus und den perinukleären Bereich. Maßstab: 2 µm.

5.1.3.2 Das *S. cerivisiae* Sft2p-Homologe PF13_0124

PF13_0124-GFP zeigt eine (partielle) Golgi-Lokalisation und kann zudem im ER detektiert werden. Zusätzlich stellt Sft2p auch ein gut untersuchtes Golgiprotein in *S. cerevisiae* dar: GFP- bzw. Myc-Fusionsproteine von Sft2p lokalisieren in Hefen an späten Golgi-Zisternen sowie in retrograden intra-Golgi-Vesikeln (Banfield *et al.,* 1995; Wooding & Pelham, 1998). Wie PF13_0124 soll das Hefe-Homolog Sft2p durch vier Transmembrandomänen gekennzeichnet sein, wobei die Orientierung des N-Terminus für Sft2p als zytoplasmatisch angenommen wird (Wooding & Pelham, 1998).
Um Aufschluss über die Orientierung von PF13_0124-GFP in der Golgi- (bzw. ER-) Membran zu erhalten, wurde ein Proteinase K-Protektionsassay durchgeführt (s. 4.2.6.2). Aufgrund der C-terminalen Fusion an GFP und die auftretenden verschiedenen Prozessierungsformen des GFP-Fusionsproteins (Abb. 5-6B rechts) konnte gezeigt werden, dass der C-Terminus von PF13_0124 im Lumen vor der Prozessierung durch Proteinase K geschützt ist (Abb. 5-6C), sodass hiermit die Topologie von PF13_0124 festgelegt werden kann. Durch die luminale Orientierung des C-Terminus bietet sich die Markierung dieses Proteins mit einem weiteren Reporterprotein an, das eine besondere Form der EM ermöglicht (HRP-basierende EM, s. Einleitung 2.2.6.1, letzter Absatz) und damit zur ultrastrukturellen Aufklärung des ER und des Golgi beitragen kann.

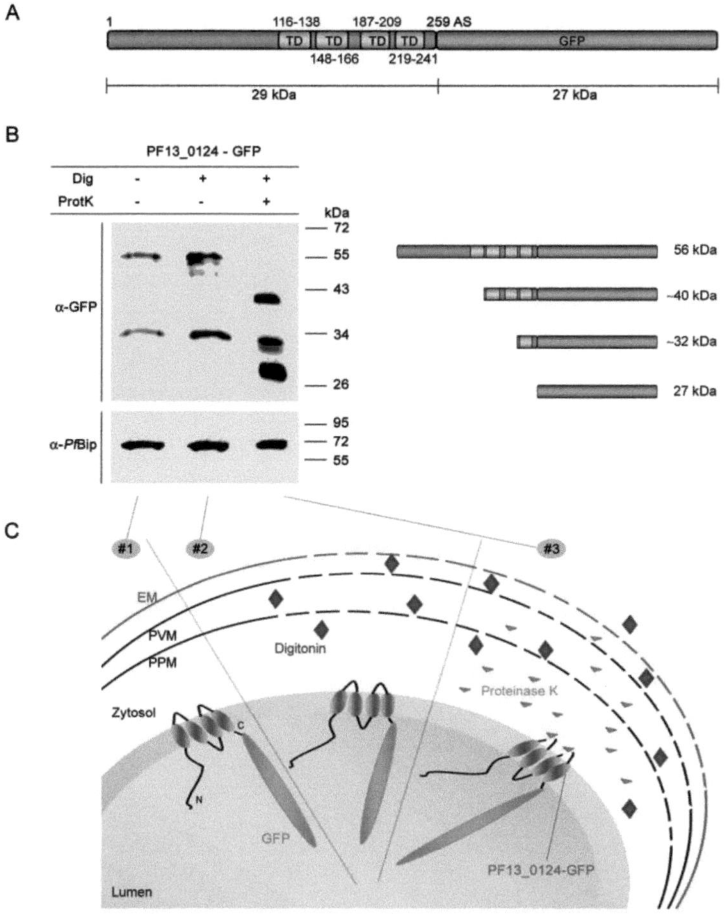

<u>Abbildung 5-6:</u> Putative Topologie von PF13_0124 mit luminalen C-Terminus

A: Schematische Darstellung von PF13_0124 mit vier putativen Transmembrandomänen. **B:** Proteinase K –Protektions-Assay und Western-Blot-Analyse der einzelnen Fraktionen. In den Proben #1 und #2 konnte PF13_0124-GFP bei einem Molekulargewicht von ca. 56 kDa detektiert werden, wobei in beiden Proben eine zusätzliche Bande bei ca. 34 kDa sichtbar wurde. In Probe #3, die mit Proteinase K behandelt wurde, konnten vier Proteinbanden bei ca. 40 kDa, 32 kDa, 30 kDa und 27 kDa nachgewiesen werden. Diese entsprechen den erwarteten durch Proteinase K prozessierten Formen von PF13_0124-GFP (B, rechts), wenn N- und C-Termini von PF13_0124 luminal orientiert sind. Als Kontrolle diente das ER-Protein *Pf*BiP, welches aufgrund seiner Lokalisation im ER-Lumen vor einer Prozessierung durch Proteinase K geschützt ist. **C:** Schematische Darstellung des Proteinase K-Protektions-Assays und die aus den Resultaten zu vermutende strukturelle Orientierung von PF13_0124-GFP. TD: Transmembrandomäne, Dig: Digitonin, ProtK: Proteinase K, EM: Erythrozytenmembran, PVM: parasitophore Vakuolenmembran, PPM: Parasiten-Plasmamembran.

5.1.3.3 Klonierung von pBcam-13_0124-hrp

Aufgrund der Membrantopologie und der damit verbundenen luminalen Orientierung des C-Terminus sollte ein HRP-Fusionsprotein im Parasiten exprimiert werden, welches die HRP-basierende elektronenmikroskopische Ultrastrukturanalyse des ER/Golgi-Membransystems ermöglicht (Baljet & VanderWerf, 2005). Dazu wurde *pf13_0124* über die Restriktionsstelle *BamHI* in das Expressionsplasmid pBcam-hrp (siehe Material & Methoden 4.1.11) kloniert und sequenziert.

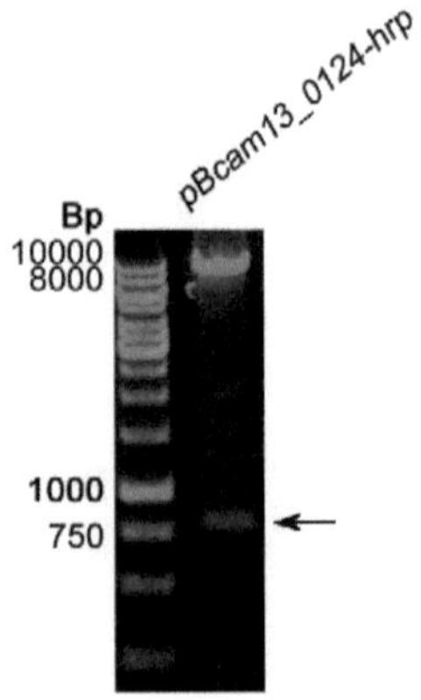

<u>Abbildung 5-7:</u> Restriktionsverdau von pBcam13_0124-hrp

BamHI schneidet das zuvor in den Expressionsvektor pBcam-hrp klonierte Gen *pf13_0124* heraus. Das Insert kann bei einer erwarteten Größe von 780 Bp detektiert werden (Pfeil). Der Verdau wurde auf einem 1% Agarose-Gel aufgetragen. Plasmidname und die Größen des Längenstandards (in Bp) sind angegeben.

Im Anschluss an die Klonierung von pBcam13_0124-hrp wurden 3D7-Wildtypparasiten in drei unabhängigen Experimenten mit diesem Konstrukt unter den beschriebenen Standardbedingungen transfiziert (s. 4.2.4.6). Allerdings konnten aus ungeklärten Gründen transgene Parasiten selbst 56 Tage nach der Transfektion nicht in Blutausstrichen (s. 4.2.4.2) dieser Kulturen detektiert werden. Eine plausible Erklärung wäre, dass der Parasit die Expression dieser Peroxidase im Lumen des ER und Golgi nicht toleriert.

5.2 Funktionelle Untersuchungen zum Apikalen Membranantigen 1 (AMA1) in *P. falciparum*

5.2.1 Funktion der Prodomäne von AMA1 für den *trans*-Golgi-Proteintransport & die Invasion von Erythrozyten

AMA1 ist ein in der Gruppe der Apikomplexa konserviertes Protein, dessen essentielle Rolle für die Invasion von Wirtzellen in *Plasmodium*, *Toxoplasma* und *Neospora* nachgewiesen ist (Deans *et al.*, 1982; Thomas *et al.*, 1984; Mital *et al.*, 2002; Zhang *et al.*, 2007).

5.2.1.1. *Trans*-Spezies - Konservierung der N-Termini von AMA1

Ein multiples Alignment der N-Termini von sechs Plasmodienarten und zwei weiteren Apikomplexa zeigt neben dem konservierten hydrophoben N-Terminus (Signalpeptid) eine nur bei *P. falciparum* und *P. reichenowi* vorkommende Insertion von 72 AS (Abb. 5-8).

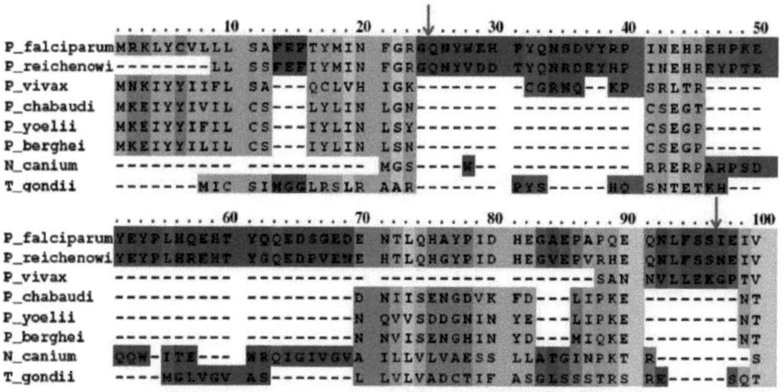

Abbildung 5-8: Homologievergleich der AMA1 – N-Termini verschiedener Apikomplexa

Partieller AMA1-Aminosäuresequenzvergleich von sechs *Plasmodium Spp.* (*P. falciparum*: GenBank# ACB87902.1, *P. reichenowi*: CAB66387.1, *P. vivax*: ABM63525.1, *P. chabaudi*: AAB36509.1, *P. yoelii*: AAC47194.1, *P. berghei*: AAC47192.1, *N. caninium*: BAF45372.1, *T. gondii*: EEA97713.1) sowie von *N. canium* und *T. gondii* wurde mittels „PRofileALIgNEment" (http://www.ibi.vu.nl/programs/pralinewww/) generiert. Die roten Pfeile zeigen die Prozessionsstellen von Signalpeptid ($_{24}$G*Q) und Prodomäne ($_{94}$FSS*I) für *P. falciparum.* Der Grad der Konservierung ist farblich dargestellt mit blau = nicht konserviert und rot = identisch.

5.2.1.2 Herstellung, Expression & Lokalisation von Prodomänen – Mutanten in *P. falciparum*

Zur funktionellen Untersuchung der Prodomäne in *P. falciparum*-AMA1 sollten eine Anzahl von Mutanten hergestellt werden, die Aufschluss über die Funktion dieses Proteinbereiches ermöglichen.

5.2.1.2.1 Komplementation & Deletion der Prodomäne

Zunächst wurde die Prodomäne von *P. falciparum* mit der Prodomäne von *P. vivax* ausgetauscht. Im Gegensatz zu *Pf*AMA1 zeigt das homologe Protein aus *P. vivax* (*Pv*AMA1) eine mit nur 20 AS stark verkürzte Prodomäne.

Dafür wurden 132 Bp des 5´Endes von pv*ama1* (das putative Signalpeptid sowie die „kryptische" Prodomäne) amplifiziert (Abb. 5-9), mit *Pf*AMA1 (ohne Prodomäne und basierend auf der W2mef-Sequenz) fusioniert (s. 4.2.3.2) und in den Expressionvektor pARL^{ama1}-GFP ligiert.

Der Vektor pARL^{ama1}-GFP gewährleistet die stadienspezifische Expression des Chimärenproteins im Parasiten in Schizonten und freien Merozoiten durch die Verwendung des *ama1*-Promotors (Treeck *et al.*, 2006).

Nach der Transfektion in 3D7-Wildtypparasiten und Selektionierung wurde die Expression von AMA1$_{VivaxPD}$-GFP mittels Western-Blot in den transgenen Parasiten überprüft. Erwartungsgemäß wird AMA1$_{VivaxPD}$-GFP als ca. 100 kDa großes Protein detektiert (theoretisches MW: 99,9 kDa) wobei aufgrund des Fehlens der Prodomäne keine Prozessierung wie für AMA1-GFP (AMA1$_{VivaxPD}$-GFP; Abb. 5-10A) im Western-Blot angezeigt wird.

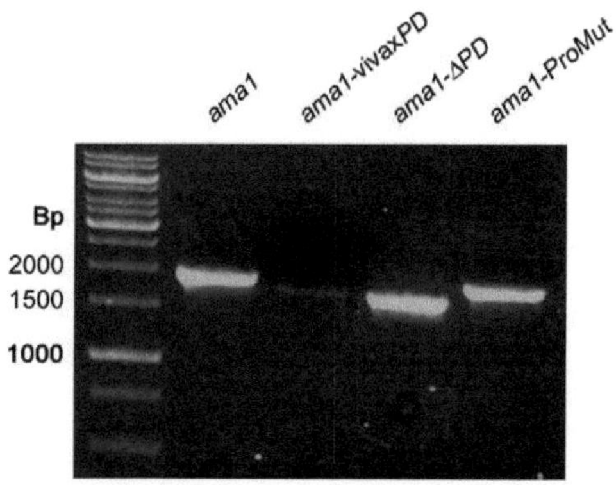

Abbildung 5-9: PCR-Produkte von WT-*ama1* und der *ama1*-Prodomänen-Mutanten

ama1 sowie die entsprechenden Mutanten wurden zunächst mittels PCR amplifiziert. Für *ama1-ΔPD* erfolgte die Amplifikation von *ama1* ohne den für die Prodomäne kodierenden Bereich und bei der Chimäre *ama1-vivaxPD* wurden die ersten 132 Bp vom 5´-Ende von *P. vivax-ama1* an das 5´-Ende der Ektodomäne von *P. falciparum-ama1* generiert. Bei *ama1-ProMut* erfolgte die Mutation der für die proteolytischen Spaltstelle kodierenden Sequenz. Die PCR-Produkte wurden mittels Gelelektrophorese (1% Agarose) überprüft.

Nach der Etablierung der Expression des chimären Proteins wurde es mit Hilfe der GFP-Markierung im Parasiten lokalisiert. Diese subzelluläre Verteilung und Dynamik entsprechen der von AMA1-GFP (Abb. 5-10C): AMA1$_{VivaxPD}$-GFP zeigt eine punktartige Verteilung im apikalen Bereich von späten Schizonten (Abb. 5-10). In freien Merozoiten ist es je nach Alter zunächst noch apikal (Abb. 5-10) und verteilt sich dann auf der gesamten Oberfläche des Parasiten.

Um dieses genauer zu analysieren und mit der Dynamik des endogenen AMA1 zu vergleichen, wurde der monoklonale AMA1-spezifische Antikörper α-1F9 (Coley *et al.*, 2001) verwendet. Dieser ist gegen ein Epitop gerichtet, das exklusiv in AMA1 von 3D7 Parasiten aber nicht im GFP-Transgen exprimiert wird, da dieses auf der W2mef-Sequenz basiert. Chimäres AMA1$_{VivaxPD}$-GFP-Protein zeigt eine identische Lokalisation wie Wildtyp-AMA1 (Abb. 5-10A).

Übernimmt die kryptischen Prodomäne von *P. vivax* die putative Funktion der *P. falciparum*-Prodomäne oder spielt dieser Bereich möglicherweise keine Rolle für die Proteintranslokation?

Um diese Frage zu beantworten, wurde die Prodomäne deletiert (Abb. 5-10) und diese verkürzte Form von *Pv*AMA1 in 3D7-Parasiten exprimiert ($AMA1_{DPD}$-GFP). Dabei wurde das Signalpeptid (N-terminalen 24 AS) direkt an die Domäne 1 fusioniert (Abb. 5-10) und mittels Western-Blot konnte die Expression dieser Deletions-Mutante nachgewiesen werden (Abb. 5-10; theoretisches MW: 92 kDa), die auf gleicher Höhe wie die prozessierte Form von Wildtyp AMA1-GFP in der SDS-PAGE läuft (Abb. 5-10B). Lokalisierung und Ko-Lokalisierung mit dem endogenen AMA1 zeigen, dass die Prodomäne keinen Einfluss auf den Transport von AMA1 zu den Mikronemen und auf die Translokaltion auf die Oberfläche des Parasiten hat.

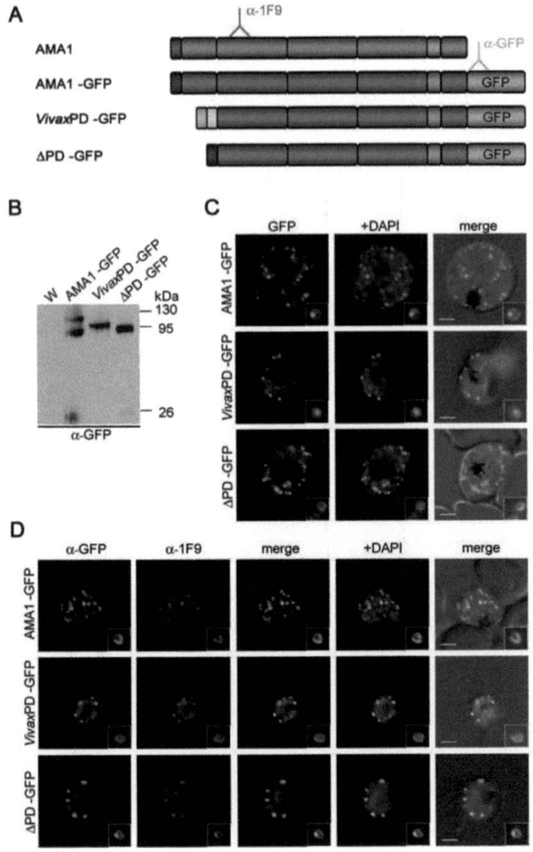

<u>Abbildung 5-10</u>: Expression und Lokalisation von AMA1-Prodomänenmutanten in *P. falciparum*

A: Schematische Darstellung von AMA1 und der Prodomänen-Mutanten (*Vivax*PD-GFP und DPD-GFP) sowie der Spezifizität der verwenden Antikörper 1F9 und α-GFP. **B:** Western-Blot mit Hilfe von anti-GFP Antikörpern (a-GFP) von Wildtyp-Parasiten (W), AMA1-GFP, *Vivax*PD-GFP und DPD-GFP. AMA1-GFP-Parasiten zeigen zwei Banden mit einem Molekulargewicht von ca. 110 kDa und ca. 95 kDa, die dem Volllängen-AMA1-GFP Fusionsprotein und der prozessierten Form entsprechen. Für *Vivax*PD-GFP ist ein spezifisches Signal bei ca. 100 kDa detektierbar und für DPD-GFP kann ein ca. 95 kDa großes Protein nachgewiesen werden, welches AMA1-GFP ohne der Prodomäne entspricht. **C:** In unfixierten Parasiten ist die Lokalisation von *Vivax*PD-GFP und DPD-GFP nicht zu unterscheiden von AMA1-GFP. Kleine Quadrate-Inlays: Freie Merozoiten. **D:** Ko-Lokalisierung der GFP-Fusionsproteine mit endogenem AMA1. Endogenes 3D7-AMA1 wurde mit dem monoklonalen Antikörper (a-1F9, rot) detektiert und zeigt eine nahezu komplette Ko-Lokalisierung mit den GFP-markierten Mutanten und Wildtyp-AMA1 in fixierten Schizontenstadien als auch in freien Merozoiten (Maßstab: 2 µm).

5.2.1.2.2 Mutation der proteolytischen Spaltstelle der AMA1-Prodomäne

Die korrekte Lokalisation der Deletionsmutante widerspricht der postulierten Funktion der Prodomäne im Proteintransport. Deswegen sollte im Umkehrschritt getestet werden, ob die Prozessierung der Prodomäne wichtig für die Translokalisation (und damit die Funktion) von AMA1 auf die Oberfläche des Parasiten ist. Dazu wurde die Prodomänen-Prozessierungsstelle mit Hilfe der PCR mutiert ($_{94}$FSSI zu $_{94}$AAAA, Abb. 5-11A) und diese Mutante als GFP-Fusion (AMA1$_{ProMut}$-GFP) in 3D7-Parasiten exprimiert. Die Expression des entsprechenden GFP-Fusionsproteins wurde anschließend mittels Western-Blot überprüft und fluoreszenzmikroskopisch analysiert (Abb. 5-11B&C). Es konnte gezeigt werden, dass i) durch die Mutation der empirisch (durch Massenspektrometrie) ermittelten Schnittstelle $_{94}$FSSI (Howell *et al.*, 2001) die Prozessierung der Prodomäne vollständig verhindert werden kann (Abb. 5-11B) und ii) dass AMA1$_{ProMut}$-GFP keine Transport- oder Translokationsdefekte aufweist (Fig. 5-11C&D).

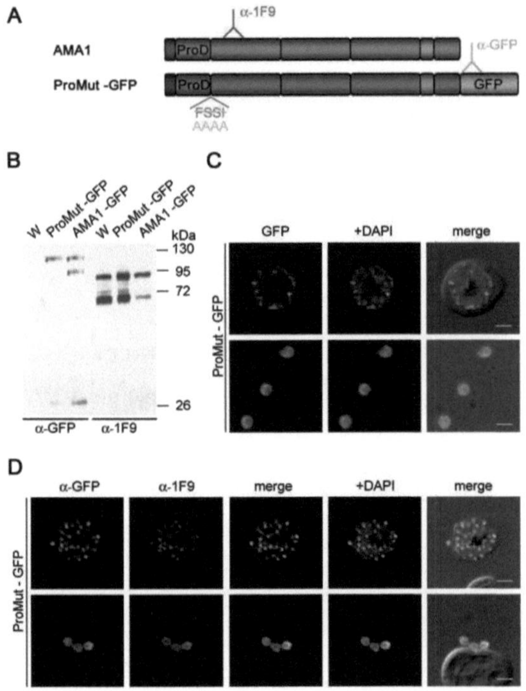

Abbildung 5-11: Expression und Lokalisation von nicht prozessiertem AMA1 mit Hilfe der ProMut-AMA1-Mutante

A: Schematische Darstellung der Prodomänen-Mutante ProMut-GFP und Wildtyp-AMA1. **B:** Western-Blot-Analyse von Wildtyp-Parasiten (W), ProMut-GFP und AMA1-GFP mit α-GFP-Antikörpern und a-1F9, der die beiden endogenen AMA1-Formen in Wildtyp-Parasiten und transgenen Parasiten zeigt. **C:** In unfixierten Parasiten zeigt das ProMut-Fusionsprotein eine sehr ähnliche Verteilung wie AMA1-GFP (s. Abb. 5-10), was mit Hilfe der Ko-lokalisierung mit endogenem AMA1 in fixierten Schizonten (**D**) als auch in freien Merozoiten (kleine Quadrate in D) bestätigt wurde (Maßstab: 2 µm).

5.2.1.2.3 Funktionelle Analyse der Prodomänen-Mutanten

Zur weiteren Charakterisierung möglicher Funktionen der Prodomänen wurde die Erythrozyten-Invasionsrate der Mutanten mit der von Wildtyp-AMA1 verglichen. Dazu wurde wie unter 4.2.4.9 beschrieben die sequenzspezifische Bindung des R1-Peptids (Harris *et al.*, 2005) an 3D7-AMA1 ausgenutzt. Die Bindung des Peptids and den extrazellulären Bereich von AMA1 führt zu einer Verhinderung der Invasion von 3D7-Parasiten, hat aber keinen Einfluss auf die Invasion von W2mef-Parasiten, die aufgrund einer Anzahl von Aminsäurenaustauschen in AMA1 nicht mit dem inhibitorischen Peptid interagieren. Diese Invasions-Blockade kann durch die Überexpression von funktionellem W2mef-AMA1 aufgehoben werden und macht damit die funktionelle Untersuchung der AMA1-Prodomänen-Mutanten möglich (Treeck *et al.*, 2009).

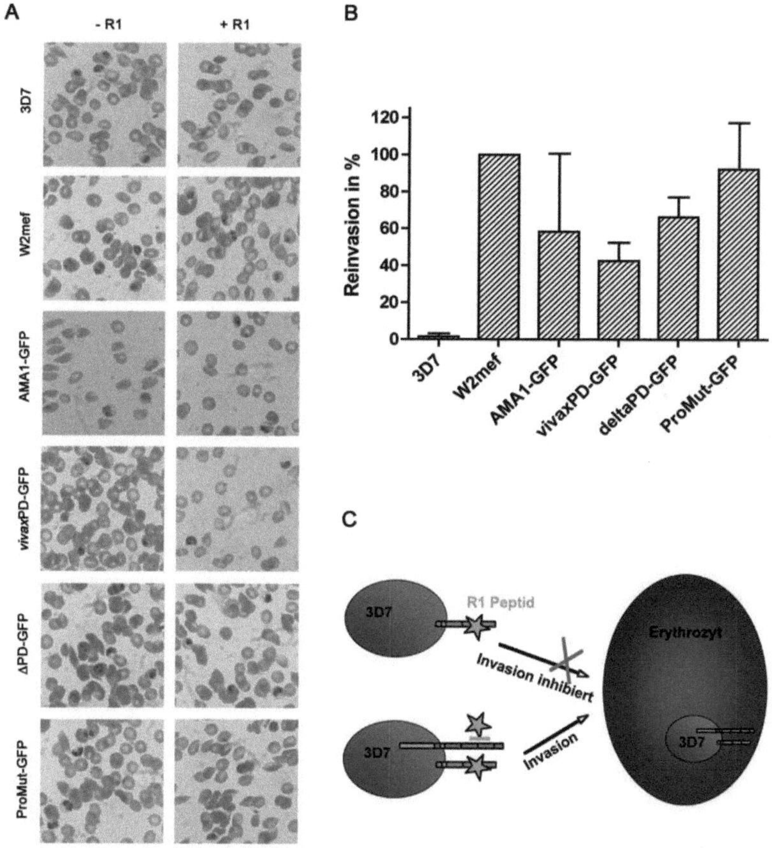

<u>Abbildung 5-12:</u> Invasion-Assay von AMA1-Prodomänen-Mutanten

Durchschnittliche Invasionsraten der Prodomänen-Mutanten im Vergleich zu W2mef-Wildtyp-Parasiten zeigen die funktionelle Komplementationfähigkeit. Die durchschnittliche Re-Invasions-Rate (**B**) wurde mittels durchflusszytometrischer Messung und Auszählung von Giemsa-gefärbten Blutaustrichen (**A**) ermittelt. Relative Invasionsraten wurden in drei unabhängigen Versuchen jeweils in Triplikaten durchgeführt. Die Standartabweichung ist in den jeweiligen Balken eingezeichnet. Das Prinzip des Inavsionsassays, die R1 abängige Inhibierung von endogenen 3D7-AMA1 und episomale Expression von W2mef AMA1 Mutanten ist schematisch in (**C**) dargestellt.

In dieser Versuchsreihe zeigten W2mef-AMA1-GFP exprimierende 3D7-Parasiten eine relative Re-Invasionsrate von ca. 50% und entsprechen damit vorangegangenen Analysen (Treeck *et al.,* 2009). Das chimäre AMA1, welches eine *P. vivax*-Prodomäne besitzt, ist in der Lage, die Funktion von endogenem Wildtyp-AMA1 zu komplementieren (Abb. 5-12B), wodurch ca. 50% der Parasiten re-invadieren können. Die Prozessierungsmutante, bei welcher die Abspaltung der Prodomäne verhindert wird (ProMut-GFP), kann ebenfalls endogenes AMA1 komplementieren (Abb.5-12B). Entsprechend scheint auch die noch vorhandene Prodomäne die Invasion nicht zu behindern. Zusammenfassend kann gezeigt werden, dass die An- oder Abwesenheit der Prodomäne keinen signifikanten Einfluss auf die Funktion von AMA1 während der Invasion von Erythrozyten hat.

5.2.1.3 Interaktionspartner & Eskorter von AMA1

Die unter 5.2 aufgeführten Ergebnisse deuten darauf hin, dass der Transport von AMA1 von einem anderen Bereich der luminalen Domäne abhängig ist. Diese Schlussfolgerung wird von Arbeiten unterstüzt, die zeigten dass i) die zytoplasmatischen Domänen von AMA1 und anderen Typ I-Transmembranproteinen keine Bedeutung für den Transport haben (Gilberger *et al.,* 2003; Treeck *et al.,* 2006; Treeck *et al.,* 2009; Dvorin *et al.,* 2010), und ii) dass auch andere sekretorische Invasionsproteine luminale Domänen für ihren Transport verwenden (Richards *et al.,* 2009). Übereinstimmend wurde die Komplexierung dieser Proteine mit einem (oder mehreren) Eskorterprotein(en) postuliert. Des Weiteren zeigten die oben zitierten Arbeiten, dass die zytoplasmatische Domäne zumindest für die Gruppe der EBA-Proteine und AMA1 eine essentielle Rolle spielt. Dieses kann nur durch eine weitere Komplexbildung mit Effektorproteinen erklärt werden.

Deshalb wurde in dieser Arbeit die Identifizierung dieses/dieser putativen Eskorterproteins/e durch Immunpräzipitationen (IP, 4.2.6.3) von AMA1-komplexierten Proteinen und anschließender Massenspektrometrie (4.2.6.8) initiiert. Für die IP wurde eine transgene Zelllinie verwendet, die ein voll funktionsfähiges und C-terminal mit dem TY1-Epitop fusioniertes AMA1 exprimierte (Leykauf & Treeck *et al.*, 2010). Als weitere Zelllinie wurde eine funktionslose Mutante von AMA1 verwendet (S610A; Leykauf & Treeck *et al.,* 2010), die zwar keinen Lokalisationsdefekt aufweißt, aber keine Komplementationsfähigkeit besitzt.

Hier sollten dementsprechend die postulierten Transporteskorter binden, aber Effektorproteine der zytoplasmatischen Domäne fehlen.

Die Präzipitate wurden in reduzierendem bzw. nicht-reduzierendem Probenpuffer aufgenommen, wodurch einzelne Proteine aus Komplexen entsprechend der Art ihrer Bindung voneinander separiert und im Coomassie-gefärbten SDS-Gel besser analysiert werden konnten. Sowohl die ungebundene Proteinfraktion als auch die Eluatfraktion wurden mittels SDS-PAGE und anschließender Coomassie-Färbung dargestellt (Abb. 5-13). Acht Proteinbanden wurden ausgeschnitten und analysiert.

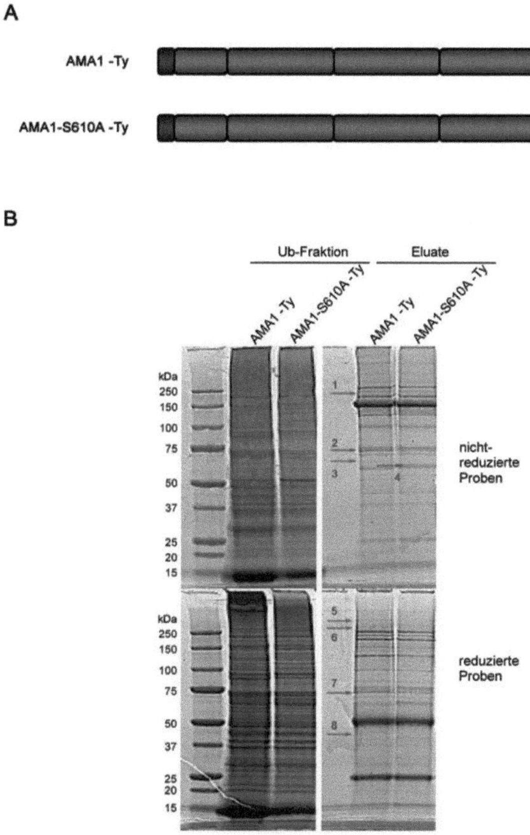

Abbildung 5-13: Immunopräzipitation von AMA1-TY

A: Schematische Darstellung von AMA1-TY und der Mutante, bei welcher das Serin an Position 610 zu Alanin mutiert wurde. **B:** Probenauftrennung der IP-Fraktionen. SDS-PAGE und anschließende Coomassie-Färbung von AMA1-TY- und AMA1-TY_{S610A}-Parasitenextrakten. Die ausgeschnittenen

Proteinbanden sind entsprechend mit den Ziffern 1-8 nummeriert. Im Anhang unter 6.4 ist eine genaue Auflistung der identifizierten Peptide in den jeweiligen Proteinbanden zu finden. Ub-Fraktion: ungebundene Fraktion, Eluate: Glycin-Eluate.

Interessanterweise konnten abhängig von dem reduzierenden bzw. dem nicht-reduzierenden Milieu unterschiedliche putative Interaktionspartner von AMA1-TY1 detektiert werden (Abb. 5-13). Unter beiden Bedingungen konnten mit Hilfe der Massenspektrometrie insgesamt 930 Peptide identifiziert werden, die den in Tabelle 5-4 genannten Proteinen zugeordnet werden. Darin sind alle Proteine enthalten, von denen mehr als 10 Peptide detektiert wurden.

Tabelle 5-4: Übersicht der AMA1-TY1-Interaktionspartner

Gruppe putativer AMA1-Interaktionspartner			Anmerkungen
1)	Bekannte AMA1-Interaktionspartner	* *Pf*RON2	
2)	Glideosom-assoziierte Proteine	* *Pf*Aktin * *Pf*Clathrin * "Moving Junction"-Proteine * Elongationsfaktor 1-alpha	
3)	Chaperone	* *Pf*HSP70 * *Pf*HSP70-Homologe * DNAJ-Protein	
4)	sonstige Proteine	* PF11_0014 „Plasmodium falciparum Maurer's Cleft 2 transmembrane domain protein" * PF14_0344 "translocon component PTEX150" * "Interspersed-repeat-Antigen-Proteine" * Sec24-like proteins * NOT-Family proteins	PEXEL-Motiv
5)	bisher unbekannte Proteine	* PFB0950w * PFB0946c * MAL13P1.308 * PFL1930w * PFF1165c	kein SP, 3 TD kein SP kein SP kein SP kein SP

Die Identifizierung von RON2, einem detailliert untersuchten Interaktionspartner der extrazellulären Domäne von AMA1 (s. auch Einleitung 2.2.5.1, 2. Abschnitt;

Collins *et al.*, 2009; Richard *et al.*, 2010; Riglar *et al.*, 2011) unterstreicht die Qualität der IP. Neben den Chaperonen Hsp70, Hsp70-Homologen, NOT-Familien-Proteinen (putative Transkriptions-Regulatoren), Clathrinen (Transportvesikel-Komponenten) konnten auch bisher nicht charakterisierte Proteine identifiziert werden, die ebenfalls in Tabelle 5-4 gelistet sind.

Des Weiteren konnten in den nicht-reduzierten Präzipitaten Sec24-ähnliche Proteine (Transportvesikel-Komponenten), Pr86-Rhoptrien-Proteine, "Moving Junction"-Proteine und Elongationsfaktor 1-alpha sowie "Interspersed-repeat-Antigen"-Proteine identifiziert werden (Abb. 5-13). Die reduzierten Präzipitate wiesen zusätzlich eine Protein-disulfid-Isomerase und eIF4A-ähnliche Proteine ("eukaryotic initiation factor 4A", Translationsfaktor) auf.

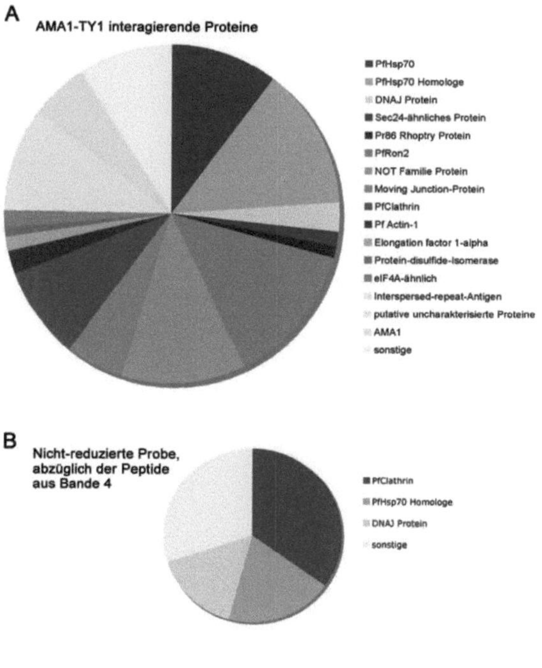

<u>Abbildung 5-14:</u> Massenspektroskopie von AMA1-TY1-Interaktionspartnern

Die Tortendiagramme geben einen anteiligen Überblick über alle Interaktionspartner von AMA1-TY1 (**A**) bzw. Interaktionspartner, die sowohl an AMA1TY1 als auch die Mutante AMA1-S610A-TY1 binden (**B**).

Für das Coenzym B_{12} ist beschrieben, dass es von Chaperonen eskortiert wird (Banerjee *et al.*, 2006). Möglicherweise ist Hsp70 in *P. falciparum* an der Protein-Faltung von AMA1 im/am ER beteiligt und vermittelt dadurch die Interaktion mit dem entsprechenden Eskorter. Hsp70-Proteine sind teilweise ER-ständig: PFI0875w, besitzt ein C-terminales ER-Retentionssignal (-SDEL). Aufgrund fehlender Homologie zu bekannten Proteinen von PFB0950w, PFB0946c, MAL13P1.308, PFL1930w, PFF1165c kann über ihre putative Funktion nicht spekuliert werden. Das Fehlen eines Signalpeptides macht aber ihre zytosolische Lokalisation wahrscheinlich – und damit ihre Funktion als Eskorter eher unwahrscheinlich.

6 Diskussion

P. falciparum besitzt wie alle eukaryotischen Zellen eine Vielzahl von membranumschlossenen, subzellulären Funktionseinheiten. Diese ermöglichen der Zelle, biochemische bzw. nicht-kompatible Stoffwechselwege zeitgleich nebeneinander ablaufen zu lassen. Nukleus, Endoplasmatisches Retikulum (ER), Golgi-Apparat und verschiedenste Vesikel (Endosome, sekretorische Vesikel) sind ubiquitäre Komponenten der zellulären Ausstattung. Für die Zelle bedeutet dieses jedoch, dass neu synthetisierte Proteine, die nicht im Zytosol verbleiben, eine bestimmte Signatur aufweisen müssen, die den zielgerichteten Transport zu ihren Bestimmungsorten kodiert. Dieses wird in der Regel durch Motive in der Primärsequenz der Proteine garantiert.

Von herausragender Bedeutung für die Biologie des Krankheitserregers ist der sekretorische Protein-Transportweg, der unter anderem gewährleistet, dass Proteine über das ER in den Golgi und von dort zu den sekretorischen Organellen innerhalb des Parasiten und weiter auf die Oberfläche des Parasiten gelangen (s. Einleitung 2.2.6).

6.1 Das „Golginom“ des Malariaparasiten

Der Golgi als intrazelluläres Organell ist in nahezu allen eukaryotischen Organismen zu finden, wobei Architektur und Komplexität deutlich variieren (s. Einleitung 2.2.6.1, 2. Abschnitt).

Ultrastrukturelle Untersuchungen konnten bislang keinen Hinweise auf einen Golgimembran-Stapel in *P. falciparum* erbringen. Bannister *et al.* zeigten mit Hilfe von EM-Studien eine singuläre Zisterne, die sie aufgrund des Fehlens spezifischer Antikörper als „provisorischen“ Golgi bezeichneten (Bannister *et al.* 2003). Auch die Lokalisation des Golgis in lebenden Parasiten spricht für ein sehr kompaktes Organell mit einer strengen tER-Golgi-TGN-Symmetrie, was durch die besonderen zellbiologischen Anforderungen an den Golgi erklärt werden kann (Struck *et al.*, 2008).

Erstens könnte eine Minimierung der zu durchlaufenden Membranzisternen innerhalb des Golgis zu einer Beschleunigung des sekretorischen Proteintransports führen, denn der gerichtete Transport durch die Golgizisternen ist Vesikel-abhängig. Dieses erscheint schon in frühen Stadien als sehr sinnvoll, da der Golgi nicht nur den Transport von Proteinen innerhalb des Parasiten bewerkstelligen muss, sondern auch am Export von über 300 Proteinen in das Zytosol des infizierten Erythrozyten beteiligt ist (Boddey *et al.,* 2009).

Zweitens erscheint eine Vereinfachung der Golgi-Architektur für eine schizogene Zellteilung durchaus sinnvoll. Im Gegensatz zu *T. gondii*, die eine Zweiteilung durchlaufen und einen gestapelten Golgi haben, findet bei Plasmodien eine Vielteilung (Schizogonie) statt, die dementsprechend eine viel größere zytokinetische Herausforderung an die Zelle stellt.

Drittens spiegelt sich die morphologische Reduktion des Golgi auch in der Komplexität der biochemischem Prozesse, insbesondere bei der Glykosylierung von Proteinen (Templeton *et al.,* 2004) wieder, die innerhalb des Golgi von *P. falciparum* abläuft: Obwohl wie oben beschrieben, der Parasit über einen fast vollständigen Satz an akzessorischen Endomembranproteinen wie SNARE-Proteinen (Ayong *et al.*, 2007; Parish & Rayner, 2009), Bet3p (Adisa *et al.*, 2007), ERD2 (Elmendorf & Haldar, 1993), GRASP (Struck *et al.,* 2005), Rab-GTPasen (De Castro *et al.,* 1996; Van Wye *et al.,* 1996; Quevillon *et al.,* 2003) und COP-Vesikelkomponenten (Struck *et al.*, 2008; Lee *et al.*, 2008) verfügt, ist seine Glykosylierungskapazität stark eingeschränkt (Templeton *et al.,* 2004). Die Proteinglykosylierung wird im ER eingeleitet und im Golgi vollendet. Klassische Golgi-ständige Glykosylierungenzyme sind beispielsweise N-acetylglukosaminyltransferasen, Galaktosyltransferasen, Sialyltransferasen und Mannosidasen (zusammenfassend betrachtet von Nilsson *et al.*, 2009). Im Genom von *P. falciparum* fehlen im Gegensatz zu anderen Apikomplexa wie *Cryptosporidium* oder *Toxoplasma gondii* die kodierenden Gene für die O-Glykosylierungskette, sodass keine O-Glykosylierung und nur eine reduzierte N-Glykosylierungs-Maschinerie im Parasiten vorhanden ist (Templeton *et al.,* 2004, s. auch Einleitung 2.2.6.1).

Um weitere Hinweise auf die Komplexität des Golgi zu erhalten, wurde in dieser Arbeit zunächst mittels „BlastSearch“-Analyse mit bekannten oder putativen Golgiproteinen anderer Spezies nach neuen Golgimembranproteinen in *P. falciparum* gesucht. Die benutzten Datensätze basierten auf proteomischen Ansätzen, Sequenz-Orthologien und direkten Nachweisen.

Insgesamt konnten in dieser Arbeit die Gene von 117 Homologen von putativen Golgiproteinen im Genom des Parasiten identifiziert werden (s. Ergebnisse, Tab. 5-2).

Von den in dieser Arbeit validierten zwölf Transmembranproteinen sollen PFE1205c, PF11_0141, PF13_0331 und PF13_0124 aufgrund ihrer Lokalisation (s. Ergebnisse, Abb. 5-5) hier genauer diskutiert werden:

PF11_0141 ist ein Homolog des murinen Golgi-residenten Transporters SLC35B4, welcher für die Modifikation von Molekülen benötigten UDP-Zucker in das Golgi-Lumen transportiert (Ashikov *et al.*, 2005). In *P. falciparum* könnte PF11_0141 eine ähnliche Funktion übernehmen und möglicherweise agiert es (anders als in *M. musculus*), neben dem Golgi auch im ER als Zucker-Transporter, denn PF11_0141-GFP zeigt eine zusätzliche ER-Lokalisation.

PF13_0331 ist ein Homolog von TMCO1, das als Golgi- und ER-Membranprotein in Säugerzellen beschrieben wird, aber dessen genaue Funktion noch nicht bekannt ist (Iwamuro *et al.*, 1999). Eine andere Studie, die ebenfalls im Säugerzellen durchgeführt wurde, lokalisierte TMCO1 jedoch in den Mitochondrien (Zhang *et al.*, 2010). Die Lokalisation des plasmodialen Homologen PF13_0331(-GFP) im ER/Golgi steht allerdings im Einklang mit Lokalisationsstudien von Iwamuro *et al.* (1999).

Das Homologe zu PFE1205c in *S. cerivisiae*, ein Polyamintransporter, konnte als Hämagglutinin-Fusionsprotein mit spezifischen Antikörpern im Golgi sowie in post-Golgi-Vesikeln lokalisiert werden. Dieses Ergebnis wurde weiterhin mittels Dichte-Gradientenzentrifugation bestätigt, wobei der Transporter zusätzlich in der Plasmamembranfraktion der Hefen detektiert werden konnte (Tachihara *et al.*, 2005). Das GFP-Fusionsprotein von PFE1205c ist allerdings, neben einer schwach partiellen Golgi-Lokalisation, im ER, aber nicht in post-Golgi-Kompartimenten zu detektieren (s. Ergebnisse, Abb. 5-5). Die Bedeutung von Polyaminen, insbesondere ihr Stoffwechsel und damit verbundene Transportvorgänge sind im Malariaparasiten noch wenig untersucht, sodass eine mögliche Bedeutung von Polyamintransportern in der Golgi- (oder ER-) Membran nicht ausgeschlossen aber an dieser Stelle nur spekulativ betrachtet werden könnte.

Das Hefe-Protein Sft2p (Banfield *et al.*, 1995; Wooding & Pelham, 1998; Conchon *et al.*, 1999) – dem Homologen von PF13_0124, konnte in „Yeast-two-Hybrid"-Experimenten als möglicher Interaktionspartner von Pep12p identifiziert werden (Ito *et al.*, 2001). In Hefen ist Pep12p ein Syntaxin-SNARE (Gerrard *et al.*, 2002) und wahrscheinlich an der Fusion von Golgi-Vesikeln an Endosomen (Becherer *et al.*, 1996) beteiligt. Durch die Lokalisation von PF13_0124 im ER/Golgi erscheint eine Rolle dieses Proteins in der Membranfusionsmaschinerie von ER/Golgi-Vesikeln denkbar. Für PF13_0124 konnte außerdem erstmalig die Membrantopologie des Sft2-Homologen experimentell aufgeklärt werden. Da der C-Terminus von PF13_0124 luminal orientiert ist (Ergebnisse Abb. 5-6), sollte das Fusionsprotein PF13_0124-HRP zur strukturellen Analyse mittels HRP-basierender EM genutzt werden. Zunächst müsste allerdings validiert werden, ob der Parasit eine solche HRP-Expression toleriert, denn die Transfektion von Wildtypparasiten mit dem entsprechenden *hrp*-Konstrukt (s. Ergebnisse, 5.1.3.3) führte zu keinen transgenen Parasiten.
Plasmodien exprimieren auch selbstständig Peroxidasen und entsprechende Peroxidase-Homologe (Becker *et al.*, 2005). Eines dieser Homologen wird als zytosolisch beschrieben (Komaki-Yasuda *et al.*, 2003). Es sollte dementsprechend nicht der Fall zu sein, dass die Parasiten Peroxidasen nur in „abgeschlossenen" Organellen tolerieren können. Für andere Enzyme ist bekannt, dass sie erst durch eine Prozessierung in ihrem Zielkompartiment aktiviert werden und dementsprechend zuvor inaktiv vorliegen (Klemba *et al.*, 2004). Möglicherweise stellt HRP deshalb für den Parasiten ein Problem dar, weil es bereits nach der Proteinbiosynthese am ER in einer aktiven Form vorliegt.

Interessanterweise zeigen alle hier untersuchten putativen neuen Golgiproteine, die eine partielle Golgi-Lokalisation aufweisen (PFE1205c-GFP, PF11_0141-GFP, PF13_0124-GFP und PF13_0331-GFP), gleichzeitig eine ER-Lokalisation (s. Ergebnisse, Abb. 5-5). Diese kann, wie oben ausgeführt, durchaus der physiologischen Lokalisation der Proteine entsprechen; sie könnte allerdings auch methodisch bedingt sein. Eventuell weisen die GFP-Fusionsproteine eine veränderte Faltung auf oder sie werden aufgrund der Überexpression im ER zurückgehalten. Entsprechende Beobachtungen konnten für *P. falciparum*-Transmembranproteine bereits in anderen Studien gemacht werden (Treeck *et al.*, 2006; Hu & Cabrera *et al.*, 2010). Auch in Säugerzellen führte die Überexpression eines Membranproteins zu einer Blockierung des ER-Golgi-Transportweges und einer damit verbundenen Akkumulierung des Proteins im ER (Prosser *et al.*, 2008). Möglicherweise werden diese Proteine aber auch im ER zurück gehalten, da sie inkorrekt gefaltet werden.

Erstaunlicherweise zeigen einige *P. falciparum*-Proteine, deren Homologe in *M. musculus*, *S. cerivisiae* und *T. brucei* als Golgiproteine vorhergesagt waren, keine Golgi-Lokalisation (s. Ergebnisse, Abb. 5-4).
Zwei dieser Proteine (PF11_0427 und PFF0415c) waren Homologe zu N-acetylgalactosaminyltransferasen (Galnt). Diese Enzyme transferieren GalNAc (N-Acetylgalaktosamin) auf Serin- und Threonin-Reste und initiieren damit eine O-Glykosylierung, die unter anderem der Sortierung von Proteinen dient (Alfalah *et al.,* 1999). Da in *P. falciparum* allerdings nur eine reduzierte N-Glykosylierung erfolgt (Tempelton *et al.,* 2004), könnten die Homologen zu den murinen Galnt-ähnlichen Proteinen 2 und 4, entsprechend PF11_0427 und PFF0415c, Teil der Glykosylierungsmaschinerie im Malariaparasiten sein. Als GFP-Fusionsproteine lokalisieren aber beide Proteine weder im ER noch im Golgi. Wahrscheinlich ist diese Lokalisation als GFP-Artefakt zu erklären. Im Falle von PFF0415c und dessen Lokalisation an Protrusionen der Parasiten- oder parasitophoren Vakuolenmembran (s. Ergebnisse, Abb. 5-4) könnte auch vermutet werden, dass dieses Protein möglicherweise an einer putativen post-Golgi-Glykosylierung von Proteinen während der Protein-Sekretion in das Wirtszellzytosol beteiligt ist.
PFE1415w ist das plasmodiale Homologe zu dem murinen Zn-Fingerprotein DHHC2, einer Palmitoyltransferase. Die Palmitoylierung durch DHH2 bewirkt unter anderem den Transport des Substrats CKAP4 („cytoskeleton-associated protein 4") vom ER zur Plasmamembran bzw. zum Nukleus (Zhang *et al.,* 2008), wobei die Palmitoyltransferase selber in der Golgimembran verankert ist (Hines *et al.,* 2010).

Das GFP-Fusionsprotein PFE1415w zeigt erstaunlicherweise trotz vier Transmembrandomänen eine zytosolische Verteilung, was durch eine Fehlfaltung des Fusionproteins erklärt werden kann.

6.2 Golgi-Organisation in anderen Protisten & Evolution

Aufgrund von akkumulierten, Genom-basierenden phylogenetischen Untersuchungen sowie ultrastrukturellen Analysen können die eukaryotischen Organismen in folgende sechs taxonomische Super-Gruppen eingeteilt werden: 1) Opisthokonta (u.a. Hefen, Pilze und Säugetiere), die 2) Amoebozoa (amöboide Organismen), die 3) Archaeplastida (Landpflanzen und verschiedene Algen), den 4) SAR-Stamm (Stramenopile, Alveolata, Rhizaria), die 5) Excavata (*Trypanosoma, Trichomonas*) und die 6) CCTH (Cryptomonads, Centrohelids, Telonemids Haptophytes)-Gruppe (Klute *et al.,* 2011).
Innerhalb der aus phylogenetischer Sicht heterologen Gruppe eukaryotischer Einzeller („Protisten") ist die gesamte Bandbreite an morphologischen Ausprägungen des Golgi realisiert: Organismen ohne klassischen Golgi-Apparat (*Giardia intestinalis, Spironucleus barkhanus, Entamoeba histolytica, Naegleria gruber, Mastigamoeba balamuthi*; Dacks *et al.,* 2003) bis hin zu Organismen, deren Golgi eine ausgeprägte Zisternenbildung (*Toxoplasma gondii;* Sheffield *et al.,* 1968) aufweist. Diese Diversität spiegelt sich nicht nur in phylogentischen Über-Gruppen wie z. B. den Alveolata (Cavalier-Smith, 1991) wieder, sondern auch in deren Untergruppe den Apikomplexa. Im Gegensatz zu *Toxoplasma gondii* mit einem aufwändig strukturierten Golgi, ist dieser beim Malariaparasiten eher kompakt gehalten (Bannister *et al.,* 2003). Obwohl die ultrastrukturelle Ausprägung dieses Organells mit der ökologischen Nische des entsprechenden Organismus zu korrelieren scheint, können die hochkonservierten molekularen Bausteine des Golgis wie spezifische Homologe von GRASP65, COPIα und Rab-Proteine (Rab1, Rab6) in nahezu allen Eukaryoten nachgewiesen werden (Klute *et al.,* 2011). Aufgrund dieser Konservierung sollten Homologe der Golgiproteine, die für *M. musculus* und *S. cerivisiae* aus der Gruppe der Opisthokonta sowie Golgiproteine von *T. brucei* aus der Gruppe der Excavata im Apikomplexa *P. falciparum* identifiziert und lokalisiert werden.

6.3 Ausblick zur Untersuchung des Golgi in *P. falciparum*

Das Fusionieren von Proteinen mit GFP wurde bereits für die experimentelle Darstellung der Lokalisation einer Vielzahl von strukturell sehr unterschiedlichen Proteinen (inklusive komplexen Transmembranproteinen) in verschiedenen Organismen und Zelltypen eingesetzt (O´Rouke *et al.*, 2005; Yuste, 2005). Eine der ersten Arbeiten, bei der die Gesamtheit aller Proteine mit GFP lokalisiert wurde, erfolgte in der Hefe (Huh *et al.*, 2003). In *Plasmodium* wurden bereits in einer Studie 42 sekretorische Proteine im Parasiten lokalisiert (Hu & Cabrera *et al.*, 2010), jedoch führte dieser Ansatz in dieser Arbeit zu keiner eindeutigen Lokalisation der ausgesuchten Proteine. Um diese zu überprüfen, werden zur Zeit zwei Versuchsansätze verfolgt: 1) Die episomale Expression von PFE1205c, PF11_0141 und PF13_0331 als HA-Fusionsproteine. Diese drei Transmembran-Proteine könnten aufgrund von Sequenzhomologien mit bekannten Golgiproteinen ebenfalls in diesem Kompartiment lokalisieren (Iwamuro *et al.*, 1999; Ashikov *et al.*, 2005; Tachihara *et al.*, 2005). Das 8 AS lange HA-Epitop könnte den möglichen Einfluss des 237 AS großen und komplex gefalteten GFP für die ER-Retention der GFP-Fusionsproteine entsprechend überprüfen. Sollte der Austausch des tags zu einer Redistribution des Fusionsproteins führen, sollten alle hier bearbeiteten Proteine ebenfalls als HA-Fusionproteine im Parasiten exprimiert und dann mittels HA-spezifischen Antikörpern lokalisiert werden. 2) Zur Umgehung einer Überexpression und damit einer möglichen Misslokalisation sollen für die Gene *pfe1205c, pf11_0141* und *pf13_0331* stabil exprimierende GFP-Zelllinien hergestellt werden. Dieses kann mit Hilfe eines geeigneten Vektors und der Integration von GFP am 3´-Ende des endogenen Lokus bewerkstelligt werden. Dieser auf homologer Rekombination basierende Versuchsansatz ist aber, genau wie die Herstellung von spezifischen Antikörpern, zeitaufwendig.

6.4 Post-Golgi-Transport & die Prodomäne von AMA1

AMA1 wird über einen noch unbekannten Mechanismus zielgerichtet in die Mikronemen transportiert. Mircoarray-Daten und bioinformatische Analysen lassen vermuten, dass bis zu 100 Proteine über den sekretorischen Proteintransportweg in diese Organellen gelangen (Haase *et al.*, 2008; Hu & Cabrera *et al.*, 2010). Der differentielle Transport dieser Proteine (zu Mikronemen *vs.* Rhoptrien *vs.* Granula), die nahezu alle zur gleichen Zeit exprimiert werden, muss demnach einer strengen Regulation unterliegen. Wie in der Einleitung beschrieben, scheinen die zytosolischen Domänen von allen bisher untersuchten Typ I–Transmembranproteinen in *P. falciparum* keinen Einfluss auf die Lokalisation der Proteine zu haben. In Anlehnung an p24-Cargo-Rezeptor-vermittelten Export aus dem ER (Nickel *et al.*, 1997; Blum *et al.*, 1999; Gommel *et al.*, 1999; Füllekrug *et al.*, 1999) wurden spezifische Eskorter im *trans*-Golgi-Kompartiment postuliert (Gilberger *et al.*, 2003; Richard *et al.*, 2010). Diese putativen Proteine konnten aber bislang noch nicht identifiziert werden.

Durch die vorliegende Arbeit konnte entsprechend eine Beteiligung der Prodomäne an diesem Vorgang ausgeschlossen werden. Es kann jedoch durch den experimentellen Ansatz, der Überexpression von AMA1-GFP, eine mögliche Beteiligung des endogenen AMA1 am Transport nicht ausgeschlossen werden. Allerdings gibt es weder experimentelle Hinweise, dass AMA1 dimerisiert (Treeck *et al.*, 2009), noch spricht die Deletion dieses Bereiches in anderen Plasmodien-Spezies (s. Abb. 5-10) für eine Funktion dieses Bereiches im Proteintransport. Insbesondere das letzte Argument erscheint schwerwiegend, da die gesamte intrazelluläre Transportmaschinerie innerhalb von *Plasmodium* hoch konserviert ist. Würde die Prodomäne essentiell für den Transport von AMA1 sein, müsste sie in allen Orthologen innerhalb der Plasmodien erhalten geblieben sein, was aber nicht gegeben ist.

Um mögliche Interaktionpartner von AMA1 zu finden, die für den zielgerichteten Transport verantwortlich sind, wurde erstmalig die Gesamtheit aller AMA1-bindenden Parasitenproteine mit Hilfe einer Immunpräzipitation und anschließender Massenspektroskopie analysiert. In den >20 identifizierten AMA1-interagierenden Proteinen könnte auch der postulierte Eskorter oder Eskorter-Komplex enthalten sein. Neben verschiedenen Chaperonen, die bekanntermaßen an Protein-Protein-Interaktionen beteiligt sind (Banerjee *et al.*, 2006), wurden ebenfalls Proteine mit noch unbekannter Funktion identifiziert (Tab. 5-4). Für einen Eskorter müsste jedoch mindestens eine Transmembrandomäne angenommen werden, da er in Analogie mit dem p24-Konzept (Nickel *et al.*, 1997; Blum *et al.*, 1999; Gommel *et al.*, 1999; Füllekrug *et al.*, 1999) über seinen luminalen Bereich mit AMA1 interagieren müsste, und über seinen zytosolischen Bereich mit der Vesikeltransport-Maschinerie des

Parasiten. Des Weiteren sollten die putativen Eskorterproteine mit AMA1 zumindest teilweise ko-lokalisieren.
In der Tat sind luminale Bereiche sowohl für EBA-175 (Treeck *et al.*, 2006) als auch für das Rhoptrienprotein RAP1 identifiziert worden (Richard *et al.*, 2010), die für eine korrekte Lokalisation der Proteine essentiell sind. Eine solche Form von Proteinsortierung ist auch z. B. für SUB1, einer GPI-verankerten Serin-Protease in *T. gondii*, beschrieben (Binder *et al.*, 2008). Dabei zeigte sich, dass eine Deletionsmutante von SUB1 ohne die Prodomäne in der Nähe des Nukleus lokalisierte, wohingegen Reporterproteine die C-terminal an die *Tg*SUB1-Prodomäne fusioniert waren, entsprechend in die Mikronemen transportiert wurden. Entscheidend für die korrekte Translokation von *Tg*SUB1 zu den Mikronemen ist zudem die vollständige Prozessierung dieser Domäne (Binder *et al.*, 2008). Ein weiteres Beispiel für die Bedeutung von luminalen Proteinbereichen ist *Tg*RON8, ein „Moving-Junction"-Protein. Es konnte gezeigt werden, dass die Translokation dieses Proteins zu den Rhoptrien auf dem Zusammenspiel von dessen Propeptid und C-terminalen Sequenzmotiven beruht. Ein Reporterkonstrukt, das nur das Propeptid von *Tg*RON8 exprimierte, lokalisierte in punktartigen Strukturen am apikalen Pol der Parasiten (Straub *et al.*, 2011). Möglicherweise vermitteln die luminalen Bereiche dieser beiden Proteine entsprechende Interaktionen mit Eskorterproteinen. Um eine Bestätigung putativer Interaktionen von AMA1 mit Eskorterproteinen zu erhalten, könnten weiterhin „DD (Destabilisierungsdomäne)-Knock down"-Konstrukte generiert werden (Striepen, 2007). Durch die Gabe eines Liganden in das Kulturmedium transgener Parasiten wird die Destabilisierungsdomäne von DD-Fusionsproteinen dahingehend stabilisiert, dass das Fusionsprotein bzw. der entsprechende Komplex mit einem Eskorter nicht abgebaut würde. Durch die Entfernung des Liganden käme es zu einer Degradation des DD-Fusionsproteins/Komplexes, was mittels Western-Blot und spezifischen Antikörpern nachgewiesen werden könnte.

Neben der Eskorterhypothese könnten auch andere Mechanismen den differentiellen Proteintransport zu unterschiedlichen Kompartimenten erklären. Denkbar wäre eine zeitliche oder aber auch örtliche Separierung von Rhoptrien- und Mikronemen-Protein-Transporteinheiten. Tatsächlich scheinen die Anfänge der Rhoptrienbildung denen der Mikronemenbildung zeitlich vorgeschaltet zu sein. In einem einfachen Modell, würden zunächst *trans*-Golgi-Vesikel die Rhoptrien aufbauen und damit die

Rhoptrienausstattung an Proteinen definieren und erst nach Abschluss dieses Prozesses würde es zu der Mikronemenbildung kommen. Als Konsequenz müsste dieses aber eine starke zeitliche Abgrenzung der Expression dieser Proteinpopulationen bedeuten, oder ihre synchronisierte und reversible Retention im ER. Für beides gibt es keine experimentellen Beweise, und die zurzeit verfügbaren Expressionsprofile lassen einen solchen Trend nicht erkennen (Llinas *et al.,* 2006; Foth *et al.,* 2008; Zhou *et al.,* 2008). Ein zweites attraktives Denkmodell ist eine räumliche Trennung dieser beiden Proteinpopulation in spezialisierten Bereichen der *trans*-Seite der Golgizisterne. Dieses würde jedoch voraussetzen, dass die Proteinpopulationen sich durch einen (oder mehrere) Parameter unterscheiden müssten und diese Parameter entscheidend für ihre Konzentration in den jeweils spezialisierten Bereichen des Golgis sind. Interessanterweise liegt der durchschnittliche isoelektrische Punkt (pI) aller bekannten Rhoptrienproteine (n=23) bei 7,01 und aller bekannten Mikronemenproteine (n=10) bei 5,96. Eine experimentelle Überprüfung dieser Korrelation könnte durch ein Testset von synthetischen Proteinen erfolgen, die sich nur durch ihren pI unterscheiden.

6.5 Spezies-spezifische Konservierung der Prodomäne von AMA1

Nur die engverwandten Arten *P. falciparum* und *P. reichenowi* exprimieren AMA1 mit einem Propeptid (s. Abb. 5-8). Dennoch weichen sie trotz ihrer nahen Verwandtschaft (Ollomo *et al.*, 2009) in einigen Charakteristika deutlich voneinander ab: zunächst ist *P. falciparum* humanpathogen und *P. reichenowi* infiziert Schimpansen (Sluiter *et al.*, 1922). Auch konnte hinsichtlich eines ihrer Vektoren gezeigt werden, dass *P. reichenowi* nicht *Anopheles gambiae* infizieren kann (Collins *et al.*, 1986), wobei diese Mückenspezies einen der wichtigsten Hauptwirte von *P. falciparum* darstellt (Service, 1993). Des weiteren entstehen während intraerythrozytären Entwicklung von *P. reichenowi*, anders als bei *P. falciparum* (mit bis zu 32 Merozoiten), ca. 10-12 Merozoiten je Schizont (Sluiter *et al.,* 1922) und das molekulare Repertoire an Rezeptor-Liganden-Interaktionen während der Invasion von Erythrozyten ist deutlich verschieden (Martin *et al.,* 2005). Umso erstaunlicher ist deshalb die Konservierung der Prodomäne von AMA1. Möglicherweise besitzt sie 1) immunmodulatorische Effekte. Oder sie spielt sie eine Rolle während der 2)

Leberphase oder bei der 3) Invasion von Erythrozyten *in vivo*. Eventuell zeichnet sie sich auch nur durch 4) funktionelle Redundanz bzw. eine wirtspezifische Adaptation aus.

1) Immunmodulatorische Funktion?

Eine mögliche Funktion der Prodomäne von AMA1 wäre ein von ihm induzierter immunologischer „Smoke screen". Ein solcher „Smoke screen" wurde u. a. schon für Herpesviren vermutet: Virus-spezifische $CD8^+$-Effektormoleküle kontrollieren dabei die lytische Entwicklungsphase der Viren, können aber die replikative Entwicklung, in der andere Virusepitope präsent sind, nicht mehr beeinflussen (Doherty *et al.*, 2001). Die variablen Oberflächenproteine, die *P. falciparum* auf der Oberfläche infizierter Erythrozyten etabliert (s. Einleitung, u. a. 2.1.2), bewirken ein ähnliches Resultat wie bei einem „Smoke screen". Der Parasit ist in der Lage, sein Protein-Repertoire auf der Erythrozytenoberfläche nach einer bestimmten Anzahl an Generationen zu variieren (zusammenfassend betrachtet von Scherf *et al.*, 2008), so dass protektive Antikörper in einer neuen Parasitengeneration entsprechende Antigene nicht mehr erkennen können. Interessanterweise ist AMA1 eines der ersten Proteine, die aus den sekretorischen Organellen auf die Oberfläche des Merozoiten transloziert werden. Damit könnte auch die prozessierte Prodomäne im Falle einer Sekretion zuerst mit dem Immunsystem in Kontakt treten. Für diese Hypothese scheint es notwendig zu sein, zunächst den Verbleib der Prodomäme nach ihrer Prozessierung zu verfolgen. Entsprechend wäre ein immunmodulativer Effekt der Prodomäne nur dann plausibel, wenn dieses Fragment auch in das Serum gelangt und folglich vom Immunsystem erkannt werden kann. Da keine spezifischen Antikörper gegen die AMA1-Prodomäne zur Verfügung stehen, wird diese Sequenz momentan zur weiteren Untersuchung mit einem internen HA-Epitop fusioniert und im Parasiten exprimiert. Dieses soll die Lokalisation der Domäne im Parasiten, in der Wirtzelle oder im Kulturüberstand ermöglichen. Weiterhin könnte rekombinant exprimiertes Protein, unter der Voraussetzung einer korrekten Faltung, mit hyperimmunem Serum getestet werden. Offensichtlich ist außerdem, dass die Prodomäne weder eine verminderte bzw. erhöhte Anhäufung von SNPs („single nucleotide polymorphisms") oder Aminosäureaustauschen zeigt, die eine „Smoke Screen"-Funktion bekräftigen würden. Ein Alignment von 57 AMA1-Sequenzen von Feldisolaten aus Gambia, Kenia, Indien, Thailand, Malaysia, Papua Neuguinea und Venezuela (www.ncbi.nlm.nih.gov/; s. Anhang 7.4) zeigte, dass sich die Anzahl an Polymorphismen in der Prodomäne von AMA1 nicht vom C-terminalen Rest des Proteins unterscheidet. Andere Oberflächenproteine, wie z.B. EBA-175 („erythrocyte binding protein-175“; Soulama *et al.*, 2011), CSP („circum sporozoite protein“; de la Cruz & McCutchan, 1986) und MSPs („merozoite surface proteins“; Snounou *et al.*, 1999; Joshi *et al.*, 2007) sind aufgrund ihrer Oberflächenlokalisation dem Immunsystem des Wirts ausgesetzt und entsprechend unter Selektionsdruck, der in hochpolymorphen Sequenzbereichen dieser Proteine resultiert. Basierend auf der dreidimensionalen Struktur sind auch für AMA1 besonders polymorphe Bereiche nachgewiesen worden (Bai *et al.*, 2005). Hierbei handelt es sich, wie zu erwarten, um gut exponierte Oberflächenbereiche, die entsprechend zugänglich für protektive Antiköper sind.

2) Funktionelle Rolle in der Leberphase?

AMA1 wird wie von Merozoiten auch von Sporozoiten in der exoerythrozytären Entwicklung exprimiert (Silvie *et al.*, 2004). Neben der relativ detaillierten Untersuchung von AMA1 während der Blutphase, stehen entsprechende Untersuchungen für die Leberphase derzeitig noch aus. Folglich kann eine putative Funktion der Prodomäne nicht ausgeschlossen, allerdings auch nicht postuliert werden.

3) Funktionelle Rolle der Prodomäne bei der Invasion von Erythrozyten *in vivo*?

In dieser Arbeit wurde die Invasion von Erythrozyten *in vitro* unter statischen Bedingungen mit zudem Zellkultur-adaptierten Parasiten in aufgereinigten 0^+-Erthrozyten gemessen. Diese Bedingungen sind aus physiologischer Sicht ausgesprochen artifiziell, so dass ein Einfluss der Prodomäne von AMA1 für die Invasion von *P. falciparum* und *P. reichenowi* unter *in vivo*-Bedingungen nicht ausgeschlossen werden kann. Tatsächlich unterscheiden sich nicht nur die einzelnen Plasmodienarten, sondern auch verschiedene Isolate einer Art (Hodder *et al.*, 2001) zum Teil dramatisch in ihrem Rezeptor-Liganden-Repertoire, welches für die Invasion von Erythrozyten verwendet wird. Besonders deutlich ist der Unterschied zwischen *P. vivax* und *P. falciparum*: im Gegensatz zu *P. falciparum* ist *P. vivax* in hohem Maße auf die Existenz des Duffy-Rezeptors auf der Oberfläche von Erythrozyten angewiesen und hat sich auf Retikulozyten spezialisiert

(zusammengefasst von Chitnis & Sharma, 2008). *P. falciparum* dagegen ist wenig anspruchsvoll, ausgesprochen anpassungsfähig (z. B. Stubbs *et al.*, 2005) und kann mit wenigen Ausnahmen (z. B. Gerbich-Blutgruppensystem; Maier *et al.*, 2003) nahezu alle Erythrozytenstadien der verschiedenen Blutgruppen invadieren. Obwohl über die Invasionskapazität von *P. reichenowi*-Merozoiten wenig bekannt ist, müsste man ihnen ein ähnlich generelles Invasionsverhalten unterstellen, wobei die Prodomäne von AMA1 entweder direkt oder indirekt dran beteiligt sein könnte.
Somit könnte argumentiert werden, dass die Prodomäne von AMA1 bei *P. falciparum* (und *P. reichenowi*) eine Rolle bei der Rezeptor-vermittelten Invasion spielt und aus evolutiver Sicht besagte Erythrozyten-Generalität bedingt. Dennoch widerspricht ein wesentlicher Fakt einer Funktion dieses Proteinbereiches bei dem eigentlichen Invasionsvorganges: es findet eine Prozessierung der Prodomäne, noch vor der Translokation auf die Parasitenoberfläche statt (Narum & Thomas, 1994; Howell *et al.*, 2001). Diese bewirkt möglicherweise eine Konformationsänderung von AMA1 und damit die Interaktion mit weiteren Invasions-relevanten Proteinen.
Allerdings zeigte die in dieser Arbeit generierte Prozessierungs-Mutante, dass eine unprozessierte Prodomäne den Invasionsvorgang auch nicht behindert, denn hierbei konnten ähnliche Re-Invasionsraten wie bei dem Wildtyp erzielt werden (Abb. 5-12).
Warum exprimiert *P. falciparum* nun eine zusätzliche N-terminale Sequenz in AMA1, die den Ergebnissen dieser Arbeit zufolge, funktionslos zu sein scheint, aber dennoch vor der Translokation von AMA1 auf die Parasitenoberfläche prozessiert wird? Interessant wäre in diesem Zusammenhang, ob andere Altweltaffenarten, die eine enge Verwandtschaft zu *P. falciparum* und *P. reichenowi* aufweisen, wie beispielsweise *P. gaboni* (Prugnolle *et al.*, 2010), *P. billcollinsi*, *P. blacklocki* und *P. alderi* (Rayner *et al.*, 2011), ebenfalls eine Prodomäne aufweisen.

4) Funktionelle Redundanz oder wirtspezifische Adaptation?
Auffallend ist die deutliche Anhäufung an Polymorphismen innerhalb der Prodomäne im Sequenzvergleich von *P. falciparum* und *P. reichenowi*. Diese Anzahl dieser Polymorphismen innerhalb dieses Bereiches könnte durch zwei Prozesse erklärt werden: Funktionelle Redundanz oder wirtspezifische Adaptation. Im ersten Fall, bei dem angenommen wird, dass dieser Proteinbereich keine (spezifische) Funktion aufweist, würde kein Selektionsdruck auf den Erhalt der Primärsequenz ausgeübt werden, so dass dieser Bereich ohne selektiven Nachteil degenerieren könnte.

Aus evolutionsbiologischer Sicht scheint es unwahrscheinlich, dass die Prodomäne ein evolutives Rudiment ist. Beide Arten können phylogenetisch als eher „jünger" betrachtet werden (Prugnolle *et al.*, 2011). Zumindest ihr gemeinsamer Vorläufer, mit hoher Wahrscheinlichkeit ein Erreger der Alt-Welt-Affen (Liu *et al.*, 2010) sollte entsprechend auch über diesen Sequenzbereich verfügen, was allerdings noch nicht untersucht wurde. Die Prodomäne von AMA1 könnte damit eine spezifische Sequenzinnovation von *P. falciparum* und *P. reichenowi* (und möglicherweise auch der Plasmodien der Alt-Welt-Affen) darstellen. Allerdings ergibt sich damit die Frage nach dem Ursprung dieser exklusiven Sequenz. Sequenzinnovationen sind in Apikomplexa wie *Plasmodium, Toxoplasma, Cryptosporidium* und *Theileria* häufig und gut dokumentiert (Wasmuth *et al.*, 2009). Derartige Motive resultieren aus lateralerem Gentransfer, Speziationen oder Genduplikationen. In *Plasmodium* können Genduplikationen, assoziiert mit dem jeweiligen Entwicklungsstudium des Parasiten, Möglichkeiten der Transkriptionsregulation bedingen (Wasmuth *et al.*, 2009). Für die Prodomäne von AMA1 lassen sich allerdings zur Zeit keinerlei Sequenzhomologien in anderen Organismen ermitteln.

Die in dieser Arbeit durchgeführten Analysen und Untersuchungen zum zielgerichteten Proteintransport in *P. falciparum* ermöglichen einen Einblick in die noch weitgehend unverstandene Komplexität der Transportmaschinerie des Malariaparasiten. Zudem tragen die hier gewonnenen Resultate entsprechend dazu bei, dieses hoch spezialisierte System zukünftig besser zu verstehen, implementieren dabei aber gleichfalls die Notwendigkeit zu weiterführenden Arbeiten.

7 Anhang

7.1 Oligonukleotidsequenzen

Tabelle 7-1: Verzeichnis aller verwendeten Oligonukleotide
Die eingefügten Restriktionsstellen sind unterstrichen.

Oligonukleotide	Sequenz
PFD0930w_S_KnpI	GCGCGGTACCATGTTTGATCAAAATAAGACAGC
PFD0930w_AS_ArvII	GCGCCCTAGGTATTGGTAATTTTTTATAGTTAG
PFD0945c_S_KpnI	GCGCGGTACCATGGTTAATCAAGATGATAAATTTAAG
PFD0945c_AS_ArvII	GCGCCCTAGGTAAATTATTAAATATGTAATATTTTAG
PFE0260w_S_KpnI	GCGCGGTACCATGAAAGATACTAATTCATCAAG
PFE0260w_AS_ArvII	GCGCCCTAGGATTTGGTTTTATAAAATAAAAATATAAG
PFE1205c_S_KpnI	GCGCGGTACCATGAAATTTTGTCATTTTG
PFE1205c_AS_AvrII	GCGCCCTAGGAACCTCTACTTTCATCGTG
PFE1415w_S_KpnI	GCGCGGTACCATGACAAAGAATAAGAATGTTGAAG
PFE1415w_AS_AvrII	GCGCCCTAGGTATATTTGTTTTTATTGGAATAATTTC
PFF0415c_S_KpnI	GCGCGGTACCATGAATTTTTCAAAGATCTTATTTTTAAAAAAG
PFF0415c_AS_AvrII	GCGCCCTAGGACTTACCTCTTTATAATATTTATTC
PFF0485c_S_KpnI	GCGCGGTACCATGAGACCTAAATATGTTCAAGCTTC
PFF0485c_AS_AvrII	GCGCCCTAGGAACAGGATTTTCATGTGCTACACTG
PFF1215w_S_KpnI	GCGCGGTACCATGGATTTTAAAAAATTCTCTAAAATTTATG
PFF1215w_AS_ArvII	GCGCCCTAGGTTTGTGTAAACCCTTTTTGATCG
PF11_0141_S_KpnI	GCGCGGTACCATGGTAAAAATACAGAAGAGCTCAG
PF11_0141_AS_AvrII	GCGCCCTAGGTTTATTTTTACTTTGAACTTTTTTG
PF11_0427_S_KpnI	GCGCGGTACCATGGTTATTCGATTTTTCCTGTTTG
PF11_0427_AS_AvrII	GCGCCCTAGGTATTGACCAGAATAACTTGAAAAG
PF13_0124_S_KpnI	GCGCGGTACCATGGGTGAAAATAAGTTTGACGG
PF13_0124_AS_AvrII	GCGCCCTAGGAAAGGGTAAATCTGAAGTATTGC
PF13_0331_S_KpnI	GCGCGGTACCATGGAGGATAAAATACGAAAG

PF13_0331_AS_AvrII	GCGCCCTAGGTTTCCATACGTCAGCTTGTTC
PF13_0124_S_BamHI	GCGCGGATCCATGGGTGAAAATAAGTTTGACGG
PF13_0124_AS_BamHI	GCGCGGATCCAAAGGGTAAATCTGAAGTATTGC

Sequenzier-Oligonukleotide	**Sequenz**
Crtprom_Se	CCGTTAATAATAAATACACGCAGTC
AMA1prom_Se	CCTAATAATTTATTTGATAATTTTTCAAATTAATGTACTTG
GFP272_As	CCTTCGGGCATGGCACTC
pHH735_As	CATGCATGTGCATGCAC

7.2 Kodierende Gen - & Proteinsequenzen

Die Gen- sowie Aminosäuresequenzen der folgenden Proteine wurden der Plasmodiendatenbank „PlasmoDB“ (http://plasmodb.org/plasmo/ - Stand: 14.06.2011) entnommen. Bei den Gensequenzen sind die kodogenen Sequenzen gezeigt.

PFD0930w

ATGTTTGATCAAAATAAGACAGCTGGTTTGTTACTTTTATTTTTAGGAGTAGTTTTTGGA
TGCATTGGAGTATTTTTATTTTTCGATAAGTTTTTTTGTTTATGTCTAATTTATTATTT
TTAATTGGTTTATATTTTTTAGTTGGATTAACAAAAATATTCAGATTTTTTATGAATAAA
AAAAAAACAGCAGGAAGTGTTTGTTTTATAATAGGCTTTCTCTTAATATTATTTAATAGA
ACATTTTTTGGCTTCTTATTTCAATCATATGGATTGTATAGATTATTCTTTTCATTCTTA
CCAAATATATTAAATTTTATTAAATATTCTCCTTTTAGTTTTATATTAGATTTGCCGGGA
ATTAAGCAGGTCGCCGAATATATATCTAACTATAAAAAATTACCAATATGA
411 bp

MFDQNKTAGLLLLFLGVVFGCIGVFLFFDKFFLFMSNLLFLIGLYFLVGLTKIFRFFMNK
KKTAGSVCFIIGFLLILFNRTFFGFLFQSYGLYRLFFSFLPNILNFIKYSPFSFILDLPG
IKQVAEYISNYKKLPI
136 aa

PFD0945c

ATGGTTAATCAAGATGATAAATTTAAGAAACCTAAAAATGAAATTTGGGAAAATGATGAG
ATATATAAAAAAAAAAACAAATGTGTTAATTCAACCAATGATAATTCTTTTATGAATATG
AATGGAAAGAATAATTTTCCTTTAGAAGATGAATATAAGGATATATTTCAGATTAATAAT
TTTTCTAAGAATACTGATCATAATAAAAATAATGTGCATCTTATAAATAATCATAATATG
AAACATAATAATAATTTTATAACAAATGAGGAATCAGAAAAAAACTCTCTCTTGTCAAAT
AAAGATTTAATTATTTTTAATTTACAAGATATTAAAAATGATGGTAATATGAAAAGGTTT
GATCATACTAATAATACATTTCAAACAAAATCTAATACTACTACAAATAATAATAATCAC
AGAAATAGTTTAGATGTTATTTTGTCTAATTCTAATATGAATCCAATCGAAACGAACCAA
TTAAATAATGTATTAAAAAATGATAATACATTAAATATGTATGAAAATAATTCATATTAT
GAAAAAAATATACAAGGAAAAATGAATATTATAAATTTAAGTGATAATGATATAAATCAG
GATGATGATAAAAGAAATTCTTTTGATATCTTCCCCTTCTTTAAAAAATTTAAAGGTATA
AGAACAAAATTATTAAGTTATTATGATATAGATACAGACGTTGTCATATATAGATGTATG

TGTGCCTTATTTCCATATTTAAATGTTGACAAAAATTATGATGTTATAAATAATATATAT
GATATTGAAAAAAATTGTGTAGATACAAATGAAAATGGTTTCGATAATAATACAAGTACA
AAAGAATATACATCACAAGAAAAGAACATGAATACAAACAACAGCAAAACCAATGTTAGA
AATAATGATAAAATGAATAAAGAGAAAACTAACCTTTTTGATGACGAAACATATGATGAA
GAAAATGTAAGAAAATCAAGCAATGTAAATGATGCTTTAGATTATTATGATAATAAACTA
GGGTTAGAAAAAAATCCAGATATTTATTCCTTCGTATGGTTAAATTTATTTATATCCTTT
CTAGTGTTTTTCTTTTTAATATAAAAAATGTATTTTTCAATGATATTAATAATAATATA
TCAACAAATCACATATCAAATAATAAGAACAATCATATTTTAGATAATCAAAGCAAATTA
AATATTTTATATAATACTATATTTTTCATATACTCATTTAATATATTTATTCCCATTATA
ATATATCTAACAATTTATTTCAAAACCAAAAAAATACCACCTTTCAAATTAATATATCTT
ATATCTTTATTAAGTTATAATAATATTATGTTATTACCAATCATCTTTATTTATAAAATT
ATTATTATAAATACCTCCATAAATTTAGTACTCTATCTTTATGCAATTCTACGTTTCCTT
ATCTTCATTTTTTATATTAATACATCTATTTTTTATATTTATAAATATACAAACAATATA
TTTTTTAATCATTTTACTACAGATTTGATATATGTACTTTATGCAATCTTTTTCCTTTCA
TATGTATCTTTTTATATTCTTCTAAAATATTACATATTTAATAATTTATAA

1611 bp

MVNQDDKFKKPKNEIWENDEIYKKKNKCVNSTNDNSFMNMNGKNNFPLEDEYKDIFQINN
FSKNTDHNKNNVHLINNHNMKHNNNFITNEESEKNSLLSNKDLIIFNLQDIKNDGNMKRF
DHTNNTFQTKSNTTTNNNNHRNSLDVILSNSNMNPIETNQLNNVLKNDNTLNMYENNSYY
EKNIQGKMNIINLSDNDINQDDDKRNSFDIFPFFKKFKGIRTKLLSYYDIDTDVVIYRCM
CALFPYLNVDKNYDVINNIYDIEKNCVDTNENGFDNNTSTKEYTSQEKNMNTNNSKTNVR
NNDKMNKEKTNLFDDETYDEENVRKSSNVNDALDYYDNKLGLEKNPDIYSFVWLNLFISF
LVFFLFNIKNVFFNDINNNISTNHISNNKNNHILDNQSKLNILYNTIFFIYSFNIFIPII
IYLTIYFKTKKIPPFKLIYLISLLSYNNIMLLPIIFIYKIIIINTSINLVLYLYAILRFL
IFIFYINTSIFYIYKYTNNIFFNHFTTDLIYVLYAIFFLSYVSFYILLKYYIFNNL

536 aa

PFE0260w

ATGAAAGATACTAATTCATCAAGTGTTATAAACCGAAGTAAATGTAAAATTAAGGATAGT
GACCTAGATACTAATCAAACGAATCCAAATGGTTGTAAACTTCATAATAATAATCATAAA
GACGAAAAGAATAATTATGATATTAAAGAGAAAAACGAAGAATTGAAAAAAATTTATATG
AACAATGGGTTTATTAAGATAATGTTATTTATTATATTAACATTTCATTCGATATTATTT
TTTTTCGTAATAAGAATAAAAAAAAGTTGGAATATAAATTATAAATTTAAAAATGAAAAT
ATAATATTTACTACAGAGATTGTAAAGTTTATCATATCTTTTTTTTTCTATTTTAAAGAA
CATAAATTTAGTACTATATTAGTTTATAAAAGTATACAGGATATAATAACCAAAAGAAGA
TTATATATTGTATGTTTAATAATACCAAGTCTTTTATATTATTTTCAAAATATATTTTTT
TATATATCATTAGCAAATATACCTACTCCTTTATTTCAGCTATTATATCAATTTCGAATA
TTGACAGTTGTTTTATTTAGTTTTATTATATTAAAAAAAAAAAATAAGTTATTCTCAAAAG
ATATCTATACTGTTTTTATTTTTATCTTTAGCATGTTTAAAAGATTATAATATAAATAAT
AATGACCATAAAATATCATATGATAAAGAATCTAAAATATATCCATCATATCATGATATT
ATTGCTAATAATTATTTTCTATTGAAAGATTTTTTATTTCCTCATATGAAAAAAAATATA
TGCTCTAAAAGAAATATACATTTTCATAATTTCAATAATAAAATTGTTCATATTAACAAT
TTCCTGATACCTTACCTGTTTCATCATATTACAAAAAAAAAAAAAAACATTTTTCAAAAT
ATAATAAATAATAAGTGTATGCAAAATAAGAACTATAAATTATATGATGATAGAATGAAT
ATATATAAGAATAGAGATAAAGGAAATATATTACCACAGTATGAAAAATCAAAATATAAC
AAGACTACAACTATTCCTAATAATAATAATAATAATAATAATAATAACAGTAATAAT
AATAAGAAGAATAAGAAGAATTATTATAATATATATAGTAATATTTATTATAATTTTTAT
GAACACAGGAAACAAAAAAATTTATAAATATCTTATGAACTACAAAAAATTATCATTCAAC
AATATAAGACATAATATTAAGAAATATCCAAATTTCTTTATAGGTATAGTCACGACCTTC
TTATCAACTCTTACAAGTGGATTTTCTAGCGTCTTTTTAGAGTTTCTGTACAAAAATTAT
GCATATTCTTTTTGGTTTCAAAATATGTGCTTAGCATTTTATACAATCATATTTAGTTAT
TTTACCAAAAATTTTGATCTTTATAAATTTTTTAAAAATTTAAAAAAAAAAAAAGAAAAA
AATATATTTATATATAATAATGAACAGAATGATAATACAATAAAAAAAATTAATAATAAT
AGTACAAACATTTATCATAATAATATAAAACATCTAGATAGTTATTTATTATTTTATTTA
ATAAAAAATTATTTTTTTCAACATTTTAATTCATTTGGAGAATTTTTATATTTATCCTTA
TTAATCATTCTAAATAGTATTGGAGGTATTTTAATTTCCATTTTTATAAAATATTCTGGT
AGTGTCTCCAGATTTTTTGTTACACCTATTAGTATGCTATTTAATATTTATATTTCATCT
ATTTATTTTAAAGATTTTCATTGTACCCTTAATTTTTTTATATCTTTAATATTTGTATCT
TTTTCCTTATATTTTTATTTTATAAAACCAAATTAA

1836 bp

MKDTNSSSVINRSKCKIKDSDLDTNQTNPNGCKLHNNNHKDEKNNYDIKEKNEELKKIYM
NNGFIKIMLFIILTFHSILFFFVIRIKKSWNINYKFKNENIIFTTEIVKFIISFFFYFKE
HKFSTILVYKSIQDIITKRRLYIVCLIIPSLLYYFQNIFFYISLANIPTPLFQLLYQFRI
LTVVLFSFIILKKKISYSQKISILFLFLSLACLKDYNINNNDHKISYDKESKIYPSYHDI
IANNYFLLKDFLFPHMKKNICSKRNIHFHNFNNKIVHINNFLIPYLFHHITKKKKNIFQN
IINNKCMQNKNYKLYDDRMNIYKNRDKGNILPQYEKSKYNKTTTIPNNNNNNNNNNSNN
NKKNKKNYYNIYSNIYYNFYEHRKQKIYKYLMNYKKLSFNNIRHNIKKYPNFFIGIVTTF
LSTLTSGFSSVFLEFLYKNYAYSFWFQNMCLAFYTIIFSYFTKNFDLYKFFKNLKKKKEK
NIFIYNNEQNDNTIKKINNNSTNIYHNNIKHLDSYLLFYLIKNYFFQHFNSFGEFLYLSL
LIILNSIGGILISIFIKYSGSVSRFFVTPISMLFNIYISSIYFKDFHCTLNFFISLIFVS
FSLYFYFIKPN

611 aa

PFE1205c

ATGAAATTTTGTCATTTTGTAAATAAATTTGTCGCCTCGGTAGGAGGGGTCATATTAGTT
TTATACGAATTTTCTCAGTTTTATGAAAATTATATACCTAAATATAATGATCACGTGTAT
ATTATGGATAATTCTTATATACCATTTTCCACGTTTTTCATATTAAGTTTATCCTATATG
TTTCTGAATATATTTAGCCCTTCAAAAAATAGTATATCAAATAGTTTCAAAGGATTGTTA
GGTTGTTTCCTGATAACATGCTCGATGTTTTATTTCATGAACCAGGTCATTATTTGTTCA
GAATATGCCAAGGAGGAGTCAACAAAGTTACGTTTTTCCGTATACTTTTGTGTGTTCCTG
TTTCTTTATATGTTTTCTTTATGTATTGAATCATATAAAAATTTCTCTTTTACCACTTCA
AAATATGAAAGAAAAGAGCCTGGCACGATGAAAGTAGAGGTTTAA

465 bp

MKFCHFVNKFVASVGGVILVLYEFSQFYENYIPKYNDHVYIMDNSYIPFSTFFILSLSYM
FLNIFSPSKNSISNSFKGLLGCFLITCSMFYFMNQVIICSEYAKEESTKLRFSVYFCVFL
FLYMFSLCIESYKNFSFTTSKYERKEPGTMKVEV

154 aa

PFE1415w

ATGACAAAGAATAAGAATGTTGAAGAAAAAAAAAAAAAATATGACCGATGAAGAGAGTAAT
GTTATTAGCATGTCTGAAGGAAAAGATTCCAACGACGATAAAAAGAAAAAAAAGAAGAAA
AATAAGCAGAAGAAAGGTAGAAAGGAAGAGAACATAAAATATTCGTCAGACAAAAGTATT
ATAAATGTAACAAAAGGTATGAAAGATAATTTTAAAGAAGATGATGATTCTACATTGGAT
ACGTCAAATAATGTGATGTTGGAAAGAACCAATAATCATCCTAAAGTTGAAAGATCATTT
AGATTACAAAATAATAAGAATAAATTTGTTCGTCTTTTGCCTGTTTTCTTTATTTTTATT
GTATTACTAGGGATATATTTAATATATATAATGTATCACTGTTTGCCTTTAATTTATAAG
GATTACAAAAAGGTGTACCTGAAATATGACTTGAAGAGAGGAATTATTGAGATGGGGGTT
TTTCATTTTTGTTTAATTATGTATTTGATTAATTATATTTTATCCATTATAGTATCTCCT
GGATCTATACCCGATACTGAAGAATGGTCTTTGAATGATTTTCAAGAAAATAATAATATA
AATATGGAGAATATTTTATTAGAAAAGAAAAAATCAGGAGAACGAAGACATTGTAAATGG
TGTTGTAAATATAAGCCTGATAGAACTCATCATTGTCGCGTATGTAAAAGTTGTATTTTA
AAAATGGATCATCATTGTCCTTGGATATATAATTGTGTTGGTTATAATAATCACAAATAT
TTTATGTTATCTTTAATATACTGTTCAATAACTACAGTCTTTGTGTCAATTACTATGTTT
ACCTCTGTTAGGAATGCAATAAAAAATGGGGAGACGCCTTTTAACGAAATGTTTTTACTT
TTATTTGGAGAAACATTAAATTCGTTCTTATCCCTCATAGTAACATGTTTTCTATTTTTT
CACATATGGCTTTTGATTAATGCTATGACAACAATCGAATTTTGTGAGAAACAAACCAAC
TACCAAAATCAATCATACTCGAAATATTATAATAAAGGTTTCTATAAAAATTTTAAGGAC
GTTTTCGGAGAGTCACCTTTCTTGTGGTTTTTACCAATCGATAATCGAAAAGGGGATGGT
ATTTATTTTATGAAAGGTTATATTAAAGAATATTCAGAAAAATCAGTAGAGGAAATTATT
CCAATAAAAACAAATATATGA

1221 bp

MTKNKNVEEKKKNMTDEESNVISMSEGKDSNDDKKKKKKKNKQKKGRKEENIKYSSDKSI
INVTKGMKDNFKEDDDSTLDTSNNVMLERTNNHPKVERSFRLQNNKNKFVRLLPVFFIFI
VLLGIYLIYIMYHCLPLIYKDYKKVYLKYDLKRGIIEMGVFHFCLIMYLINYILSIIVSP

GSIPDTEEWSLNDFQENNNINMENILLEKKKSGERRHCKWCCKYKPDRTHHCRVCKSCIL
KMDHHCPWIYNCVGYNNHKYFMLSLIYCSITTVFVSITMFTSVRNAIKNGETPFNEMFLL
LFGETLNSFLSLIVTCFLFFHIWLLINAMTTIEFCEKQTNYQNQSYSKYYNKGFYKNFKD
VFGESPFLWFLPIDNRKGDGIYFMKGYIKEYSEKSVEEIIPIKTNI

406 aa

PFF0415c

ATGAATTTTTCAAAGATCTTATTTTTAAAAAAGCATCAAACAATAATTCGTAGAAACGTG
TTTTCTTTATTAAGTAAAAATGGAAATCACATGTTCAAGAGAGCTGCAAGTACGGAGAAT
AAAAATAATCAAGAACAAAAAAAGGATGTAGAAGAAAATGTGTATAAAGCGAATTGTCCT
AAAGGAATTAGAATACCTATAATGAGATATTTTTACGGTTTGATATTCTTAATGGCATTT
GTTCCAATAACTCAGTCCCTTTACGAAACGAATAAATATTATAAAGAGAATGAACATTTG
TACGAAAAAGGGAAACACTAA

321 bp

MNFSKILFLKKHQTIIRRNVFSLLSKNGNHMFKRAASTENKNNQEQKKDVEENVYKANCP
KGIRIPIMRYFYGLIFLMAFVPITQSLYETNKYYKENEHLYEKGKH

106 aa

PFF0485c

ATGAGACCTAAATATGTTCAAGCTTCGCAAGGACAAAAAGAAAAAAAAAGAGGTGGTTCT
TTATTTATATTTATAGTATTTTTTGTTTTATCATTTATATATATTGGGTATACAGGGATT
GTCCTGAGGTCATGGTTTATACCATATAGATCTGGTTCATTCACAATAGCCGTTACATTT
CATATATTTTTTATTTTATTTATACTCAGTTTTATAAAATGTGCTTCAACCGACCCAGGA
AAGGTTCCACGTAATTGGGGTTTTTATGTAGGTGATGATGTGAAAAGAAGAAGGTATTGT
AAAATTTGTAACGTATGGAAACCTGACAGAACCCATCATTGTTCTGCTTGTAATAGATGT
GTATTAAATATGGATCATCATTGCCCCTGGATAAATAATTGTGTTGGTTTTTTTAATAGA
AGATTTTTTATACAGTTATTATTTTATGGTTTAGTTTGTTTATTTATTATTGCTGTACAA
ACATTCCATTATATATTTATTGATAATATTAATGCTTATTTTGATGACGGATTTCAAGAA
AAGTCTTCATTTGTAGCCCTTGAATATACATATGCATCCATAGTTTTATTTTTAACATTC
GTATTAATTTTTGCCTTAGTACCTTTTACCAAATTCCATCTTAAATTAATATCGAAAAAC
TCAACTACCATTGAAAATATGGATATGTATAGTCAAGAGTATAACATATATAATGTAGGT
TGTGAAGACAACGCAAAACAGGTTTTTGGTAACAACATATTATGTTGGTTGTGTCCGTTT
CAGTGTGTTTCTAACAGACCTGCTGGCGACGGGGTACGTTGGAGAGTCAGTGTAGCACAT
GAAAATCCTGTTTAA

855 bp

MRPKYVQASQGQKEKKRGGSLFIFIVFFVLSFIYIGYTGIVLRSWFIPYRSGSFTIAVTF
HIFFILFILSFIKCASTDPGKVPRNWGFYVGDDVKRRRYCKICNVWKPDRTHHCSACNRC
VLNMDHHCPWINNCVGFFNRRFFIQLLFYGLVCLFIIAVQTFHYIFIDNINAYFDDGFQE
KSSFVALEYTYASIVLFLTFVLIFALVPFTKFHLKLISKNSTTIENMDMYSQEYNIYNVG
CEDNAKQVFGNNILCWLCPFQCVSNRPAGDGVRWRVSVAHENPV

284 aa

PFF1215w

ATGGATTTTAAAAAATTCTCTAAAATTTATGAAGAGTCAGTAACAGATAGCGAAAATGAT
AAAAGTTCGATAGGAACAGATATGTATGAAATAAATATGAACAGAAAAAATGAGTAACATA
AGTATATCAAGAAATAGTACAATAAATGAAGAAGAGATATTAAGTGAATATAGATTATGT
AAAATTTTATTAATAAAATTAATGTTTGCATTATTATTTTTATTAATTGCATTGATTATA
CAAGGTTTTTTTATGATATATAGTGATTCCTATTATAAGAGTAATACGCAACCATTAAGT
GATCGAATACATGATTTGTTTGGAAATCCACCCAAATGGATTTCCTATAAATTGTCGAAT
ACATTAATAGCTATATTAACATTATCTTTTCTTAAAATAATATTATTTAATAGTATATAT
TTATCTATAGCTATTATATGTCGATTTTTATATATCGTTGGATCTTTTTATATAATAAGA
GGACTTTTAATATATGTTACTTCATTACCCGCAACATTAGAAACGTGCTTACCTTTAGAA
AGTGGTAACTTTCTATTTAATTTATTACAAATAATAAAAATAAATACTAATTTAGTTTAT

GTATGTGCTGATTTGATTGTATCAGGACATTCTTTTTCAACAACTATTTTTTTAATGTTT
TCTTTTTATTATATAAATAATGTTATAATAAAATTTATTATATTTACGTTTTCTTGTTTT
ATATATGCAATTATAATTATTGGTTTTATACATTATACATCTGATGTGTTACTTGGTATT
ATTTTTGGTGTTTTTATGTTTTCTTTTTATCATATAATGCTTGATATATCTTCACAATAT
TATATTTTTAACAAATTATTTGAAATTAAAATTATTTCAAATAATAAAAATATTCATGCA
AAGCCATTCTTTCTAAGATTTTTTGTTGCAAGAATTTTTTTAAAATCATACCTTATCTA
GAAGGATTGAATTATACCTTAGATTATGCCATAAATAAAAATAATGATCTGTCTACTTTT
TGTAATTGTGATCATGATAATAATAAAATTCCATTATTTTCATTTTATAAACCCATAACA
GAGGATAAAATTATTATTAACTATTCAGATCATTTATATCATAGTTATGCTGGAGATGGC
ACAATCAATTTTTTATTTTGGAAATTTCTTAAGACGATCAAAAAGGGTTTACACAAATAA

1200 bp

MDFKKFSKIYEESVTDSENDKSSIGTDMYEINMNRKMSNISISRNSTINEEEILSEYRLC
KILLIKLMFALLFLLIALIIQGFFMIYSDSYYKSNTQPLSDRIHDLFGNPPKWISYKLSN
TLIAILTLSFLKIILFNSIYLSIAIICRFLYIVGSFYIIRGLLIYVTSLPATLETCLPLE
SGNFLFNLLQIIKINTNLVYVCADLIVSGHSFSTTIFLMFSFYYINNVIIKFIIFTFSCF
IYAIIIIGFIHYTSDVLLGIIFGVFMFSFYHIMLDISSQYYIFNKLFEIKIISNNKNIHA
KPFFLRFFVARIFFKIIPYLEGLNYTLDYAINKNNDLSTFCNCDHDNNKIPLFSFYKPIT
EDKIIINYSDHLYHSYAGDGTINFLFWKFLKTIKKGLHK

399 aa

PF11_0141

ATGGTAAAAATACAGAAGAGCTCAGGTATGTTTTGGAAGAGGAATAGTGAGTCCTCAAAT
TTGTACAATTTCTTGAATGGCTTATTTTGTATAGGTGGTATATATTTTTTTTTTATAATA
TTTGGTTATTATCAAGAAAAATTACCTCAATTAGGAAGAGGAAGTGATAGGTTTTATTAT
AATATTTTTTTAATATGTGTTTTATGTTTATCAAATAGTTTATGTAGTTTAAGTGCTATA
TTTTTTAAGAGTAGATTAAATAATGAAAATGTGATGAGTAGTTTAAAAAAAAATGTAGAT
AAATATTTTATAAAACAAATTATGTTAATATCTATTACATATTCTATAGCTATGATAGCT
ACAAATTATTCTTTAAGTCATGTTAATTTCCCTACACAAGTACTTGTAAAATCTGGAAAA
ATGATACCAATTGTTGTAGGAGGTTATTTTTTTTTCGGAAAGAAATATCCATATTATGAT
TATATTTCAGTATTTTTAATTACATCATCATTAGTTCTTTTCAATTTATTAAGAACAAAG
AGTTCTAAGGAAGTTCATCAGACTACATTTGGAATTCTACTTTTATGTATATCATTATTA
TGTGACGGACTTACTGGACCGAGACAAGATAAATTATTAAGTAAATATAATGTTGATTCT
GTTAATCTTATGTTTTATGTTAATATATTTGCATTCATTTTTAATTTATTAGCTTCATTA
ATTATCGAAGGAAATAAACCATATATTTTCTTACAAAAATATACAACCTCCTATTATTAT
ATATTAGCTTTCTCTGTAAGTGGAACTCTTGGACAATTTTTCGTTTTTTACTCACTCAGA
GTATATGGTAGTTTATATACTAGTCTATTCACAACCCTTAGAAAAGCTCTAAGTACAGTC
GTTTCGGTTTACCTATTTGGACATGTACTTAAGCCATTACAATGGATATGTATAGGAGTC
ATTTTTTCAACTCTTATTGTACAGAGTTATCTTAAGAAACAATCCAAAAAAGTTCAAAGT
AAAAATAAATGA

1032 bp

MVKIQKSSGMFWKRNSESSNLYNFLNGLFCIGGIYFFFIIFGYYQEKLPQLGRGSDRFYY
NIFLICVLCLSNSLCSLSAIFFKSRLNNENVMSSLKKNVDKYFIKQIMLISITYSIAMIA
TNYSLSHVNFPTQVLVKSGKMIPIVVGGYFFFGKKYPYYDYISVFLITSSLVLFNLLRTK
SSKEVHQTTFGILLLCISLLCDGLTGPRQDKLLSKYNVDSVNLMFYVNIFAFIFNLLASL
IIEGNKPYIFLQKYTTSYYYILAFSVSGTLGQFFVFYSLRVYGSLYTSLFTTLRKALSTV
VSVYLFGHVLKPLQWICIGVIFSTLIVQSYLKKQSKKVQSKNK

343 aa

PF11_0427

ATGGTTATTCGATTTTTCCTGTTTGTCATTACACTCTTAGGCTTATGCATAAATATGGTG
TGTTGTAATTTTAAATATTCGATTATATTACCTACTTACAATGAAAAAGAAAACTTACCA
TATCTTATTTATATGATAATTGATGAATTAAATAAACATGAAATTAAATTTGAAATAATT
GTAATAGATGATAATAGTCAAGATGGTACTGCAGATGTGTACAAAAAGTTACAAAACATT
TTTAAGGATGAAGAATTATTATTAATACAAAGAAAAGGAAAATTAGGGTTAGGTTCTGCA
TATATGGAAGGTTTAAAAAATGTAACAGGAGATTTTGTTATAATAATGGATGCTGATTTA
TCACATCATCCTAAATATATTTATAACTTTATTAAAAAACAAAGAGAAAAAAATTGTGAC

ATTGTTACAGGCACAAGATATAAGAACCAAGGTGGAATATCAGGATGGTCATTTAATAGA
ATTATAATAAGTAGAGTAGCAAATTTTTTAGCTCAATTTCTATTATTCATTAATCTATCA
GATTTAACCGGGTCTTTTAGATTATATAAAACTAATGTACTGAAGGAACTTATGCAATCT
ATTAATAATACAGGTTATGTTTTTCAAATGGAAGTTCTTGTAAGAGCATATAAAATGGGA
AAATCTATAGAAGAAGTTGGTTACGTTTTTGTTGATAGATTATTTGGAAAATCAAAACTG
GAAACTACAGATATTTTACAATACTTATCAGGTCTTTTCAAGTTATTCTGGTCAATATAA

780 bp

MVIRFFLFVITLLGLCINMVCCNFKYSIILPTYNEKENLPYLIYMIIDELNKHEIKFEII
VIDDNSQDGTADVYKKLQNIFKDEELLLIQRKGKLGLGSAYMEGLKNVTGDFVIIMDADL
SHHPKYIYNFIKKQREKNCDIVTGTRYKNQGGISGWSFNRIIISRVANFLAQFLLFINLS
DLTGSFRLYKTNVLKELMQSINNTGYVFQMEVLVRAYKMGKSIEEVGYVFVDRLFGKSKL
ETTDILQYLSGLFKLFWSI

259 aa

PF13_0124

ATGGGTGAAAATAAGTTTGACGGTTTGTCCTTTTTTGAAAATAATGAATTTCAGAATATG
AATTTTATAAGGGGTTCTATGGATAATAACCGTAATGAAGAAGAAAAAGGGTTAATACAG
AAAGCTATAGATTTATCAAAAAAAGGAGCAGAAACATTACAAAAAGGTTTAAAAGAAACA
TTAGGAAAAAATAATATGAATGATGGAGCTTCTATGGTATCTAATTCAACAACAGCTGAA
AGTGGTTCAATGTTTTCAAATTTTCCTTTATTTAATAATAATAATCAGAATAGAGAAAAT
GAAACAAGTTCATTTTTTGCTTTTACAACTTTAGTATCATATAAAAACTTTCCATTATTT
TGTATTTTATTTGGAATCAGTGTGTTATTTATGATCCTATCATTTTTTACATTACCTATG
ATAGTAATAACACCTAGACAATTTGGTTTTTTCTTTACTGTATCTTCAATATGCTTTGTT
TCATCTTTAGCCTTCTTGAAGGGTTTTTCAAATTTATACCATCATTTAATGGAAAAGCAA
CGCCTCCCTTTTACAACGGCCTACATTTTATCATTATTATCAACCTTATATTTTACTCTT
ATTAATCCCTTATATTTATTGGCATTAATTACATCAGTTATTCAAATGTTAGCCCTTATA
TCATTTCTTGTTTCCTACATACCAGGTGGAGCAGGAGCCATCAAAATGCTTATTAATGCT
ATTTATTCTTATGTTAAAAATTTATTTAGAAGAAGCAATACTTCAGATTTACCCTTTTAA

780 bp

MGENKFDGLSFFENNEFQNMNFIRGSMDNNRNEEEKGLIQKAIDLSKKGAETLQKGLKET
LGKNNMNDGASMVSNSTTAESGSMFSNFPLFNNNNQNRENETSSFFAFTTLVSYKNFPLF
CILFGISVLFMILSFFTLPMIVITPRQFGFFFTVSSICFVSSLAFLKGFSNLYHHLMEKQ
RLPFTTAYILSLLSTLYFTLINPLYLLALITSVIQMLALISFLVSYIPGGAGAIKMLINA
IYSYVKNLFRRSNTSDLPF

259 aa

PF13_0331

ATGGAGGATAAAATACGAAAGTATGATGTATTTTGTATAATGGGTTTAGCTATATTATGT
GGTATATTTTCTGAATTTTTAAGTTGGTTATTTGTATATAGAAATGAGAAATTTAAAAAA
TTAAATGAAGAAGTTAAAGTTTTATATGAAGAAGTACAGAAAGAGAAAGACGATGGATTA
TTAAGTAAATTAGATAAAAAAAAGGATAAGAAGAAAAAGGCTTCAGCAGAAGAATTATAT
ATAGAGAAAACTAAAGAAATGACAACATTAAAAACAAAATCAAATTTTATTACAGGTTTG
ATTTTTATGTGTGTTATGCCAGTATTATTTAGTTTATTTGAAGGATTAACCATTGCTGTA
TTACCATTTAAACCAATCTTTCCATTTACCTTATTAACACGTACAGGTCTACAATCAAAA
AATGTTTATCATTGCTCATCAACTTTTATATATACCTTAACACTTATGTTAACAAGGCAA
AATATTCAAAAATATTTTGGATATGCTCCCCCAGCAGGAATGTTTGGAGATTATAAAATG
CCAGATGAACAAGCTGACGTATGGAAATGA

570 bp

MEDKIRKYDVFCIMGLAILCGIFSEFLSWLFVYRNEKFKKLNEEVKVLYEEVQKEKDDGL
LSKLDKKKDKKKKASAEELYIEKTKEMTTLKTKSNFITGLIFMCVMPVLFSLFEGLTIAV
LPFKPIFPFTLLTRTGLQSKNVYHCSSTFIYTLTLMLTRQNIQKYFGYAPPAGMFGDYKM
PDEQADVWK

189 aa

Die Gen- und Aminosäuresequenzen der folgenden Proteine wurden der Datenbank „NCBI PubMed“ (http://www.ncbi.nlm.nih.gov/pubmed/ - Stand: 14.06.2011) bzw. der Plasmodiendatenbank „PlasmoDB“ (http://plasmodb.org/plasmo/ - Stand: 14.06.2011) entnommen. Bei den Gensequenzen sind die kodogenen Sequenzen gezeigt.

*Pf*AMA1 (PF11_0433, ACB87902.1)

ATGAGAAAATTATACTGCGTATTATTATTGAGCGCCTTTGAGTTTACATATATGATAAAC
TTTGGAAGAGGACAGAATTATTGGGAACATCCATATCAAAATAGTGATGTGTATCGTCCA
ATCAACGAACATAGGGAACATCCAAAAGAATACGAATATCCATTACACCAGGAACATACA
TACCAACAAGAAGATTCAGGAGAAGACGAAAATACATTACAACACGCATATCCAATAGAC
CACGAAGGTGCCGAACCCGCACCACAAGAACAAAATTTATTTTCAAGCATTGAAATAGTA
GAAAGAAGTAATTATATGGGTAATCCATGGACGGAATATATGGCAAAATATGATATTGAA
GAAGTTCATGGTTCAGGTATAAGAGTAGATTTAGGAGAAGATGCTGAAGTAGCTGGAACT
CAATATAGACTTCCATCAGGGAAATGTCCAGTATTTGGTAAAGGTATAATTATTGAGAAT
TCAAATACTACTTTTTTAACACCGGTAGCTACGGGAAATCAATATTTAAAAGATGGAGGT
TTTGCTTTTCCTCCAACAGAACCTCTTATGTCACCAATGACATTAGATGAAATGAGACAT
TTTTATAAAGATAATAAATATGTAAAAAATTTAGATGAATTGACTTTATGTTCAAGACAT
GCAGGAAATATGATTCCAGATAATGATAAAAATTCAAATTATAAATATCCAGCTGTTTAT
GATGACAAAGATAAAAAGTGTCATATATTATATATTGCAGCTCAAGAAAATAATGGTCCT
AGATATTGTAATAAAGACGAAAGTAAAAGAAACAGCATGTTTTGTTTTAGACCAGCAAAA
GATATATCATTTCAAAACTATACATATTTAAGTAAGAATGTAGTTGATAACTGGGAAAAA
GTTTGCCCTAGAAAGAATTTACAGAATGCAAAATTCGGATTATGGGTCGATGGAAATTGT
GAAGATATACCACATGTAAATGAATTTCCAGCAATTGATCTTTTTGAATGTAATAAATTA
GTTTTTGAATTGAGTGCTTCGGATCAACCTAAACAATATGAACAACATTTAACAGATTAT
GAAAAAATTAAAGAAGGTTTCAAAAATAAGAACGCTAGTATGATCAAAAGTGCTTTTCTT
CCCACTGGTGCTTTTAAAGCAGATAGATATAAAAGTCATGGTAAGGGTTATAATTGGGGA
AATTATAACACAGAAACACAAAAATGTGAAATTTTTAATGTCAAACCAACATGTTTAATT
AACAATTCATCATACATTGCTACTACTGCTTTGTCCCATCCCATCGAAGTTGAAAACAAT
TTTCCATGTTCATTATATAAAGATGAAATAATGAAAGAAATCGAAAGAGAATCAAAACGA
ATTAAATTAAATGATAATGATGATGAAGGGAATAAAAAAATTATAGCTCCAAGAATTTTT
ATTTCAGATGATAAAGACAGTTTAAAATGCCCATGTGACCCTGAAATGGTAAGTAATAGT
ACATGTCGTTTCTTTGTATGTAAATGTGTAGAAAGAAGGGCAGAAGTAACATCAAATAAT
GAAGTTGTAGTTAAAGAAGAATATAAAGATGAATATGCAGATATTCCTGAACATAAACCA
ACTTATGATAAAATGAAAATTATAATTGCATCATCAGCTGCTGTCGCTGTATTAGCAACT
ATTTTAATGGTTTATCTTTATAAAAGAAAAGGAAATGCTGAAAAATATGATAAAATGGAT
GAACCACAAGATTATGGGAAATCAAATTCAAGAAATGATGAAATGTTAGATCCTGAGGCA
TCTTTTTGGGGGGAAGAAAAAAGAGCATCACATACAACACCAGTTCTGATGGAAAAACCA
TACTATTAA

1869 bp

mrklycvlll safeftymin fgrgqnyweh pyqksdvyhp inehrehpke yeyplhqeht
yqqedsgede ntlqhaypid hegaepapqe qnlfssieiv ersnymgnpw teymakydie
evhgsgirvd lgedaevagt qyrlpsgkcp vfgkgiiien snttflkpva tgnqdlkdgg
fafpptnpli spmtlngmrd fyknneyvkn ldeltlcsrh agnmnpdndk nsnykypavy
dyndkkchil yiaaqenngp rycnkdqskr nsmfcfrpak dklfenytyl sknvvdnwee
vcprknlena kfglwvdgnc ediphvnefs andlfecnkl vfelsasdqp kqyeqhltdy
ekikegfknk nasmiksafl ptgafkadry kshgkgynwg nynretqkce ifnvkptcli
nnssyiatta lshpievehn fpcslykdei kkeiereskr iklndnddeg nkkiiaprif
isddkdslkc pcdpemvsns tcrffvckcv erraevtsnn evvvkeeykd eyadipehkp
tydnmkiiia ssaavavlat ilmvylykrk gnaekydkmd qpqhygksts rndemldpea
sfwgeekras httpvlmekp yy

622 aa

*Pv*AMA1 (PVX_092275, ABM63525.1)

ATGAATAAAATATACTACATAATCTTTTTAAGCGCCCAGTGCCTTGTGCACATTGGGAAG
TGCGGGCGAAACCAGAAGCCGAGCAGGCTGACCCGTAGCGCCAACAACGTTCTACTGGAA
AAGGGGCCTACCGTTGAGAGAAGCACACGAATGAGTAACCCCTGGAAAGCGTTCATGGAA
AAATACGACATCGAAAGAACACACAGTTCTGGGGTTCGAGTGGATTTAGGGGAAGATGCA
GAAGTGGAAAATGCAAAGTACAGAATTCCAGCTGGAAGATGTCCTGTTTTTGGAAAGGGT
ATCGTTATAGAGAATTCTGACGTTAGCTTCTTAAGACCTGTGGCTACAGGAGATCAGAAG
CTGAAGGATGGAGGTTTCGCCTTCCCCAATGCGAATGACCATATCTCCCCAATGACATTA
GCGAACCTTAAGGAAAGGTATAAAGACAATGTAGAGATGATGAAGTTAAACGATATAGCT
TTGTGCAGAACCCACGCAGCTAGCTTTGTCATGGCAGGGGATCAAAATTCGTCCTACAGA
CACCCAGCTGTATACGACGAAAAGGAAAAAACATGCCACATGTTGTATTTATCAGCGCAG
GAAAATATGGGTCCGAGGTACTGCAGCCCAGATGCACAAAATAGAGATGCCGTGTTCTGC
TTCAAGCCAGATAAAAATGAAAGCTTTGAAAACCTGGTGTATTTGAGCAAAAATGTGCGT
AATGATTGGGATAAAAAATGCCCCCGTAAAAATTTAGGAAACGCCAAGTTCGGATTATGG
GTGGATGGGAACTGCGAAGAAATTCCATACGTTAAAGAAGTGGAGGCAGAGGATCTGCGC
GAATGCAACCGAATCGTTTTCGGAGCGAGTGCCTCAGATCAACCAACTCAGTATGAAGAA
GAAATGACGGATTATCAAAAAATACAACAAGGGTTTAGACAAAACAACCGAGAGATGATT
AAAAGTGCCTTTCTTCCAGTGGGTGCATTCAACTCGGATAATTTCAAAAGTAAAGGAAGA
GGATTTAACTGGGCAAATTTCGATTCTGTAAAAAAGAAGTGTTACATTTTTAATACCAAA
CCGACTTGCCTCATTAATGACAAAAATTTTATTGCAACAACGGCGTTATCTCACCCACAA
GAAGTAGACCTGGAGTTCCCCTGCAGCATATATAAAGACGAAATTGAAAGAGAAATTAAG
AAACAATCGAGGAACATGAATCTGTACAGTGTTGATGGGGAACGCATTGTCCTGCCGAGG
ATATTTATCTCCAACGATAAGGAGAGTATCAAATGTCCCTGCGAACCTGAGCGCATTTCC
AACAGTACCTGCAACTTTTACGTTTGTAACTGTGTAGAGAAAAGGGCGGAAATTAAGGAA
AATAACCAAGTTGTTATAAAGGAAGAATTTAGGGATTATTACGAAAATGGGGAGGAAAAA
TCGAACAAGCAGATGCTACTAATCATTATCGGAATAACTGGTGGCGTGTGCGTCGTCGCG
CTGGCCTCTATGGCCTACTTCAGGAAGAAGGCTAACAATGATAAGTATGACAAGATGGAC
CAGGCAGAGGGGTACGGGAAGCCCACCACCAGGAAGGACGAGATGCTCGACCCCGAGGCC
TCCTTCTGGGGCGAGGACAAGCGGGCCTCCCACACCACGCCCGTGCTGATGGAGAAGCCG
TACTACTGA

1689 bp

mnkiyyiifl saqclvhigk cgrnqkpsrl trsannvlle kgptverstr msnpwkafme
kydierthss gvrvdlgeda evenakyrip agrcpvfgkg iviensdvsf lkpvatgdqr
lkdggfafpn andhispmti anlkarykdn vemmklndia lcrthaasfv magdqnssyr
hpavydekek tchmlylsaq enmgprycss daqnrdavfc fkpdknesfe nlvylsknvr
ndwdkkcprk nlgnakfglw vdgnceeipy vkeveakdlr ecnrivfgas asdqptqyee
emtdyqkiqq gfrqnnremi ksaflpvgaf nsdnfkskgr gfnwanfdsv kkkcyifntk
ptclindinf iattalshpq evdpefpcsi ykdeiereik kqsrnmnlys vdgerivlpr
ifisndkesi kcpcepehis nstcnfyvcn cvekraeike nnqvvikeef rdyyengeek
snkqmlliii gitggvcvva lasmayfrkk anndkydkmd qaegygkptt rkdemldpea
sfwged

546 aa

*Pr*AMA1 (CAB66387.1)

llssfefiym infgrgqnyv ddtyqnrdey hpinehreyp teyeyplhre htygqedpve
nehtlqhgyp idhegvepvr heqnlfssne iversnymgn pwteymakyd ieevhgsgir
vdlgedaeva gtqyrvpsgk cpvfgkgiii ensnttfltp vatgnqdlkd ggfafpptnp
lmspmslddm rnfykdneni knldeltlcs rhagnmvpdn dknsnykypa vydeqnkkch
ilyiaaqenn gprycnkdqs krnsmfcfrp tkdksfqnyt ylsknvvdnw ekvcprknlq
nakfglwvdg nceniphvne fsandlfecn klvfelsasd qpkqyeqhlt dyqkikegfk
nnnasmiksa flptgafkad rykshgkgyn wgnyntqtqk ceifnvkptc linnssyiat
talshpieve hnfpcslykd eimkeieres kriklndndd dgnkkiivpr ifisddkesl
kcpcdpemvs nstchffvck cverrtevts nnevvvkeey kdeyadipdh kpaydkmkii
iassaaiail atilmvylyk rktnaekydk mdqpqhygks ksrydemldp easfwgeekr
ashtt

605 aa

*Pb*AMA1 (AAC47192.1)

mkeiyyilil csiylinlsn csegpnnvis enghinydmi qkenterstk linpwekyte
kydiermhgs girvdlgeda rvenrdyrip sgkcpvigkg itiqnsevsf ltpvatgdqs
vrsgglalpk tdvhlspiti dnlktmykeh teivklnnms lcakhtsfyv pgnnansayr
hpavydksns tcymlyvaaq enmgprycsn nanndnqpfc ftpekiekyk nlsyltknlr
ddwetscpnk siknakfgiw vdgyckdyqk htvhdsdsll kcnqiifnes asdqpkqyek
hledttkfrq gvaerngkli geallpigsy ksdqikshgr gynwgnydsq nkkcyifetk
ptclindrnf iattalsste efeeqfpcdi yknkineeik vlnknisngn nsiefprifi
stdknslncp ceptqltess cnfyvcncve krqyiaennd veikeelevh mkahqtrevi
viiificvgi ilvillvgyf fksnkkgeny drmgqadiyg kansrkdgml dpevsfwged
krashttpvl mekpyy

556 aa

*Py*AMA1 (AAC47194.1)

mkeiyyifil csiylinlsy csegpnqvvs ddgninyeli pkentersik linpwdkyme
kydiekvhgs girvdlgeda rvenrdyrip sgkcpvigkg itiqnsvvsf lkpvatgnes
vrsgglpfpd tdvhispksi anlkimyseh peilklndms lcakhtsfyv pgkdakstyr
hpavydksds tcymlyvaaq enmgprycsn dannenqpfc ftpekiekyk nlsyltknlr
ddwetscpnk sirnakfgiw vdgyctdyqk hvvhesesll acnqiifnes asdqpkqyer
hledatkirq giverngkli geallpigsy ksgqikshgk gynwgnydsk nnkcyifetk
ptclindknf iattalsste efeenfpcei yknkiaeeik vlnlnqntsn gnnsikfpri
fissdknsln cpceptklse stcdfyvcsc veqrqyiaen ndviikeefi gdyenpnqkl
lviiiligig iiivillvay yfksgkkgen ydrmgqaddy gksksrkdem ldpevsfwge
dkrashttpv lmekpyy

557 aa

*Pc*AMA1 (AAB36509.1)

mkeiyyivil cslylinlgn csegtdniis engdvkfdli pkentershk linpwekfme
kydiekvhgs girvdlgeda rvenqdyrip sgkcpvmgkg itiqkstksf ldpvatgdqk
vregglafpk advnispvli qnlremykeh peiialndms lcakhasffv pgnnansayr
hpavydkhnk tcyilyvaaq enmgprycsn eennenqpfc ftpekkdeyk nlsyltknlr
edwetscpnk siqnakfgvw vdgycseyqk kevhdsksls ecnrivfdes asdqpkqyek
hledttkfrr givdrngkli geallpigsy radqvkskgk gynwanydkk ekkcyifnkk
ptclindknf vattalssle eapqesfpcd iykkkiaeei kvmnvnrnnn gndtikfpri
fisddkeslk cpceptqltq sscnffvcnc vekrqfisen neveikdefk seyespinqr
mliiiiliat gailasllif yffksnkpgd dydkmgqadt ygkaqsrkde mldpevsfwg
edkrashttp vlmekpyy

558 aa

*Nc*AMA1 (BAF45372.1)

mgswrrerpa rpsdqqwite wrqigivgva illvlvaess llatginpkt rsggsqtlsa
stpqnpfqtp elkafleryn vtlhhqsgvn vdlgqdkevd gklyreaagl cpvwgkyiql
hqpnrppykn nflediptea eyqksgnplp ggfnmnfvtp agqrispypm elleksskik
astelgkcae fayktttamdk snqatqyryp fvydskrrlc yilsvsmqrm egskycstnd
dpvnltwycf epqksptanh nlifgsayvg kdpdafltkc pnqalkgyrf ghwtngrchd
yteladswie avdskaqcwv ktftndevas dqprtyplts qhswndwwpv hekdqphsgg
dgrnygffyf dsngkgkcal shkapdclvs dskavsytal gslseetpdi iipsnpsvnp
stpdealqcr ssefpetfgs cdvqackrqk tscvggqiqs tsvdctaeeq ndcgsntali
agmaiggvli mgllagsgyy yskrlntnqg vpavdhdhef qtqrnaqkkr psdlmqeaep
sfwdeaeeni dqsgetqvlv egdy

564 a

*Tg*AMA1 (EEA97713.1)

```
micsimgglr slraarpysh qsntetkhmg lvgvasllvl vadctifasg lssstrsres
qtlsastsgn pfqanvemkt fmerfnlthh hqsgiyvdlg qdkevdgtly repaglcpiw
gkhielqqpd rppyrnnfle dvptekeykq sgnplpggfn lnfvtpsgqr ispfpmelle
knsnikastd lgrcaefafk tvamdknnka tkyrypfvyd skkrlchily vsmqlmegkk
ycsvkgeppd ltwycfkprk svtenhhliy gsayvgenpd afiskcpnqa lrgyrfgvwk
kgrcldytel tdtvierves kaqcwvktfe ndgvasdqph typltsqasw ndwwplhqsd
qphsggvgrn ygfyyvdttg egkcalsdqv pdclvsdsaa vsytaagsls eetpnfiips
npsvtpptpe talqctadkf pdsfgacdvq ackrqktscv ggqiqstsvd ctadeqnecg
sntaliagla vggvlllall gggcyfakrl drnkgvqaah hehefqsdrg arkkrpsdlm
qeaepsfwde aeenieqdge thvmvegdy
```

569 aa

Meerettichperoxidase („Synthetic horseradish peroxidase isoenzyme C“ - HRP-C; J05552)

```
CAGTTAACCCCTACATTCTACGACAATAGCTGTCCCAACGTGTCCAACATCGTTCGCGACA
CAATCGTCAACGAGCTCAGATCCGATCCCAGGATCGCTGCTTCAATATTACGTCTGCACTT
CCATGACTGCTTCGTGAATGGTTGCGACGCTAGCATATTACTGGACAACACCACCAGTTTC
CGCACTGAAAAGGATGCATTCGGGAACGCTAACAGCGCCAGGGGCTTTCCAGTGATCGATC
GCATGAAGGCTGCCGTTGAGTCAGCATGCCCACGAACAGTCAGTTGTGCAGACCTGCTGAC
TATAGCTGCGCAACAGAGCGTGACTCTTGCAGGCGGACCGTCCTGGAGAGTGCCGCTCGGT
CGACGTGACTCCCTACAGGCATTCCTAGATCTGGCCAACGCCAACTTGCCTGCTCCATTCT
TCACCCTGCCCCAGCTGAAGGATAGCTTTAGAAACGTGGGTCTGAATCGCTCGAGTGACCT
TGTGGCTCTGTCCGGAGGACACACATTTGGAAAGAACCAGTGTAGGTTCATCATGGATAGG
CTCTACAATTTCAGCAACACTGGGTTACCTGACCCCACGCTGAACACTACGTATCTCCAGA
CACTGAGAGGCTTGTGCCCACTGAATGGCAACCTCAGTGCACTAGTGGACTTTGATCTGCG
GACCCCAACCATCTTCGATAACAAGTACTATGTGAATCTAGAGGAGCAGAAAGGCCTGATA
CAGAGTGATCAAGAACTGTTTAGCAGTCCAAACGCCACTGACACCATCCCACTGGTGAGAA
GTTTTGCTAACTCTACTCAAACCTTCTTTAACGCCTTCGTGGAAGCCATGGACCGTATGGG
TAACATTACCCCTCTGACGGGTACCCAAGGCCAGATTCGTCTGAACTGCAGAGTGGTCAAC
AGCAACTCTTAA
```

927 bp

```
QLTPTFYDNSCPNVSNIVRDTIVNELRSDPRIAASILRLHFHDCFVNGCDASILLDNTTS
FRTEKDAFGNANSARGFPVIDRMKAAVESACPRTVSCADLLTIAAQQSVTLAGGPSWRVP
LGRRDSLQAFLDLANANLPAPFFTLPQLKDSFRNVGLNRSSDLVALSGGHTFGKNQCRFI
MDRLYNFSNTGLPDPTLNTTYLQTLRGLCPLNGNLSALVDFDLRTPTIFDNKYYVNLEEQ
KGLIQSDQELFSSPNATDTIPLVRSFANSTQTFFNAFVEAMDRMGNITPLTGTQGQIRLN
CRVVNSNS
```

308 AS

7.3 Tabellen zur Identifikation putativer Golgiproteine in *P. falciparum*

Tabelle 7-2: Ausgangsdatensatz zur Identifikation putativer Golgiproteine in *P. falciparum*

Putative Golgiproteine der Organismen *Mus musculus*, *Trypanosoma brucei* und *Saccharomyces cerivisiae* sowie die mittels „BLASTsearch“ in der Plasmodien-Datenbank „PlasmoDB“ (http://plasmodb.org/plasmo/) gefundenen Homologe von *P. falciparum.*

	M. musculus	Homologes in *P. falciparum*
1	0610009B22Rik	-
2	1110032E23Rik	-
3	2610018G03Rik	-
4	3110003A22Rik	-
5	4631426J05Rik	-
6	5730410E15Rik	-
7	6330417G02Rik	-
8	6620401M08Rik	-
9	A3galt2	-
10	A4galt	-
11	Abca1	PF13_0271
12	Abca5	-
13	Abca7	-
14	Acbd3	-
15	Aco1	-
16	Agtrap	-
17	Akr7a5	-
18	Ap1b1	-
19	Ap1g1	-
20	Ap1g2	-
21	Ap1gbp1	-
22	Ap1m1	-
23	Ap1m2	-
24	Ap1s1	PF11_0187
25	Ap1s2	-
26	Ap1s3	-
27	Ap2a1	-
28	Ap3b1	-
29	Ap3b2	-
30	Ap3d1	PFI0200c
31	Ap3m1	-
32	Ap3m2	-
33	Ap3s1	-
34	Ap3s2	-
35	Ap4b1	MAL7P1.164
36	Ap4e1	-
37	Ap4m1	-
38	Ap4s1	-
39	Apc2	-
40	App	-
41	Arcn1	-
42	Arf1	-
43	Arf2	PF10_0203
44	Arf3	PF10_0204
45	Arf4	PF10_0205
46	Arf5	-
47	Arf6	-
48	Arfgef2	-
49	Arfgap1	-
50	Arfgap2	PFL2140c
51	Arfgap3	-
52	Arfip1	-
53	Arfrp1	PF10_0337
54	Arhgap21	-
55	Asah3	-
56	Asah3l	-
57	Atp2c1	PFL0590c
58	Atp7b	PFI0240c
59	B3galt1	-
60	B3galt2	-
61	B3galt4	-
62	B3galt5	-
63	B3galt6	-
64	B3gat1	-
65	B3gat2	-
66	B3gat3	-
67	B3gnt1	-
68	B3gnt2	-
69	B3gnt3	-
70	B3gnt4	-
71	B3gnt5	PFC0435w
72	B3gnt6	-
73	B3gnt7	-
74	B3gnt8	-
75	B4galnt1	-
76	B4galnt2	-
77	B4galnt3	-
78	B4galnt4	-
79	B4galt1	-
80	B4galt2	-

81	B4galt3	-
82	B4galt4	-
83	B4galt5	-
84	B4galt6	-
85	B4galt7	-
86	Blzf1	-
87	Bnip1	-
88	Bst2	-
89	Bcap31	-
90	Becn1	-
91	C76566	-
92	Calcoco2	-
93	Camk1g	-
94	Cant1	-
95	Cav1	-
96	Cav2	-
97	Cav3	-
98	Ccdc91	PFF1495w PF11_0207
99	Cd74	-
100	Cdipt	-
101	Chic2	-
102	Chpf	-
103	Chpt1	-
104	Chst1	-
105	Chst10	-
106	Chst11	-
107	Chst12	-
108	Chst14	-
109	Chst2	-
110	Chst3	-
111	Chst4	-
112	Chst5	-
113	Chst7	-
114	Chst8	-
115	Chst9	PF11_0550
116	Chsy1	-
117	Chsy3	-
118	Clasp2	-
119	Clcc1	-
120	Clcn5	-
121	Clstn1	-
122	Clstn2	-
123	Clstn3	-
124	Cml1	-
125	Cml2	-
126	Cml3	-
127	Cml4	-
128	Cml5	-
129	Cog1	-
130	Cog2	-
131	Cog3	-
132	Cog4	PFF0765c

133	Cog5	-
134	Cog6	PF11_0207
135	Cog7	-
136	Cog8	-
137	Col4a3bp	-
138	Copa	-
139	Copb1	-
140	Copb2	-
141	Cope	-
142	Copg	-
143	Copg2	-
144	Copz1	-
145	Copz2	-
146	Coro7	-
147	Creg2	-
148	Csgalnact1	-
149	Csgalnact2	-
150	Cspg5	-
151	Cubn	-
152	Cul3	-
153	Cux1	-
154	Ddef2	-
155	Dhcr24	-
156	Dnmbp	-
157	Dusp26	-
158	Dynlt1	-
159	Ebag9	PF13_0073
160	Ece1	-
161	Ece2	PF14_0526
162	Emid1	-
163	Emid2	-
164	Entpd4	-
165	Erc1	-
166	Ergic1	-
167	Ergic2	-
168	Ergic3	-
169	Ext11	-
170	Ext2	-
171	Faah	-
172	Fgd1	-
173	Fgf22	-
174	Fgf3	-
175	Fgf7	-
176	Fkrp	-
177	Fktn	-
178	Frag1	-
179	Ftcd	-
180	Furin	-
181	Fut1	-
182	Fut10	-
183	Fut11	-
184	Fut2	-
185	Fut4	-

186	Fut7	-
187	Fut8	MAL13P1.96
188	Fut9	-
189	Fv1	-
190	Gabarap	-
191	Gabarapl2	-
192	Gad2	-
193	Gak	PFL2280w
194	Gal3st1	-
195	Gal3st2	-
196	Gal3st3	-
197	Galnt1	PF08_0018
198	Galnt10	-
199	Galnt11	-
200	Galnt12	-
201	Galnt13	-
202	Galnt14	-
203	Galnt2	-
204	Galnt3	-
205	Galnt4,	-
206	Galnt5	-
207	Galnt6	-
208	Galnt7	-
209	Galntl1	-
210	Galntl2	PF11_0427
211	Galntl4	PFF0415c
212	Galntl5	PF11_0427
213	Ganab	-
214	Gas8	-
215	Gbgt1	-
216	Gcc1	PFE0230w
217	Gcc2	-
218	Gcnt1	-
219	Gcnt2	-
220	Gcnt3	-
221	Gcnt7	-
222	Gdi2	-
223	Gga1	-
224	Ggnbp1	-
225	Ggta1	-
226	Gkap1	-
227	Gkn2	-
228	Glce	-
229	Glg1	PFB0915w
230	Glipr2	-
231	Gm50	-
232	Gnai3	-
233	Gnpnat1	-
234	Gnptab	-
235	Gnptg	-
236	Gga3	-
237	Golga2	PF07_0042
238	Golga3	PFE0230w
239	Golga4	-
240	Golga5	PF11_0486
241	Golga7	-
242	Golgb1	PFE0230w
243	Golim4	-
244	Golm1	PF11_0207
245	Golph3	-
246	Golph3l	-
247	Gopc	-
248	Gorasp1	-
249	Gorasp2	-
250	Gosr1	PFL1340c
251	Gosr2	-
252	Gper	-
253	Grb14	-
254	Grb2	-
255	Gyltl1b	-
256	H2-Ab1	-
257	Hip1	-
258	Hpd	PFA0335w
259	Hs2st1	-
260	Hs3st1	-
261	Hs3st2	-
262	Hs3st3a1	-
263	Hs3st3b1	-
264	Hs3st5	-
265	Hs3st6	-
266	Ica1	-
267	Il15ra	-
268	Il17rd	-
269	Inpp5e	PF07_0024
270	Iigp1	-
271	Ireb2	-
272	Irgm	-
273	Kcnip3	-
274	Kdelr2	-
275	Kif1c	-
276	Kif20a	-
277	Kifc3	-
278	Large	-
279	Leprel1	-
280	Lfng	-
281	Lman1	-
282	Lman2	-
283	Lman2l	-
284	Lpcat1	-
285	Lrp2	-
286	Mal	-
287	Man1a	-
288	Man1a2	-
289	Man1c1	-
290	Man2a1	-
291	Manea	-

292	Map4k2	-
293	Map6d1	-
294	Mapk8ip3	-
295	Mapre1	-
296	March4	MAL13P1.405
297	March9	-
298	Mbl1	-
299	Mbl2	-
300	Mbtps1	-
301	Mcfd2	-
302	Mfng	-
303	Mgat1	-
304	Mgat2	-
305	Mgat3	-
306	Mgat4a	-
307	Mgat4b	-
308	Mgat4c	-
309	Mgat5	-
310	Mgat5b	-
311	Mmel1	-
312	Msln	-
313	Mtus1	-
314	Myh2	-
315	Myo5a	-
316	Myo6	-
317	Nagpa	-
318	Napa	-
319	Napb	-
320	Napg	-
321	Ncstn	-
322	Ndfip1	-
323	Ndfip2	-
324	Ndst1	-
325	Ndst2	-
326	Ndst3	-
327	Ndst4	-
328	Necab3	-
329	Nos3	-
330	Nras	PFL1500w
331	Nsfl1c	-
332	Nsg1	-
333	Nsg2	-
334	Ntn2l	-
335	Nucb1	PF07_0024
336	Ocrl	-
337	Olfm3	-
338	Optn	-
339	Otor	PFL2250c
340	Pak4	-
341	Pacs1	-
342	Pcsk1n	-
343	Pcsk5	-
344	Pcsk7	-
345	Pde4dip	-
346	Pea15b	-
347	Perp	-
348	Phca	-
349	Pi4kb	-
350	Picalm	-
351	Pick1	-
352	Pik3c2a	-
353	Pip5k1a	PFA0515w
354	Pitpnb	-
355	Pitpnm1	-
356	Pja2	-
357	Pkmyt1	-
358	Pla2g12a	-
359	Plce1	-
360	Pld1	-
361	Plekhb1	-
362	Pofut1	-
363	Pomgnt1	-
364	Prkg1	PF14_0346
365	Prnp	-
366	Prrc1	-
367	Psen1	-
368	Psen2nilin 2	-
369	Pskh1	-
370	Ptgds	-
371	Ptges2	-
372	Ptgfrn	-
373	Rab1	-
374	Rab10	PFE0625w
		PFE0690c
		PF13_0119
		PFL1500w
		PF08_0110
375	Rab12	PFE0625w
		PFE0690c
		PF08_0110
		PFL1500w
		PF13_0119
		PF11_0461
		MAL13P1.205
		PFA0335w
376	Rab13	-
377	Rab21	PFA0335w
		PFE0625w
		PFE0690c
		PF13_0119
		PFL1500w
		PF11_0461
		MAL13P1.51
378	Rab24	-
379	Rab27a	-
380	Rab27b	PFE0625w

		PFE0690c PF13_0119 PF08_0110 PFL1500w
381	Rab2a	-
382	Rab2b	-
383	Rab33b	PFE0625w
384	Rab34	-
385	Rab36	PF11_0461
386	Rab6	PF11_0461
387	Rab6b	PF11_0461
388	Rab7	-
389	Rab9	-
390	Rab9b	PFI0155c
391	Rabac1	-
392	Rabgap1l	-
393	Rapsn	-
394	Rasgrp1	-
395	Rasip1	-
396	Resp18	-
397	Rfng	-
398	Rgs20	-
399	Rhou	PFE0625w
400	Rnd3	PFE0625w
401	Rnf122	-
402	Rnf128	-
403	Rock1	-
404	Rpgr	-
405	Rsc1a1	-
406	Rtn3	-
407	Scamp3	-
408	Scap	-
409	Scara3	-
410	Scfd1	-
411	Scoc	PF13_0047
412	Sdf4	PFD0110w
413	Sec1	-
414	Selm	-
415	Serinc3	-
416	Serinc5	-
417	Sgms1	-
418	Sgms2	PFF1215w
419	Sgsm1	PFE0330w
420	Sh3glb1	-
421	Sh3rf1	-
422	Slc26a11	-
423	Slc30a5	-
424	Slc30a6	PF07_0065
425	Slc30a7	-
426	Slc35a1	PFE0260w
427	Slc35a2	PFE0260w
428	Slc35a3	PFE0260w
429	Slc35a4	-
430	Slc35a5	-
431	Slc35b2	PF11_0141
432	Slc35b3	-
433	Slc35b4	PF11_0141
434	Slc35c1	PFB0535w
435	Slc35d2	PFE0410w
436	Slc9a7	PF13_0119
437	Slc9a8	PF13_0119
438	Smpd3	-
439	Smpd4	-
440	Snx1	-
441	Sort1	-
442	Spata16	-
443	Srebf1	-
444	Srebf2	-
445	Srgn	-
446	St3gal1	-
447	St3gal2	-
448	St3gal3	-
449	St3gal4	-
450	St3gal5	PF14_0162
451	St3gal6	-
452	St6gal1	-
453	St6gal2	-
454	St6galnac1	PFA0420w
455	St6galnac3	-
456	St6galnac4	-
457	St6galnac5	-
458	St6galnac6	-
459	St8sia1	-
460	St8sia2	-
461	St8sia3	-
462	St8sia4	PFC0275w
463	St8sia5	-
464	St8sia6	-
465	Steap2	-
466	Steap4	-
467	Stip1	-
468	Stx11	-
469	Stx12	-
470	Stx16	PFL2070w
471	Stx18	-
472	Stx5a	-
473	Stx6	-
474	Sulf1	-
475	Sulf2	-
476	Syn1	-
477	Tgoln1	PFL0390c PFB0115w
478	Tgoln2	MAL13P1.269
479	Ticam2	-
480	Tjap1	PFB0145c
481	Tmco1	PF13_0331

482	Tmed2	PF13_0082
483	Tmed3	PF13_0082
484	Tmem1	-
485	Tmem130	-
486	Tmem132a	-
487	Tmem90a	-
488	Tpst1	-
489	Tpst2	-
490	Tpte	-
491	Trappc1	PF14_0049
492	Trappc2	PF13_0174
493	Trappc3	PFD0895c
494	Trappc4	PFC0445w
495	Trappc5	PF14_0358
496	Trim23	-
497	Trip10	-
498	Trpc2	-
499	Txndc8	-
500	Ust	-
501	Uxs1	PF08_0077
502	Vamp4	MAL13P1.135
503	Vamp5	MAL13P1.135
504	Vamp7	-
505	Vcpip1	-
506	Vti1b	PFL1740w
507	Wdr44	-
508	Wipi1	-
509	Xylt1	-
510	Xylt2	-
511	Yipf5	-
512	Zdhhc17	-
513	Zdhhc2	PFE1415w
514	Zdhhc3	PFF0485c
515	Zdhhc9	-
516	Zfyve1	PF14_0574

	T. brucei	**Homologes in *P. falciparum***
517	Tb09.160.0840	PF11_0479a
518	Tb09.211.2440	-
519	Tb09.211.3210	PF14_0358
520	Tb09.211.3810	PF14_0049
521	Tb09.211.4155	-
522	Tb09.244.2760	PFE1340w
523	Tb10.389.1310	PFD0930w
524	Tb10.6k15.1180	MAL7P1.164
525	Tb10.6k15.2500	PFE1400c
526	Tb10.6k15.2840	PF08_0036
527	Tb10.61.0910	-
528	Tb10.61.3010	PFE0625w
529	Tb10.70.0670	-
530	Tb10.70.4860	-
531	Tb10.70.5630	PFA0155c
532	Tb11.01.0480	PF14_0714
533	Tb11.01.0920	PFE1305c
534	Tb11.01.2030	PF14_0659
535	Tb11.01.2350	-
536	Tb11.01.2770	PF13_0124
537	Tb11.01.2990	-
538	Tb11.01.3740	PF11_0463
539	Tb11.01.5610	-
540	Tb11.01.6530	-
541	Tb11.01.6880	PFD1015w
542	Tb11.01.6890	PFL1500w
543	Tb11.01.6980	PFE0765w
544	Tb11.01.7570	PFC0445w
545	Tb11.01.8280	PFE0625w
546	Tb11.02.0260	PF10_0168
547	Tb11.02.5040	PF11_0207
548	Tb11.02.5080	-
549	Tb11.47.0033	PF13_0053
550	Tb11.55.0012	PFC0140c
551	Tb927.1.1980	MAL8P1.57
552	Tb927.1.3110	PFE0445c
553	Tb927.1.4500	PFF0540c
554	Tb927.2.2130	PF11_0461
555	Tb927.2.2370	-
556	Tb927.2.3190	PF13_0124
557	Tb927.2.4620	-
558	Tb927.2.6050	PFI0290c
559	Tb927.3.1210	PFD0250c
560	Tb927.3.1950	-
561	Tb927.3.2850	PF13_0124
562	Tb927.3.3720	-
563	Tb927.3.4000	PF11_0187
564	Tb927.3.5420	PF13_0324
565	Tb927.4.1080	PF13_0065
566	Tb927.4.2860	-
567	Tb927.4.450	PFF0330w
568	Tb927.4.5100	PFC0785c
569	Tb927.4.640	-
570	Tb927.4.740	-
571	Tb927.4.760	PF14_0529
572	Tb927.6.1540	-
573	Tb927.7.3180	PF13_0062
574	Tb927.7.450	PF10_0351
575	Tb927.7.6230	PF10_0337
576	Tb927.7.7060	-

577	Tb927.7.7290c	PFF0765c
578	Tb927.7.7290d	PFF0765c
579	Tb927.8.1870	-
580	Tb927.8.2200	PF11_0479a
581	Tb927.8.3660	PF08_0036
582	Tb927.8.5030	PFD0895c
583	Tb927.8.5740	PFC0785c
584	Tb927.8.6900	PF14_0358
585	Tb927.8.7270	-
586	Tb927.8.890	PFE0625w

	S. cerevisiae	**Homologes in *P. falciparum***
587	AGE2/YIL044C	PFE1305c
588	AKR1/YDR264C	-
589	AKR2/YOR034C	-
590	ANP1/YEL036C	-
591	APL4/YPR029C	-
592	APL5/YPL195W	-
593	APL6/YGR261C	-
594	APM3/YBR288C	-
595	APS1/YLR170C	-
596	APS3/YJL024C	-
597	ARF1/YDL192W	-
598	ARF2/YDL137W	-
599	ARF3/YOR094W	-
600	ARL1/YBR164C	-
601	ARL3/YPL051W	-
602	ARV1/YLR242C	-
603	ATG27/YJL178C	-
604	ATX2/YOR079C	-
605	AUR1/YKL004W	-
606	BCH1/YMR237W	-
607	BCH2/YKR027W	-
608	BET1/YIL004C	-
609	BET3/YKR068C	PFD0895c
610	BET5/YML077W	-
611	BOS1/YLR078C	-
612	BSC6/YOL137W	-
613	BUD7/YOR299W	-
614	CCC1/YLR220W	-
615	CCC2/YDR270W	PFI0240c
616	CHS5/YLR330W	-
617	CHS5/YLR330W	-
618	CHS5/YLR330W	-
619	CHS5/YLR330W	-
620	CHS5/YLR330W	-
621	CHS5/YLR330W	-
622	CHS5/YLR330W	-
623	CHS5/YLR330W	-
624	CHS5/YLR330W	-
625	CHS5/YLR330W	-
626	CHS5/YLR330W	-
627	CHS5/YLR330W	-
628	CHS5/YLR330W	-
629	CHS5/YLR330W	-
630	CHS5/YLR330W	-
631	CHS5/YLR330W	-
632	CHS6/YJL099W	-
633	COG1/YGL223C	-
634	COG2/YGR120C	-
635	COG3/YER157W	-
636	COG4/YPR105C	-
637	COG5/YNL051W	-
638	COG6/YNL041C	-
639	COG7/YGL005C	-
640	COG8/YML071C	-
641	COP1/YDL145C	-
642	COY1/YKL179C	PFL0350c
643	CPD1/YGR247W	-
644	CPT1/YNL130C	-
645	DGK1/YOR311C	-
646	DOP1/YDR141C	-
647	DRS2/YAL026C	PFL0950c PFL1125w
648	EMP24/YGL200C	-
649	EMP46/YLR080W	-
650	EMP47/YFL048C	-
651	ENT3/YJR125C	-
652	EPT1/YHR123W	-
653	ERV14/YGL054C	-
654	ERV25/YML012W	-
655	ERV41/YML067C	-
656	ERV46/YAL042W	-
657	GCS1/YDL226C	-
658	GDA1/YEL042W	MAL13P1.121 PF14_0297
659	GEF1/YJR040W	-
660	GET1/YGL020C	-
661	GET2/YER083C	-
662	GET3/YDL100C	-
663	GGA1/YDR358W	PFL0355c
664	GGA2/YHR108W	-
665	GLO3/YER122C	-
666	GMH1/YKR030W	PF11_0217
667	GNT1/YOR320C	-
668	GOS1/YHL031C	-
669	GOT1/YMR292W	PFD0930w
670	GRX6/YDL010W	PFC0271c
671	GRX7/YBR014C	PFC0271c
672	GVP36/YIL041W	-
673	GYP1/YOR070C	MAL13P1.244
674	HOC1/YJR075W	-

675	HVG1/YER039C	-
676	IMH1/YLR309C	PFB0145c
677	KEI1/YDR367W	-
678	KEX2/YNL238W	PFE0370c
679	KHA1/YJL094C	-
680	KRE2/YDR483W	-
681	KRE6/YPR159W	-
682	KSH1/YNL024C-A	-
683	KTR1/YOR099W	-
684	KTR2/YKR061W	-
685	KTR4/YBR199W	-
686	KTR5/YNL029C	-
687	KTR7/YIL085C	-
688	LAA1/YJL207C	-
689	LCB4/YOR171C	-
690	LCB5/YLR260W	-
691	LDB19/YOR322C	-
692	LPP1/YDR503C	-
693	MCD4/YKL165C	-
694	MNN1/YER001W	-
695	MNN10/YDR245W	-
696	MNN11/YJL183W	-
697	MNN2/YBR015C	-
698	MNN5/YJL186W	-
699	MNN9/YPL050C	-
700	MNT2/YGL257C	-
701	MNT3/YIL014W	-
702	MON2/YNL297C	-
703	MRL1/YPR079W	-
704	MST27/YGL051W	-
705	MST28/YAR033W	-
706	MTC1/YJL123C	-
707	NEO1/YIL048W	-
708	NPR1/YNL183C	-
709	OCH1/YGL038C	-
710	PCT1/YGR202C	-
711	PEP1/YBL017C	-
712	PEP12/YOR036W	-
713	PIS1/YPR113W	-
714	PMR1/YGL167C	PFL0590c PFA0310c
715	PSD2/YGR170W	PFI1370c
716	PTM1/YKL039W	-
717	RBD2/YPL246C	PFE0340c
718	RCY1/YJL204C	-
719	RER1/YCL001W	-
720	RET2/YFR051C	-
721	RET3/YPL010W	-
722	RGP1/YDR137W	-
723	RHO1/YPR165W	-
724	RIC1/YLR039C	-
725	RSP5/YER125W	-
726	RTN1/YDR233C	-
727	RUD3/YOR216C	PF11_0207
728	SAR1/YPL218W	-
729	SBE2/YDR351W	-
730	SBE22/YHR103W	-
731	SEC12/YNR026C	-
732	SEC14/YMR079W	-
733	SEC17/YBL050W	-
734	SEC21/YNL287W	-
735	SEC22/YLR268W	-
736	SEC23/YPR181C	-
737	SEC24/YIL109C	-
738	SEC26/YDR238C	-
739	SEC27/YGL137W	-
740	SEC28/YIL076W	-
741	SEC7/YDR170C	-
742	SED4/YCR067C	-
743	SED5/YLR026C	-
744	SFB2/YNL049C	-
745	SFB3/YHR098C	-
746	SFT1/YKL006C-A	-
747	SFT2/YBL102W	PF13_0124
748	SGM1/YJR134C	-
749	SNX3/YOR357C	-
750	STE6/YKL209C	-
751	STV1/YMR054W	-
752	SVP26/YHR181W	-
753	SWH1/YAR042W	-
754	SYS1/YJL004C	-
755	TCA17/YEL048C	-
756	TLG1/YDR468C	-
757	TLG2/YOL018C	-
758	TMN3/YER113C	-
759	TPO5/YKL174C	PFE1205c
760	TRS120/YDR407C	-
761	TRS130/YMR218C	-
762	TRS20/YBR254C	-
763	TRS23/YDR246W	-
764	TRS31/YDR472W	-
765	TRS33/YOR115C	-
766	TRS65/YGR166W	-
767	TRS85/YDR108W	-
768	TRX1/YLR043C	-
769	TRX2/YGR209C	-
770	TUL1/YKL034W	PFC0510w
771	TVP15/YDR100W	PFL0170w
772	TVP18/YMR071C	-
773	TVP23/YDR084C	-
774	TVP38/YKR088C	-
775	USO1/YDL058W	-
776	VAN1/YML115C	-
777	VPS13/YLL040C	-
778	VPS15/YBR097W	-
779	VPS34/YLR240W	-

780	VPS38/YLR360W	-
781	VPS5/YOR069W	-
782	VPS51/YKR020W	-
783	VPS52/YDR484W	-
784	VPS53/YJL029C	-
785	VPS54/YDR027C	-
786	VPS74/YDR372C	-
787	VPS8/YAL002W	-
788	VRG4/YGL225W	-
789	VTI1/YMR197C	-
790	YDC1/YPL087W	-
791	YIF1/YNL263C	-
792	YIP1/YGR172C	-
793	YIP3/YNL044W	-
794	YIP4/YGL198W	-
795	YIP5/YGL161C	PFD0945c
796	YKT6/YKL196C	-
797	YMD8/YML038C	-
798	YND1/YER005W	-
799	YOP1/YPR028W	-
800	YOS1/YER074W-A	-
801	YPC1/YBR183W	-
802	YPT1/YFL038C	-
803	YPT31/YER031C	-
804	YPT32/YGL210W	-
805	YPT6/YLR262C	PF11_0461
806	YUR1/YJL139C	-

Tabelle 7-3: Putative neue Golgiproteine in *P. falciparum*

Die Annotierung der putative Golgiproteine laut „PlasmoDB" ist genannt. Aus der Gruppe der Transmembranproteine (orange) sind putative Enzyme grün hervorgehoben, putative Transporter blau, konservierte Proteine ohne bekannte Funktionen grau und die übrigen Transmembranproteine in pink. Nicht-Transmembranproteine, die ein Signalpeptid (SP) exprimieren, sind gelb markiert. Die bekannten Golgiproteine aus *P. falciparum*, die bei der Analyse wiedergefunden wurden, sind **fett** markiert. S: *S. cerivisiae*, M: *M. musculus*, T: *T. brucei*, TD: Transmembrandomänen, SP: Signalpeptid, MW: Molekulares Gewicht, AS: Aminosäuren, bp: Basenpaare.

P. falciparum		TD	SP	MW [kDa]	AS	bp	Ursprungs-Spezies	Annotierung nach "PlasmoDB"	*Anmerkung*
1	MAL13P1.121	-	SP	66	565	1689	S	adenosine-diphosphatase, putative	ER-Retentions-signal: -SDEL
2	MAL13P1.135	-	-	26	221	666	M	SNARE protein, putative	
3	MAL13P1.244	-	-	41	347	1044	S	TBC domain protein, putative	
4	MAL13P1.269	-	-	95	786	2361	M	tryptophan-rich antigen	> 2 kb
5	MAL13P1.405	-	-	167	1435	4308	M	conserved protein, unknown function	> 2 kb
6	MAL13P1.51	-	-	23	207	624	M	secretory complex protein 61 alpha, Rab GTPase 5b	
7	MAL13P1.96	-	-	143	1218	3657	M	chromosome segregation protein, putative	> 2 kb
8	MAL7P1.164	-	-	100	858	2577	M, T	adapter-related protein, putative	> 2 kb

9	MAL8P1.57	7	-	99	852	2559	T	C-13 antigen	> 2 kb
10	PFA0155c	-	-	197	1634	4905	T	conserved Plasmodium protein, unknown function	> 2 kb
11	PFA0310c	8	-	139	1228	3687	S	calcium-transporting ATPase	> 2 kb
12	PFA0335w	-	-	24	214	645	M	Rab GTPase 5c	
13	PFA0420w	-	-	20	179	540	M	conserved Plasmodium protein, unknown function	
14	PFA0515w	-	-	200	1710	5133	M	phosphatidylinositol-4-phosphate-5-kinase	> 2 kb
15	PFB0115w	-	-	142	1192	3579	M	conserved Plasmodium protein, unknown function	> 2 kb
16	PFB0145c	-	-	238	1979	5940	M, S	conserved Plasmodium protein, unknown function	> 2 kb
17	PFB0535w	6	SP	37	311	936	M	GDP-fructose:GMP antiporter, putative	
18	PFB0915w	2	-	176	1558	4677	M	liver stage antigen 3	> 2 kb
19	PFC0140c	-	-	89	783	2352	T	N-ethylmaleimide sensitive fusion protein, putative	> 2 kb
20	PFC0271c	-	-	12	111	336	S	glutaredoxin 1	
21	PFC0275w	-	SP	75	653	1962	M	FAD-dependent glycerol-3-phosphate dehydrogenase, putative	
22	PFC0435w	-	SP	154	1294	3885	M	parasite-infected erythrocyte surface protein	
23	PFC0445w	-	-	17	145	438	M, T	sybindin-like protein, putative	
24	PFC0510w	5	-	99	836	2511	S	RING zinc finger protein, putative	> 2 kb
25	PFC0785c	-	-	27	225	678	T	proteasome regulatory	

								protein, putative	
26	PFD0110w	1		358	2971	8916	M	normocyte binding protein 1,reticulocyte binding protein homologue 1	> 2 kb; Rayner *et al.*, 2001; Stubbs *et al.*, 2005
27	PFD0250c	-	-	156	1350	4053	T	Sec24 subunit b	> 2 kb
28	PFD0895c	-	-	21	187	564	M, S, T	Bet3 transport protein, putative	
29	PFD0930w	3	SP	16	136	411	S, T	CGI-141 protein homolog, putative	
30	PFD0945c	5	-	64	536	1611	S	conserved Plasmodium membrane protein, unknown function	
31	PFD1015w	1	-	45	385	1158	T	conserved Plasmodium protein, unknown function	
32	PFE0230w	-	-	291	2349	7050	M	conserved Plasmodium protein, unknown function	> 2 kb
33	PFE0260w	9	-	74	611	1836	M	UDP-N-acetyl glucosamine: UMP antiporter	
34	PFE0330w	-	-	97	819	2460	M	conserved Plasmodium protein, unknown function	
35	PFE0340c	6	-	87	759	2280	S	rhomboid protease ROM4	O´Donnell *et al.*, 2006
36	PFE0370c	-	SP	78	688	2067	S	subtilisin-like protease 1	
37	PFE0410w	9	-	39	342	1029	M	triose phosphate transporter	
38	PFE0445c	-	-	35	298	897	T	SNAP protein (soluble N-ethylmaleimide-sensitive factor Attachment Protein), putative	
39	PFE0625w	-	-	23	200	603	M, T	Rab GTPase 1b	

40	PFE0690c	-	-	24	207	624	M	Rab GTPase 1a	
41	PFE0765w	-	-	256	2133	6402	T	phosphatidylinositol 3-kinase	> 2 kb
42	PFE1205c	4	-	18	154	465	S	conserved Plasmodium membrane protein, unknown function	
43	PFE1305c	-	-	59	505	1518	S, T	ADP-ribosylation factor GTPase-activating protein, putative	
44	PFE1340w	1	-	25	214	645	T	conserved Plasmodium protein, unknown function	
45	PFE1400c	-	-	166	929	2790	T	beta adaptin protein, putative	> 2 kb
46	PFE1415w	4	-	48	406	1221	M	cell cycle regulator with zn-finger domain, putative	
47	PFF0330w	-	-	177	1512	4539	T	coatomer alpha subunit, putative	> 2 kb
48	PFF0415c	1	-	13	106	321	M	conserved Plasmodium protein, unknown function	
49	PFF0485c	4	-	33	284	855	M	zinc finger protein, putative	
50	PFF0540c	7	-	33	287	864	T	conserved Plasmodium membrane protein, unknown function	
51	PFF0765c	-	-	141	1185	3558	M, T	conserved Plasmodium protein, unknown function	> 2 kb
52	PFF1215w	6	-	47	399	1200	M	sphingomyelin synthase, putative	
53	PFF1495w	-	-	49	394	1185	M	conserved Plasmodium protein, unknown function	

54	PFI0155c	-	-	24	206	621	M	Rab GTPase 7	
55	PFI0200c	-	-	161	1388	4167	M	adapter-related protein, putative	> 2 kb
56	PFI0240c	6	-	299	2563	7692	M, S	Cu2 -transporting ATPase, putative	> 2 kb
57	PFI0290c	-	-	118	1010	3033	T	beta subunit of coatomer complex, putative	> 2 kb
58	PFI1370c	-	-	42	353	1062	S	phosphatidylserine decarboxylase	
59	PFL0170w	12	-	150	1250	3753	S	transporter, putative	> 2 kb
60	PFL0350c	-	-	311	2612	7839	S	conserved Plasmodium protein, unknown function	> 2 kb
61	PFL0355c	-	-	100	840	2523	S	small subunit rRNA processing factor, putative	> 2 kb
62	PFL0390c	-	-	113	968	2907	M	conserved Plasmodium protein, unknown function	> 2 kb
63	PFL0590c	8	-	134	1208	3627	M, S	non-SERCA-type Ca2 -transporting P-ATPase	> 2 kb
64	PFL0950c	10	-	179	1555	4668	S	aminophospholipid-transporting P-ATPase	> 2 kb
65	PFL1125w	10	-	190	1618	4857	S	phospholipid-transporting ATPase, putative	> 2 kb
66	PFL1340c	-	-	91	771	2316	M	conserved Plasmodium protein, unknown function	> 2 kb
67	PFL1500w	-	-	24	21	642	M, T	Rab GTPase 2	
68	PFL1740w	1	-	49	410	1233	M	conserved Plasmodium protein, unknown function	
69	PFL2070w	1	-	36	302	909	M	syntaxin, Qa-SNARE family	

70	PFL2140c	-	-	37	332	999	M	ADP-ribosylation factor GTPase-activating protein, putative	
71	PFL2250c	-	-	88	725	2208	M	RAC-beta serine/threonine protein kinase	> 2 kb
72	PFL2280w	-	-	106	909	2730	M	serine/threonine protein kinase, putative	> 2 kb
73	PF07_0024	-	-	330	2814	8445	M	inositol phosphatase, putative	> 2 kb
74	PF07_0042	-	-	351	2910	8733	M	conserved Plasmodium protein, unknown function	> 2 kb
75	PF07_0065	6	-	63	556	1671	M	zinc transporter, putative	
76	PF08_0018	-	-	164	1397	4194	M	translation initiation factor-like protein	> 2 kb
77	PF08_0036	-	-	86	759	2280	T	Pfsec23	> 2 kb
78	PF08_0077	-	-	42	357	1074	M	GDP-mannose 4,6-dehydratase, putative	
79	PF08_0110	-	-	23	201	606	M	Rab GTPase 18	
80	**PF10_0168a**	**-**	**-**	**68**	**583**	**1752**	T	**golgi re-assembly stacking protein 2**	**Struck *et al.*, 2005**
81	PF10_0203	-	-	21	181	546	M	ADP-ribosylation factor	
82	PF10_0204	-	SP	43	353	1062	M	conserved Plasmodium protein, unknown function	Apikoplast-Transport-signal
83	PF10_0205	2	-	210	1761	5286	M	conserved Plasmodium protein, unknown function	> 2 kb
84	PF10_0337	-	-	20	178	537	M, T	ADP-ribosylation factor, putative	
85	PF10_0351	-	SP	65	566	1701	T	probable protein, unknown	Hu & Cabrera *et al.* 2010

								function	
86	PF11_0141	8	-	39	343	1032	M	UDP-galactose transporter, putative	
87	PF11_0187	-	-	18	155	468	M, T	clathrin assembly protein AP19, putative	
88	PF11_0207	-	-	129	1070	3213	M, S, T	conserved Plasmodium protein, unknown function	> 2 kb
89	PF11_0217	4	-	35	293	882	S	conserved Plasmodium membrane protein, unknown function	
90	PF11_0427	1	SP	30	259	780	M	dolichol phosphate mannose synthase	
91	**PF11_0461**	**-**	**-**	**24**	**207**	**624**	**M, S, T**	**Rab GTPase 6**	**De Castro *et al.*, 1996; Van Wye *et a l.*, 1996**
92	PF11_0463	-	-	124	1068	3207	T	coatamer gamma subunit, putative	> 2 kb
93	PF11_0479a	5	-	22	185	558	T	conserved Plasmodium membrane protein, unknown function	
94	PF11_0486	1	SP	243	2055	6168	M	merozoite adhesive erythrocytic binding protein	> 2 kb; Blair *et al.*, 2002; Ghai *et al.*, 2002
95	PF11_0550	-	SP	10	82	249	M	conserved Plasmodium protein, unknown function	interne *Avr*II-Schnittstelle
96	PF13_0047	-	-	73	607	1824	M	conserved Plasmodium protein, unknown function	
97	PF13_0053	-	-	198	1672	5019	T	conserved Plasmodium protein, unknown function	> 2 kb
98	PF13_0062	-	-	51	437	1314	T	clathrin-adaptor medium	

								chain, putative	
99	PF13_0065	-	-	69	611	1836	T	vacuolar ATP synthase subunit a	
100	PF13_0073	-	SP	46	381	1146	M	Plasmodium exported protein (hyp12), unknown function	Export-Motiv
101	PF13_0082	1	SP	24	206	621	M	cop-coated vesicle membrane protein p24 precursor, putative	
102	PF13_0119	-	-	25	216	651	M	Rab GTPase 11a	
103	PF13_0124	4	-	29	259	780	S, T	SFT2-like protein, putative	
104	PF13_0174	-	-	19	163	492	M	sedlin, putative	
105	PF13_0271	5	-	124	1049	3150	M	ABC transporter, (heavy metal transporter family), putative	> 2 kb
106	PF13_0324	-	-	107	940	2823	T	Sec24 subunit a	> 2 kb
107	PF13_0331	2	-	22	189	570	M	conserved protein, unknown function	
108	PF14_0049	-	-	23	192	579	M, T	sybindin-like protein, putative	
109	PF14_0162	-	-	77	646	1941	M	conserved Plasmodium protein, unknown function	
110	PF14_0297	2	-	105	874	2625	S	apyrase, putative	> 2 kb
111	PF14_0346	-	-	98	853	2562	M	cGMP-dependent protein kinase	> 2 kb
112	PF14_0358	-	-	22	184	555	T	41-2 protein antigen precursor,transport protein particle (TRAPP) component, Bet3	
113	PF14_0526a	-	-	24	205	618	M	conserved Plasmodium protein, unknown	

								function	
114	PF14_0529	-	-	124	1081	3246	T	gamma-adaptin, putative	> 2 kb
115	PF14_0574	-	-	38	325	978	M	conserved Plasmodium protein, unknown function	
116	PF14_0659	1	-	32	260	783	T	conserved Plasmodium protein, unknown function	
117	PF14_0714	6	-	46	394	1185	T	conserved Plasmodium membrane protein, unknown function	

7.4 Multiples Alignment von AMA1 verschiedener Isolate

Die Sequenzen stammen aus der Internetdatenbank „NCBI“ (www.ncbi.nlm.nih.gov/) und das Alignment wurde mittels „ClustalW2“ (http://www.ebi.ac.uk/Tools/clustalw2/index.html) generiert.

```
35              ----------SAFEFTYMINFGRGQNYWEHPYQKSDVYHPINEHREHSKEYEYPLHQ
51              ----------SAFEFTYMINFGRGQNYWEHPYQKSDVYHPINEHREHSKEYEYPLHQ
50              ----------SAFEFTYMINFGRGQNYWEHPYQKSDVYHPINEHREHSKEYEYPLHQ
49              ----------SAFEFTYMINFGRGQNYWEHPYQKSDVYHPINEHREHSKEYEYPLHQ
47              ----------SAFEFTYMINFGRGQNYWEHPYQKSDVYHPINEHREHSKEYEYPLHQ
46              ----------SAFEFTYMINFGRGQNYWEHPYQKSDVYHPINEHREHSKEYEYPLHQ
45              ----------SAFEFTYMINFGRGQNYWEHPYQKSDVYHPINEHREHSKEYEYPLHQ
44              ----------SAFEFTYMINFGRGQNYWEHPYQKSDVYHPINEHREHSKEYEYPLHQ
43              ----------SAFEFTYMINFGRGQNYWEHPYQKSDVYHPINEHREHSKEYEYPLHQ
42              ----------SAFEFTYMINFGRGQNYWEHPYQKSDVYHPINEHREHSKEYEYPLHQ
41              ----------SAFEFTYMINFGRGQNYWEHPYQKSDVYHPINEHREHSKEYEYPLHQ
39              ----------SAFEFTYMINFGRGQNYWEHPYQKSDVYHPINEHREHSKEYEYPLHQ
38              ----------SAFEFTYMINFGRGQNYWEHPYQKSDVYHPINEHREHSKEYEYPLHQ
37              ----------SAFEFTYMINFGRGQNYWEHPYQKSDVYHPINEHREHSKEYEYPLHQ
48              ----------SAFEFTYMINFGRGQNYWEHPYQKSDVYHPINEHREHSKEYEYPLHQ
7               MRKLYCVLLLSAFEFTYMINFGRGQNYWEHPYQKSDVYHPINEHREHSKEYEYPLHQ
5               MRKLYCVLLLSAFEFTYMINFGRGQNYWEHPYQKSDVYHPINEHREHSKEYEYPLHQ
P50492.1        MRKLYCVLLLSAFEFTYMINFGRGQNYWEHPYQKSDVYHPINEHREHSKEYEYPLHQ
11              MRKLYCVLLLSAFEFTYMINFGRGQNYWEHPYQKSDVYHPINEHREHSKEYEYPLHQ
10              MRKLYCVLLLSAFEFTYMINFGRGQNYWEHPYQKSDVYHPINEHREHSKEYEYPLHQ
```

```
9           MRKLYCVLLLSAFEFTYMINFGRGQNYWEHPYQKSDVYHPINEHREHSKEYEYPLHQ
8           MRKLYCVLLLSAFEFTYMINFGRGQNYWEHPYQKSDVYHPINEHREHSKEYEYPLHQ
6           MRKLYCVLLLSAFEFTYMINFGRGQNYWEHPYQKSDVYHPINEHREHSKEYEYPLHQ
12          MRKLYCVLLLSAFEFTYMINFGRGQNYWEHPYQKSDVYHPINKHREHSKEYEYPLHQ
13          MRKLYCVLLLSAFEFTYMINFGRGQNYWEHPYQKSDVYHPINEHREHSKEYQYPLHQ
14          MRKLYCVLLLSAFEFTYMINFGRGQNYWEHPYQKSDVYHPINEHREHPKEYQYPLHQ
15          MRKLYCVLLLSAFEFTYMINFGRGQNYWEHPYQKSDVYHPINEHREHPKEYQYPLHQ
16          MRKLYCVLLLSAFEFTYMINFGRGQNYWEHPYQKSDVYHPINEHREHPKEYQYPLHQ
17          MRKLYCVLLLSAFEFTYMINFGRGQNYWEHPYQKSDVYHPINEHREHPKEYEYPLHQ
18          MRKLYCVLLLSAFEFTYMINFGRGQNYWEHPYQKSDVYHPINEHREHPKEYEYPLHQ
19          MRKLYCVLLLSAFEFTYMINFGRGQNYWEHPYQKSDVYHPINEHREHPKEYEYPLHQ
23          MRKLYCVLLLSAFEFTYMINFGRGQNYWEHPYQNSDVYHPINEHREHPKEYQYPLHQ
25          MRKLYCVLLLSAFEFTYMINFGRGQNYWEHPYQNSDVYHPINEHREHPKEYQYPLHQ
28          MRKLYCVLLLSAFEFTYMINFGRGQNYWEHPYQNSNVYHPINEHREHPKEYEYPLHQ
29          MRKLYCVLLLSAFEFTYMINFGRGQNYWEHPYQNSNVYHPINEHREHPKEYEYPLHQ
27          MRKLYCVLLLSAFEFTYMINFGRGQNYWEHPYQNSDVYRPINEHREHPKEYEYPLHQ
30          MRKLYCVLLLSAFEFTYMINFGRGQNYWEHPYQNSNVYHPINEHREHPKKYEYPLHQ
31          MRKLYCVLLLSAFEFTYMINFGRGQNYWEHPYQNSDVYRPINEHREHPKEYEYPLHQ
P50491.1    MRKLYCVLLLSAFEFTYMINFGRGQNYWEHPYQNSDVYRPINEHREHPKEYEYPLLQ
20          MRKLYCVLLLSAFEFTYMINFGRGQNYWEHPYQKSDVYHPINEHREHPKEYEYPLHQ
21          MRKLYCVLLLSAFEFTYMINFGRGQNYWEHPYQKSDVYHPINEHREHPKEYEYPLHQ
P50490.1    MRKLYCVLLLSAFEFTYMINFGRGQNYWEHPYQKSGVYHPINEHREHPKEYEYPLHQ
P50489.1    MRKLYCVLLLSAFEFTYMINFGRGQNYWEHPYQNSNVYHPINEHREHPKEYQYPLHQ
22          MRKLYCVLLLSAFEFTYMINFGRGQNYWEHPYQNSDVYHPINEHREHPKEYEYPLHQ
24          MRKLYCVLLLSAFEFTYMINFGRGQNYWEHPYQNSDVYHPINEHREHPKEYEYPLHQ
26          MRKLYCVLLLSAFEFTYMINFGRGQNYWEHPYQNSDVYHPINEHREHPKEYEYPLHQ
1           MRKLYCVLLLSAFEFTYMINFGRGQNYWEHPYQNSDVYRPINEHREHPKEYEYPLHQ
2           MRKLYCVLLLSAFEFTYMINFGRGQNYWEHPYQNSDVYRPINEHREHPKEYEYPLHQ
33          MRKLYCVLLLSAFEFTYMINFGRGQNYWEHPYQNSDVYRPINEHREHPKEYEYPLHQ
34          MRKLYCVLLLSAFEFTYMINFGRGQNYWEHPYQNSDVYRPINEHREHPKEYEYPLHQ
36          ----------SAFEFTYMINFGRGQNYWEHPYQNSGVYHPINEHREHPKEYQYPLHQ
52          ----------SAFEFTYMINFGRGQNYWEHPYQNSGVYHPINEHREHPKEYQYPLHQ
3           MRKLYCVLLLSAFEFTYMINFGRGQNYWEHPYQNSGVYHPINEHREHPKEYQYPLHQ
4           MRKLYCVLLLSAFEFTYMINFGRGQNYWEHPYQNSGVYHPINEHREHPKEYQYPLHQ
40          ----------SAFEFTYMINFGRGQNYWEHPYQNSGVYHPINEHREHPKEYQYPLHQ
P22621.1    MRKLYCVLLLSAFEFTYMINFGRGQNYWEHPYQKSDVYHPINEHREHPKEYQYPLHQ
32          MRKLYCVLLLSAFEFTYMINFGRGQNYWEHPYQNSDVYHPINEHREHPKEYEYPLHQ
                      ***********************:*.**:***:****.*:*:*** *

35          YQQEDSGEDENTLQHAYPIDHEGAEPAPQEQNLFSSIEIVERSNYMGNPWTEYMAKY
51          YQQEDSGEDENTLQHAYPIDHEGAEPAPQEQNLFSSIEIVERSNYMGNPWTEYMAKY
50          YQQEDSGEDENTLQHAYPIDHEGAEPAPQEQNLFSSIEIVERSNYMGNPWTEYMAKY
49          YQQEDSGEDENTLQHAYPIDHEGAEPAPQEQNLFSSIEIVERSNYMGNPWTEYMAKY
47          YQQEDSGEDENTLQHAYPIDHEGAEPAPQEQNLFSSIEIVERSNYMGNPWTEYMAKY
46          YQQEDSGEDENTLQHAYPIDHEGAEPAPQEQNLFSSIEIVERSNYMGNPWTEYMAKY
45          YQQEDSGEDENTLQHAYPIDHEGAEPAPQEQNLFSSIEIVERSNYMGNPWTEYMAKY
44          YQQEDSGEDENTLQHAYPIDHEGAEPAPQEQNLFSSIEIVERSNYMGNPWTEYMAKY
43          YQQEDSGEDENTLQHAYPIDHEGAEPAPQEQNLFSSIEIVERSNYMGNPWTEYMAKY
```

```
42          YQQEDSGEDENTLQHAYPIDHEGAEPAPQEQNLFSSIEIVERSNYMGNPWTEYMAKY
41          YQQEDSGEDENTLQHAYPIDHEGAEPAPQEQNLFSSIEIVERSNYMGNPWTEYMAKY
39          YQQEDSGEDENTLQHAYPIDHEGAEPAPQEQNLFSSIEIVERSNYMGNPWTEYMAKY
38          YQQEDSGEDENTLQHAYPIDHEGAEPAPQEQNLFSSIEIVERSNYMGNPWTEYMAKY
37          YQQEDSGEDENTLQHAYPIDHEGAEPAPQEQNLFSSIEIVERSNYMGNPWTEYMAKY
48          YQQEDSGEDENTLQHAYPIDHEGAEPAPQEQNLFSSIEIVERSNYMGNPWTEYMAKY
7           YQQEDSGEDENTLQHAYPIDHEGAEPAPQEQNLFSSIEIVERSNYMGNPWTEYMAKY
5           YQQEDSGEDENTLQHAYPIDHEGAEPAPQEQNLFSSIEIVERSNYMGNPWTEYMAKY
P50492.1    YQQEDSGEDENTLQHAYPIDHEGAEPAPQEQNLFSSIEIVERSNYMGNPWTEYMAKY
11          YQQEDSGEDENTLQHAYPIDHEGAEPAPQEQNLFSSIEIVERSNYMGNPWTEYMAKY
10          YQQEDSGEDENTLQHAYPIDHEGAEPAPQEQNLFSSIEIVERSNYMGNPWTEYMAKY
9           YQQEDSGEDENTLQHAYPIDHEGAEPAPQEQNLFSSIEIVERSNYMGNPWTEYMAKY
8           YQQEDSGEDENTLQHAYPIDHEGAEPAPQEQNLFSSIEIVERSNYMGNPWTEYMAKY
6           YQQEDSGEDENTLQHAYPIDHEGAEPAPQEQNLFSSIEIVERSNYMGNPWTEYMAKY
12          YQQEDSGEDENTLQHAYPIDHEGAEPAPQEQNLFSSIEIVERSNYMGNPWTEYMAKY
13          YQQEDSGEDENTLQHAYPIDHEGAEPAPQEQNLFSSIEIVERSNYMGNPWTEYMAKY
14          YQQEDSGEDENTLQHAYPIDHEGAEPAPQEQNLFSSIEIVERSNYMGNPWTEYMAKY
15          YQQEDSGEDENTLQHAYPIDHEGAEPAPQEQNLFSSIEIVERSNYMGNPWTEYMAKY
16          YQQEDSGEDENTLQHAYPIDHEGAEPAPQEQNLFSSIEIVERSNYMGNPWTEYMAKY
17          YQQEDSGEDENTLQHAYPIDHEGAEPAPQEQNLFSSIEIVERSNYMGNPWTEYMAKY
18          YQQEDSGEDENTLQHAYPIDHEGAEPAPQEQNLFSSIEIVERSNYMGNPWTEYMAKY
19          YQQEDSGEDENTLQHAYPIDHEGAEPAPQEQNLFSSIEIVERSNYMGNPWTEYMAKY
23          YQQEDSGEDENTLQHAYPIDHEGAEPAPQEQNLFSSIEIVERSNYMGNPWTEYMAKY
25          YQQEDSGEDENTLQHAYPIDHEGAEPAPQEQNLFSSIEIVERSNYMGNPWTEYMAKY
28          YQQEDSGEDENTLQHAYPIDHEGAEPAPQEQNLFSSIEIVERSNYMGNPWTEYMAKY
29          YQQEDSGEDENTLQHAYPIDHEGAEPAPQEQNLFSSIEIVERSNYMGNPWTEYMAKY
27          YQQEDSGEDENTLQHAYPIDHEGAEPAPQEQNLFSSIEIVERSNYMGNPWTEYMAKY
30          YQQEDSGEDENTLQHAYPIDHEGAEPAPQEQNLFSSIEIVERSNYMGNPWTEYMAKY
31          YQQEDSGEDENTLQHAYPIDHEGAEPAPQEQNLFSSIEIVERSNYMGNPWTEYMAKY
P50491.1    YQQEDSGEDENTLQHAYPIDHEGAEPAPQEQNLFSSIEIVERSNYMGNPWTEYMAKY
20          YQQEDSGEDENTLQHAYPIDHEGAEPAPQEQNLFSSIEIVERSNYMGNPWTEYMAKY
21          YQQEDSGEDENTLQHAYPIDHEGAEPAPQEQNLFSSIEIVERSNYMGNPWTEYMAKY
P50490.1    YQQEDSGEDENTLQHAYPIDHEGAEPAPQEQNLFSSIEIVERSNYMGNPWTEYMAKY
P50489.1    YQQEDSGEDENTLQHAYPIDHEGAEPAPQEQNLFSSIEIVERSNYMGNPWTEYMAKY
22          YQQEDSGEDENTLQHAYPIDHEGAEPAPQEQNLFSSIEIVERSNYMGNPWTEYMAKY
24          YQQEDSGEDENTLQHAYPIDHEGAEPAPQEQNLFSSIEIVERSNYMGNPWTEYMAKY
26          YQQEDSGEDENTLQHAYPIDHEGAEPAPQEQNLFSSIEIVERSNYMGNPWTEYMAKY
1           YQQEDSGEDENTLQHAYPIDHEGAEPAPQEQNLFSSIEIVERSNYMGNPWTEYMAKY
2           YQQEDSGEDENTLQHAYPIDHEGAEPAPQEQNLFSSIEIVERSNYMGNPWTEYMAKY
33          YQQEDSGEDENTLQHAYPIDHEGAEPAPQEQNLFSSIEIVERSNYMGNPWTEYMAKY
34          YQQEDSGEDENTLQHAYPIDHEGAEPAPQEQNLFSSIEIVERSNYMGNPWTEYMAKY
36          YQQEDSGEDENTLQHAYPIDHEGAEPAPQEQNLFSSIEIVERSNYMGNPWTEYMAKY
52          YQQEDSGEDENTLQHAYPIDHEGAEPAPQEQNLFSSIEIVERSNYMGNPWTEYMAKY
3           YQQEDSGEDENTLQHAYPIDHEGAEPAPQEQNLFSSIEIVERSNYMGNPWTEYMAKY
4           YQQEDSGEDENTLQHAYPIDHEGAEPAPQEQNLFSSIEIVERSNYMGNPWTEYMAKY
40          YQQEDSGEDENTLQHAYPIDHEGAEPAPQEQNLFSSIEIVERSNYMGNPWTEYMAKY
P22621.1    YQQEDSGEDENTLQHAYPIDHEGAEPAPQEQNLFSSIEIVERSNYMGNPWTEYMAKY
32          YQQEDSGEDENTLQHAYPIDHEGAEPAPQEQNLFSSIEIVERSNYMGNPWTEYMAKY
            *********************************************************
```

```
35          EVHGSGIRVDLGEDAEVAGTQYRLPSGKCPVFGKGIIIENSNTTFLKPVATGNQDLK
51          EVHGSGIRVDLGEDAEVAGTQYRLPSGKCPVFGKGIIIENSNTTFLKPVATGNQDLK
50          EVHGSGIRVDLGEDAEVAGTQYRLPSGKCPVFGKGIIIENSNTTFLKPVATGNQDLK
49          EVHGSGIRVDLGEDAEVAGTQYRLPSGKCPVFGKGIIIENSNTTFLKPVATGNQDLK
47          EVHGSGIRVDLGEDAEVAGTQYRLPSGKCPVFGKGIIIENSNTTFLKPVATGNQDLK
46          EVHGSGIRVDLGEDAEVAGTQYRLPSGKCPVFGKGIIIENSNTTFLKPVATGNQDLK
45          EVHGSGIRVDLGEDAEVAGTQYRLPSGKCPVFGKGIIIENSNTTFLKPVATGNQDLK
44          EVHGSGIRVDLGEDAEVAGTQYRLPSGKCPVFGKGIIIENSNTTFLKPVATGNQDLK
43          EVHGSGIRVDLGEDAEVAGTQYRLPSGKCPVFGKGIIIENSNTTFLKPVATGNQDLK
42          EVHGSGIRVDLGEDAEVAGTQYRLPSGKCPVFGKGIIIENSNTTFLKPVATGNQDLK
41          EVHGSGIRVDLGEDAEVAGTQYRLPSGKCPVFGKGIIIENSNTTFLKPVATGNQDLK
39          EVHGSGIRVDLGEDAEVAGTQYRLPSGKCPVFGKGIIIENSNTTFLKPVATGNQDLK
38          EVHGSGIRVDLGEDAEVAGTQYRLPSGKCPVFGKGIIIENSNTTFLKPVATGNQDLK
37          EVHGSGIRVDLGEDAEVAGTQYRLPSGKCPVFGKGIIIENSNTTFLKPVATGNQDLK
48          EVHGSGIRVDLGEDAEVAGTQYRLPSGKCPVFGKGIIIENSNTTFLKPVATGNQDLK
7           EVHGSGIRVDLGEDAEVAGTQYRLPSGKCPVFGKGIIIENSNTTFLKPVATGNQDLK
5           EVHGSGIRVDLGEDAEVAGTQYRLPSGKCPVFGKGIIIENSNTTFLKPVATGNQDLK
P50492.1    EVHGSGIRVDLGEDAEVAGTQYRLPSGKCPVFGKGIIIENSNTTFLKPVATGNQDLK
11          EVHGSGIRVDLGEDAEVAGTQYRLPSGKCPVFGKGIIIENSNTTFLKPVATGNQDLK
10          EVHGSGIRVDLGEDAEVAGTQYRLPSGKCPVFGKGIIIENSNTTFLKPVATGNQDLK
9           EVHGSGIRVDLGEDAEVAGTQYRLPSGKCPVFGKGIIIENSNTTFLKPVATGNQDLK
8           EVHGSGIRVDLGEDAEVAGTQYRLPSGKCPVFGKGIIIENSNTSFLKPVATGNQDLK
6           EVHGSGIRVDLGEDAEVAGTQYRLPSGKCPVFGKGIIIENSNTTFLKPVATGNQDLK
12          EVHGSGIRVDLGEDAEVAGTQYRLPSGKCPVFGKGIIIENSNTTFLKPVATGNQYLK
13          EVHGSGIRVDLGEDAEVAGTQYRLPSGKCPVFGKGIIIENSNTTFLKPVATGNQDLK
14          EVHGSGIRVDLGEDAEVAGTQYRLPSGKCPVFGKGIIIENSKTTFLTPVATENQDLK
15          EVHGSGIRVDLGEDAEVAGTQYRLPSGKCPVFGKGIIIENSKTTFLTPVATENQDLK
16          EVHGSGIRVDLGEDAEVAGTQYRLPSGKCPVFGKGIIIENSNTTFLTPVATENQDLK
17          EVHGSGIRVDLGEDAEVAGTQYRLPSGKCPVFGKGIIIENSKTTFLTPVATENQDLK
18          EVHGSGIRVDLGEDAEVAGTQYRLPSGKCPVFGKGIIIENSKTTFLTPVATENQDLK
19          EVHGSGIRVDLGEDAEVAGTQYRLPSGKCPVFGKGIIIENSKTTFLTPVATENQDLK
23          EVHGSGIRVDLGEDAEVAGTQYRLPSGKCPVFGKGIIIENSNTTFLTPVATENQDLK
25          EVHGSGIRVDLGEDAEVAGTQYRLPSGKCPVFGKGIIIENSNTTFLTPVATENQDLK
28          EVHGSGIRVDLGEDAEVAGTQYRLPSGKCPVFGKGIIIENSNTTFLTPVATGKQDLK
29          EVHGSGIRVDLGEDAEVAGTQYRLPSGKCPVFGKGIIIENSNTTFLTPVATEKQDLK
27          EVHGSGIRVDLGEDAEVAGTQYRLPSGKCPVFGKGIIIENSNTTFLTPVATGNQDLK
30          EVHGSGIRVDLGEDAEVAGTQYRLPSGKCPVFGKGIIIENSNTTFLTPVATGNQDLK
31          KVHGSGIRVDLGEDAEVAGTQYRLPSGKCPVFGKGIIIENSKTTFLTPVATENQDLK
P50491.1    KVHGSGIRVDLGEDAEVAGTQYRLPSGKCPVFGKGIIIENSKTTFLTPVATENQDLK
20          EVHGSGIRVDLGEDAEVAGTQYRLPSGKCPVFGKGIIIENSNTTFLKPVATGNQDLK
21          EVHGSGIRVDLGEDAEVAGTQYRLPSGKCPVFGKGIIIENSNTTFLKPVATGNQDLK
P50490.1    EVHGSGIRVDLGEDAEVAGTQYRLPSGKCPVFGKGIIIENSNTTFLKPVATGNQDLK
P50489.1    EVHGSGIRVDLGEDAEVAGTQYRLPSGKCPVFGKGIIIENSNTTFLKPVATGNQDLK
22          EVHGSGIRVDLGEDAEVAGTQYRLPSGKCPVFGKGIIIENSNTTFLKPVATGNQDLK
24          EVHGSGIRVDLGEDAEVAGTQYRLPSGKCPVFGKGIIIENSNTTFLTPVATGNQDLK
26          EVHGSGIRVDLGEDAEVAGTQYRLPSGKCPVFGKGIIIENSNTTFLTPVATGNQDLK
1           EVHGSGIRVDLGEDAEVAGTQYRLPSGKCPVFGKGIIIENSNTTFLTPVATGNQYLK
2           EVHGSGIRVDLGEDAEVAGTQYRLPSGKCPVFGKGIIIENSNTTFLTPVATGNQYLK
33          EVHGSGIRVDLGEDAEVAGTQYRLPSGKCPVFGKGIIIENSNTTFLTPVATGNQYLK
34          EVHGSGIRVDLGEDAEVAGTQYRLPSGKCPVFGKGIIIENSNTTFLTPVATGNQYLK
36          EVHGSGIRVDLGEDAEVAGTQYRLPSGKCPVFGKGIIIENSNTTFLTPVATGNQYLK
```

```
52          EVHGSGIRVDLGEDAEVAGTQYRLPSGKCPVFGKGIIIENSNTTFLTPVATGNQYLK
3           EVHGSGIRVDLGEDAEVAGTQYRLPSGKCPVFGKGIIIENSNTTFLTPVATGNQYLK
4           EVHGSGIRVDLGEDAEVAGTQYRLPSGKCPVFGKGIIIENSNTTFLTPVATGNQYLK
40          EVHGSGIRVDLGEDAEVAGTQYRLPSGKCPVFGKGIIIENSNTTFLTPVATGNQDLK
P22621.1    EVHGSGIRVDLGEDAEVAGTQYRLPSGKCPVFGKGIIIENSNTTFLTPVATGNQYLK
32          EVHGSGIRVDLGEDAEVAGTQYRLPSGKCPVFGKGIIIENSNTTFLKPVATGNQDLK
            :**************************************:*:**.****  :* **

35          FAFPPTNPLISPMTLDHMRDFYKNNEYVKNLDELTLCSRHAGNMNPDNDKNSNYKYP
51          FAFPPTNPLISPMTLDHMRDFYKNNEYVKNLDELTLCSRHAGNMNPDNDKNSNYKYP
50          FAFPPTNPLISPMTLDHMRDFYKNNEYVKNLDELTLCSRHAGNMNPDNDKNSNYKYP
49          FAFPPTNPLISPMTLDHMRDFYKNNEYVKNLDELTLCSRHAGNMNPDNDKNSNYKYP
47          FAFPPTNPLISPMTLDHMRDFYKNNEYVKNLDELTLCSRHAGNMNPDNDKNSNYKYP
46          FAFPPTNPLISPMTLDHMRDFYKNNEYVKNLDELTLCSRHAGNMNPDNDKNSNYKYP
45          FAFPPTNPLISPMTLDHMRDFYKNNEYVKNLDELTLCSRHAGNMNPDNDKNSNYKYP
44          FAFPPTNPLISPMTLDHMRDFYKNNEYVKNLDELTLCSRHAGNMNPDNDKNSNYKYP
43          FAFPPTNPLISPMTLDHMRDFYKNNEYVKNLDELTLCSRHAGNMNPDNDKNSNYKYP
42          FAFPPTNPLISPMTLDHMRDFYKNNEYVKNLDELTLCSRHAGNMNPDNDKNSNYKYP
41          FAFPPTNPLISPMTLDHMRDFYKNNEYVKNLDELTLCSRHAGNMNPDNDKNSNYKYP
39          FAFPPTNPLISPMTLDHMRDFYKNNEYVKNLDELTLCSRHAGNMNPDNDKNSNYKYP
38          FAFPPTNPLISPMTLDHMRDFYKNNEYVKNLDELTLCSRHAGNMNPDNDKNSNYKYP
37          FAFPPTNPLISPMTLDHMRDFYKNNEYVKNLDELTLCSRHAGNMNPDNDKNSNYKYP
48          FAFPPTNPLISPMTLDHMRDFYKNNEYVKNLDELTLCSRHAGNMNPDNDKNSNYKYP
7           FAFPPTNPLISPMTLDHMRDFYKNNEYVKNLDELTLCSRHAGNMNPDNDKNSNYKYP
5           FAFPPTNPLISPMTLDHMRDFYKNNEYVKNLDELTLCSRHAGNMNPDNDKNSNYKYP
P50492.1    FAFPPTNPLISPMTLDHMRDFYKNNEYVKNLDELTLCSRHAGNMNPDNDKNSNYKYP
11          FAFPPTNPLISPMTLDHMRDFYKNNEYVKNLDELTLCSRHAGNMNPDNDKNSNYKYP
10          FAFPPTNPLISPMTLDHMRDFYKNNEYVKNLDELTLCSRHAGNMNPDDDKNSNYKYP
9           FAFPPTNPLISPMTLDHMRDFYKNNEYVKNLDELTLCSRHAGNMNPDNDKNSNYKYP
8           IAFPPTNPLISPMTLDHMRDFYKNNEYVKNLDELTLCSRHAGNMNPDNDKNSNYKYP
6           FAFPPTNPLISPMTLDHMRDFYKNNEYVKNLDELTLCSRHAGNMNPDNDKNSNYKYP
12          FAFPPTNPLISPMTLDHMRDFYKNNEYVKNLDELTLCSRHAGNMNPDNDKNSNYKYP
13          FAFPPTEPLISPMTLDDMRDFYKDNEYVKNLDELTLCSRHAGNMNPDNDENSNYKYP
14          FAFPPTEPLMSPMTLDDMRRFYKDNEYVKNLDELTLCSRHAGNMNPDNDKNSNYKYP
15          FAFPPTEPLMSPMTLDDMRRFYKDNEYVKNLDELTLCSRHAGNMNPDNDKNSNYKYP
16          FAFPPTEPLMSPMTLDDMRRFYKDNEYVKNLDELTLCSRHAGNMNPDNDKNSNYKYP
17          FAFPPTKPLMSPMTLDHMRDFYKDNEYVKNLDELTLCSRHAGNMNPDNDKNSNYKYP
18          FAFPPTKPLMSPMTLDHMRDFYKDNEYVKNLDELTLCSRHAGNMNPDNDKNSNYKYP
19          FAFPPTKPLMSPMTLDHMRDFYKDNEYVKNLDELTLCSRHAGNMNPDNDKNSNYKYP
23          FAFPPTKPLISPMTLDQMRDFYKNNEYVKNLDELTLCSRHAGNMNPDNDENSNYKYP
25          FAFPPTKPLISPMTLDQMRDFYKNNEYVKNLDELTLCSRHAGNMNPDNDENSNYKYP
28          FAFPPTNPLMSPMTLDQMRHFYKDNEYVKNLDELTLCSRHAGNMNPDNDENSNYKYP
29          FAFPPTNPLMSPMTLDQMRHFYKDNEYVKNLDELTLCSRHAGNMNPDNDENSNYKYP
27          FAFPPTEPLMSPMTLDQMRHFYKDNEYVKNLDELTLCSRHAGNMNPDNDENSNYKYP
30          FAFPPTNPPMSPMTLNGMRDLYKNNEYVKNLDELTLCSRHAGNMNPDNDENSNYKYP
31          FAFPPTEPLISPMTLDQMRHLYKDNEYVKNLDELTLCSRHAGNMNPDNDKNSNYKYP
P50491.1    FAFPPTEPLISPMTLDQMRHLYKDNEYVKNLDELTLCSRHAGNMNPDNDKNSNYKYP
20          FAFPPTNPLISPMTLNGMRDFYKNNEYVKNLDELTLCSRHAGNMNPDNDKNSNYKYP
21          FAFPPTNPLISPMTLNGMRDFYKNNEYVKNLDELTLCSRHAGNMNPDNDKNSNYKYP
P50490.1    FAFPPTNPLISPMTLNGMRDFYKNNEYVKNLDELTLCSRHAGNMNPDNDKNSNYKYP
P50489.1    FAFPPTEPLISPMTLNGMRDFYKNNEYVKNLDELTLCSRHAGNMNPDKDENSNYKYP
22          FAFPPTEPLISPMTLDDMRDFYKNNEYVKNLDELTLCSRHAGNMNPDNDKNSNYKYP
```

```
24          FAFPPTEPLMSPMTLDEMRDFYKDNEYVKNLDELTLCSRHAGNMNPDNDKNSNYKYP
26          FAFPPTEPLMSPMTLDEMRDFYKDNEYVKNLDELTLCSRHAGNMNPDNDKNSNYKYP
1           FAFPPTEPHMSPMTLDEMRHFYKDNKYVKNLDELTLCSRHAGNMIPDNDKNSNYKYP
2           FAFPPTEPHMSPMTLDEMRHFYKDNKYVKNLDELTLCSRHAGNMIPDNDKNSNYKYP
33          FAFPPTEPLMSPMTLDEMRHFYKDNKYVKNLDELTLCSRHAGNMIPDNDKNSNYKYP
34          FAFPPTEPLMSPMTLDEMRHFYKDNKYVKNLDELTLCSRHAGNMIPDNDKNSNYKYP
36          FAFPPTEPLMSPMTLDEMRHFYKDNKYVKNLDELTLCSRHAGNMIPDNDKNSNYKYP
52          FAFPPTEPLMSPMTLDEMRHFYKDNKYVKNLDELTLCSRHAGNMIPDNDKNSNYKYP
3           FAFPPTEPLMSPMTLDEMRHFYKDNKYVKNLDELTLCSRHAGNMIPDNDKNSNYKYP
4           FAFPPTEPLMSPMTLDEMRHFYKDNKYVKNLDELTLCSRHAGNMIPDNDKNSNYKYP
40          FAFPPTEPLMSPMTLDEMRHFYKDNKYVKNLDELTLCSRHAGNMIPDNDKNSNYKYP
P22621.1    FAFPPTEPLMSPMTLDEMRHFYKDNKYVKNLDELTLCSRHAGNMIPDNDKNSNYKYP
32          FAFPPTEPLISPMTLDDMRDFYKDNEYVKNLDELTLCSRHAGNMIPDNDKNSNYKYP
            :*****:* :*****: ** :**:*:****************** **.*:*******


35          DYNDKKCHILYIAAQENNGPRYCNKDESKRNSMFCFRPAKDKSFQNYTYLSKNVVDN
51          DYNDKKCHILYIAAQENNGPRYCNKDESKRNSMFCFRPAKDKSFQNYTYLSKNVVDN
50          DYNDKKCHILYIAAQENNGPRYCNKDESKRNSMFCFRPAKDKSFQNYTYLSKNVVDN
49          DYNDKKCHILYIAAQENNGPRYCNKDESKRNSMFCFRPAKDKSFQNYTYLSKNVVDN
47          DYNDKKCHILYIAAQENNGPRYCNKDESKRNSMFCFRPAKDKSFQNYTYLSKNVVDN
46          DYNDKKCHILYIAAQENNGPRYCNKDESKRNSMFCFRPAKDKSFQNYTYLSKNVVDN
45          DYNDKKCHILYIAAQENNGPRYCNKDESKRNSMFCFRPAKDKSFQNYTYLSKNVVDN
44          DYNDKKCHILYIAAQENNGPRYCNKDESKRNSMFCFRPAKDKSFQNYTYLSKNVVDN
43          DYNDKKCHILYIAAQENNGPRYCNKDESKRNSMFCFRPAKDKSFQNYTYLSKNVVDN
42          DYNDKKCHILYIAAQENNGPRYCNKDESKRNSMFCFRPAKDKSFQNYTYLSKNVVDN
41          DYNDKKCHILYIAAQENNGPRYCNKDESKRNSMFCFRPAKDKSFQNYTYLSKNVVDN
39          DYNDKKCHILYIAAQENNGPRYCNKDESKRNSMFCFRPAKDKSFQNYTYLSKNVVDN
38          DYNDKKCHILYIAAQENNGPRYCNKDESKRNSMFCFRPAKDKSFQNYTYLSKNVVDN
37          DYNDKKCHILYIAAQENNGPRYCNKDESKRNSMFCFRPAKDKSFQNYTYLSKNVVDN
48          DYNDKKCHILYIAAQENNGPRYCNKDESKRNSMFCFRPAKDKSFQNYTYLSKNVVDN
7           DYNDKKCHILYIAAQENNGPRYCNKDESKRNSMFCFRPAKDKSFQNYTYLSKNVVDN
5           DYNDKKCHILYIAAQENNGPRYCNKDESKRNSMFCFRPAKDKSFQNYTYLSKNVVDN
P50492.1    DYNDKKCHILYIAAQENNGPRYCNKDESKRNSMFCFRPAKDKSFQNYTYLSKNVVDN
11          DYNDKKCHILYIAAQENNGPRYCNKDESKRNSMFCFRPAKDKSFQNYTYLSKNVVDN
10          DYNDKKCHILYIAAQENNGPRYCNKDESKRNSMFCFRPAKDKSFQNYTYLSKNVVDN
9           DYNDKKCHILYIAAQENNGPRYCNKDESKRNSMFCFRPAKDKSFQNYTYLSKNVVDN
8           DYNDKKCHILYIAAQENNGPRYCNKDESKRNSMFCFRPAKDKSFQNYTYLSKNVVDN
6           DYNDKKCHILYIAAQENNGPRYCNKDESKRNSMFCFRPAKDKSFQNYTYLSKNVVDD
12          DYNDKKCHILYIAAQENNGPRYCNKDESKRNSMFCFRPAKDKSFQNYTYLSKNVVDN
13          DYEDNKCHILYIAAQENNGPRYCNKDESKRNSMFCFRPAKDKSFQNYTYLSKNVVDN
14          DYNDNKCHILYIAAQENNGPRYCNKDESKRNSMFCFRPAKDKSFQNYTYLSKNVVDN
15          DYNDNKCHILYIAAQENNGPRYCNKDESKRNSMFCFRPAKDKSFQNYTYLSKNVVDN
16          DYNDNKCHILYIAAQENNGPRYCNKDESKRNSMFCFRPAKDKSFQNYTYLSKNVVDN
17          DYNDKKCHILYIAAQENNGPRYCNKDESKRNSMFCFRPAKDKSFQNYTYLSKNVVDN
18          DYNDKKCHILYIAAQENNGPRYCNKDESKRNSMFCFRPAKDKSFQNYTYLSKNVVDN
19          DYNDKKCHILYIAAQENNGPRYCNKDESKRNSMFCFRPAKDKSFQNYTYLSKNVVDN
23          DYKDKKCHILYIAAQENNGPRYCNKDQSKRNSMFCFRPAKDKSFQNYTYLSKNVVDN
25          DYKDKKCHILYIAAQENNGPRYCNKDQSKRNSMFCFRPAKDKSFQNYTYLSKNVVDN
28          DYKDKKCHILYIAAQENNGPRYCNKDESKRNSMFCFRPAKDISFQNYTYLSKNVVHN
29          DYKDKKCHILYIAAQENNGPRYCNKDESKRNSMFCFRPAKDISFQNYTYLSKNVVHN
27          DDKDKKCHILYIAAQENNGPRYCNKDQSKRNSMFCFRPAKDKSFQNYTYLSKNVVDN
```

```
30          DDKDKKCHILYIAAQENNGPRYCNKDESKRNSMFCFRPAKDKSFQNYTYLSKNVVDN
31          DYEDKKCHILYIAAQENNGPRYCNKDESKRNSMFCFRPAKDKLFENYTYLSKNVVDN
P50491.1    DYEDKKCHILYIAAQENNGPRYCNKDESKRNSMFCFRPAKDKLFENYTYLSKNVVDN
20          DYNDKKCHILYIAAQENNGPRYCNKDQSKRNSMFCFRPAKDKLFENYTYLSKNVVDN
21          DYNDKKCHILYIAAQENNGPRYCNKDQSKRNSMFCFRPAKDKLFENYTYLSKNVVDN
P50490.1    DYNDKKCHILYIAAQENNGPRYCNKDQSKRNSMFCFRPAKDKLFENYTYLSKNVVDN
P50489.1    DDKDKKCHILYIAAQENNGPRYCNKDESKRNSMFCFRPAKDKSFQNYTYLSKNVVDN
22          DYEDKKCHILYIAAQENNGPRYWNKDQSKRNSMFCFRPAKDKLFQNYTYLSKNVVHN
24          DDKDKKCHILYIAAQENNGPRYCNKDQSKRNSMFCFRPAKDKSFQNYTYLSKNVVDN
26          DDKDKKCHILYIAAQENNGPRYCNKDQSKRNSMFCFRPAKDKSFQNYTYLSKNVVDN
1           DDKDKKCHILYIAAQENNGPRYCNKDQSIRNSMFCFRPAKDISFQNYTYLSKNVVDN
2           DDKDKKCHILYIAAQENNGPRYCNKDQSIRNSMFCFRPAKDISFQNYTYLSKNVVDN
33          DDKDKKCHILYIAAQENNGPRYCNKDESKRNSMFCFRPAKDISFQNYTYLSKNVVDN
34          DDKDKKCHILYIAAQENNGPRYCNKDESKRNSMFCFRPAKDISFQNYTYLSKNVVDN
36          DDKDKKCHILYIAAQENNGPRYCNKDESKRNSMFCFRPAKDISFQNYTYLSKNVVDN
52          DDKDKKCHILYIAAQENNGPRYCNKDESKRNSMFCFRPAKDISFQNYTYLSKNVVDN
3           DDKDKKCHILYIAAQENNGPRYCNKDESKRNSMFCFRPAKDISFQNYTYLSKNVVDN
4           DDKDKKCHILYIAAQENNGPRYCNKDESKRNSMFCFRPAKDISFQNYTYLSKNVVDN
40          DDKDKKCHILYIAAQENNGPRYCNKDESKRNSMFCFRPAKDISFQNYTYLSKNVVDN
P22621.1    DDKDKKCHILYIAAQENNGPRYCNKDESKRNSMFCFRPAKDISFQNYTYLSKNVVDN
32          DDKDKKCHILYIAAQENNGPRYCNKDQSKRNSMFCFRPAKDKLFENYTYLSKNVVDN
            * :******************* ***:* ************  *:**********.:

35          VCPRKNLENAKFGLWVDGNCEDIPHVNEFSANDLFECNKLVFELSASDQPKQYEQHL
51          VCPRKNLENAKFGLWVDGNCEDIPHVNEFSANDLFECNKLVFELSASDQPKQYEQHL
50          VCPRKNLENAKFGLWVDGNCEDIPHVNEFSANDLFECNKLVFELSASDQPKQYEQHL
49          VCPRKNLENAKFGLWVDGNCEDIPHVNEFSANDLFECNKLVFELSASDQPKQYEQHL
47          VCPRKNLENAKFGLWVDGNCEDIPHVNEFSANDLFECNKLVFELSASDQPKQYEQHL
46          VCPRKNLENAKFGLWVDGNCEDIPHVNEFSANDLFECNKLVFELSASDQPKQYEQHL
45          VCPRKNLENAKFGLWVDGNCEDIPHVNEFSANDLFECNKLVFELSASDQPKQYEQHL
44          VCPRKNLENAKFGLWVDGNCEDIPHVNEFSANDLFECNKLVFELSASDQPKQYEQHL
43          VCPRKNLENAKFGLWVDGNCEDIPHVNEFSANDLFECNKLVFELSASDQPKQYEQHL
42          VCPRKNLENAKFGLWVDGNCEDIPHVNEFSANDLFECNKLVFELSASDQPKQYEQHL
41          VCPRKNLENAKFGLWVDGNCEDIPHVNEFSANDLFECNKLVFELSASDQPKQYEQHL
39          VCPRKNLENAKFGLWVDGNCEDIPHVNEFSANDLFECNKLVFELSASDQPKQYEQHL
38          VCPRKNLENAKFGLWVDGNCEDIPHVNEFSANDLFECNKLVFELSASDQPKQYEQHL
37          VCPRKNLENAKFGLWVDGNCEDIPHVNEFSANDLFECNKLVFELSASDQPKQYEQHL
48          VCPRKNLENAKFGLWVDGNCEDIPHVNEFSANDLFECNKLVFELSASDQPKQYEQHL
7           VCPRKNLENAKFGLWVDGNCEDIPHVNEFSANDLFECNKLVFELSASDQPKQYEQHL
5           VCPRKNLENAKFGLWVDGNCEDIPHVNEFSANDLFECNKLVFELSASDQPKQYEQHL
P50492.1    VCPRKNLENAKFGLWVDGNCEDIPHVNEFSANDLFECNKLVFELSASDQPKQYEQHL
11          VCPRKNLENAKFGLWVDGNCEDIPRVNEFSANDLFECNKLVFELSASDQPKQYEQHL
10          VCPRKNLENAKFGLWVDGNCEDIPHVNEFSANDLFECNKLVFELSASDQPKQYEQHL
9           VCPRKNLENAKFGLWVDGNCEDIPHVNEFSANDLFECNKLVFELSASDQPKQYEQHL
8           VCPRKNLENAKFGLWVDGNCEDIPHVNEFSANDLFECNKLVFELSASDQPKQYEQHL
6           VCPRKNLENAKFGLWVDGNCEDIPHVNEFSANDLFECNKLVFELSASDQPKQYEQHL
12          VCPRKNLENAKFGLWVDGNCEDIPHVNEFSANDLFECNKLVFELSASDQPKQYEQHL
13          VCPRKNLENAKFGLWVDGNCEDIPHVNEFSANDLFECNKLVFELSASDQPKQYEQHL
14          VCPRKNLENAKFGLWVDGNCEDIPHVNEFSANDLFECNKLVFELSASDQPKQYEQHL
15          VCPRKNLENAKFGLWVDGNCEDIPHVNEFSANDLFECNKLVFELSASDQPKQYEQHL
16          VCPRKNLENAKFGLWVDGNCEDIPHVNEFSANDLFECNKLVFELSASDQPKQYEQHL
17          VCPRKNLENAKFGLWVDGNCEDIPHVNEFSANDLFECNKLVFELSASDQPKQYEQHL
18          VCPRKNLENAKFGLWVDGNCEDIPHVNEFSANDLFECNKLVFELSASDQPKQYEQHL
```

```
19          VCPRKNLENAKFGLWVDGNCEDIPHVNEFSANDLFECNKLVFELSASDQPKQYEQHL
23          VCPRKNLQNAKFGLWVDGNCEDIPHVNEFSANDLFECNKLVFELSASDQPKQYEQHL
25          VCPRKNLQNAKFGLWVDGNCEDIPHVNEFSANDLFECNKLVFELSASDQPKQYEQHL
28          VCPRKNLENAKFGLWVDGNCEDIPHVNEFSANDLFECNKLVFELSASDQPKQYEQHL
29          VCPRKNLENAKFGLWVDGNCEDIPHVNEFSANDLFECNKLVFELSASDQPKQYEQHL
27          VCPRKNLENAKFGLWVDGNCEDIPHVNEFSANDLFECNKLVFELSASDQPKQYEQHL
30          VCPRKNLENAKFGLWVDGNCEDIPHVNEFSANDLFECNKLVFELSASDQPKQYEQHL
31          VCPRKNLENAKFGLWVDGNCEDIPHVNEFSANDLFECNKLVFELSASDQPKQYGQHL
P50491.1    VCPRKNLENAKFGLWVDGNCEDIPHVNEFSANDLFECNKLVFELSASDQPKQYEQHL

20          VCPRKNLENAKFGLWVDGNCEDIPHVNEFSANDLFECNKLVFELSASDQPKQYEQHL
21          VCPRKNLENAKFGLWVDGNCEDIPHVNEFSANDLFECNKLVFELSASDQPKQYEQHL
P50490.1    VCPRKNLENAKFGLWVDGNCEDIPHVNEFSANDLFECNKLVFELSASDQPKQYEQHL
P50489.1    VCPRKNLENAKFGLWVDGNCEDIPHVNEFSANDLFECNKLVFELSASDQPKQYEQHL
22          VLPRKNLQNAKFGLWVDGNCEDIPHVNEFSANDLFECNKLVFELSASDQPKQYEQHL
24          VCPRKNLKNAKFGLWVDGNCEDIPHVNEFSANDLFECNKLVFELSASDQPKQYEQHL
26          VCPRKNLKNAKFGLWVDGNCEDIPHVNEFSANDLFECNKLVFELSASDQPKQYEQHL
1           VCPRKNLENAKFGLWVDGNCEDIPDVNEFSANDLFECNKLVFELSASDQPKQYEQHL
2           VCPRKNLENAKFGLWVDGNCEDIPHVNEFSANDLFECNKLVFELSASDQPKQYEQHL
33          VCPRKNLQNAKFGLWVDGNCEDIPHVNEFPAIDLFECNKLVFELSASDQPKQYEQHL
34          VCPRKNLQNAKFGLWVDGNCEDIPHVNEFPAIDLFECNKLVFELSASDQPKQYEQHL
36          VCPRKNLQNAKFGLWVDGNCEDIPHVNEFSAIDLFECNKLVFELSASDQPKQYEQHL
52          VCPRKNLQNAKFGLWVDGNCEDIPHVNEFSAIDLFECNKLVFELSASDQPKQYEQHL
3           VCPRKNLQNAKFGLWVDGNCEDIPHVNEFSAIDLFECNKLVFELSASDQPKQYEQHL
4           VCPRKNLQNAKFGLWVNGNCEDIPHVNEFSAIDLFECNKLVFELSASDQPKQYEHHL
40          VCPRKNLQNAKFGLWVDGNCEDIPHVNEFSAIDLFECNKLVFELSASDQPKQYEQHL
P22621.1    VCPRKNLQNAKFGLWVDGNCEDIPHVNEFSAIDLFECNKLVFELSASDQPKQYEQHL
32          VCPRKNLQNAKFGLWVDGNCEDIPHVNEFSANDLFECNKLVFELSASDQPKQYEQHL
            * *****:********:******* ****.* ********************* :**

35          EKIKG-FKNKNASMIKSAFLPTGAFKADRYKSRGKGYNWGNYNRKTQKCEIFNVKPT
51          EKIKEGFKNKNASMIKSAFLPTGAFKADRYKSRGKGYNWGNYNRKTQKCEIFNVKPT
50          EKIKEGFKNKNASMIKSAFLPTGAFKADRYKSRGKGYNWGNYNRKTQKCEIFNVKPT
49          EKIKEGFKNKNASMIKSAFLPTGAFKADRYKSRGKGYNWGNYNRKTQKCEIFNVKPT
47          EKIKEGFKNKNASMIKSAFLPTGAFKADRYKSRGKGYNWGNYNRKTQKCEIFNVKPT
46          EKIKEGFKNKNASMIKSAFLPTGAFKADRYKSRGKGYNWGNYNRKTQKCEIFNVKPT
45          EKIKEGFKNKNASMIKSAFLPTGAFKADRYKSRGKGYNWGNYNRKTQKCEIFNVKPT
44          EKIKEGFKNKNASMIKSAFLPTGAFKADRYKSRGKGYNWGNYNRKTQKCEIFNVKPT
43          EKIKEGFKNKNASMIKSAFLPTGAFKADRYKSRGKGYNWGNYNRKTQKCEIFNVKPT
42          EKIKEGFKNKNASMIKSAFLPTGAFKADRYKSRGKGYNWGNYNRKTQKCEIFNVKPT
41          EKIKEGFKNKNASMIKSAFLPTGAFKADRYKSRGKGYNWGNYNRKTQKCEIFNVKPT
39          EKIKEGFKNKNASMIKSAFLPTGAFKADRYKSRGKGYNWGNYNRKTQKCEIFNVKPT
38          EKIKEGFKNKNASMIKSAFLPTGAFKADRYKSRGKGYNWGNYNRKTQKCEIFNVKPT
37          EKIKEGFKNKNASMIKSAFLPTGAFKADRYKSRGKGYNWGNYNRKTQKCEIFNVKPT
48          EKIKEGFKNKNASMIKSAFLPTGAFKADRYKSRGKGYNWGNYNRKTQKCEIFNVKPT

7           EKIKEGFKNKNASMIKSAFLPTGAFKADRYKSRGKGYNWGNYNRKTQKCEIFNVKPT
5           EKIKEGFKNKNASMIKSAFLPTGAFKADRYKSRGKGYNWGNYNRKTQKCEIFNVKPT
P50492.1    EKIKEGFKNKNASMIKSAFLPTGAFKADRYKSRGKGYNWGNYNRKTQKCEIFNVKPT
11          EKIKEGFKNKNASMIKSAFLPTGAFKADRYKSRGKGYNWGNYNRKTQKCEIFNVKPT
10          EKIKEGFKNKNASMIKSAFLPTGAFKADRYKSRGKGYNWGNYNRKTQKCEIFNVKPT
9           EKIKEGFKNKNASMIKSAFLPTGAFKADRYKSRGKGYNWGNYNRKTQKCEIFNVKPT
8           EKIKEGFKNKNASMIKSAFLPTGAFKADRYKSRGKGYNWGNYNRKTQKCEIFNVKPT
6           EKIKEGFKNKNASMIKSAFLPTGAFKADRYKSRGKGYNWGNYNRKTQKCEIFNVKPT
```

```
12          EKIKEGFKNKNASMIKSAFLPTGAFKADRYKSRGKGYNWGNYNRKTQKCEIFNVKPT
13          EKIKEGFKNKNASMIKSAFLPTGAFKADRYKSHGKGYNWGNYNRKTQKCEIFNVKPT
14          EKIKEGFKNKNASMIKSAFLPTGAFKADRYKSRGKGYNWGNYNRKTQKCEIFNVKPT
15          EKIKEGFKNKNASMIKSAFLPTGAFKADRYKSRGKGYNWGNYNRKTQKCEIFNVKPT
16          EKIKEGFKNKNASMIKSAFLPTGAFKADRYKSRGKGYNWGNYNRKTQKCEIFNVKPT
17          EKIKEGFKNKNASMIKSAFLPTGAFKADRYKSHGKGYNWGNYNRKTQKCEIFNVKPT
18          EKIKEGFKNKNASMIKSAFLPTGAFKADRYKSHGKGYNWGNYNRKTQKCEIFNVKPT
19          EKIKEGFKNKNASMIKSAFLPTGAFKADRYKSHGKGYNWGNYNRKTQKCEIFNVKPT
23          EKIKEGFKNKNASMIKSAFLPTGAFKADRYKSHGKGYNWGNYNTETQKCEIFNVKPT
25          EKIKEGFKNKNASMIKSAFLPTGAFKADRYKSHGKGYNWGNYNTETQKCEIFNVKPT
28          EKIKEGFKNKNASMIKSAFLPTGAFKADRYKSHGKGYNWGNYNRKTQKCEIFNVKPT
29          EKIKEGFKNKNASMIKSAFLPTGAFKADRYKSHGKGYNWGNYNRKTQKCEIFNVKPT
27          EKIKEGFKNKNASMIKSAFLPTGAFKADRYKSHGKGYNWGNYNRKTQKCEIFNVKPT
30          EKIKEGFKNKNASMIKSAFLPTGAFKADRYKSHGRGYNWGNYNRKTQKCEIFNVKPT
31          EKIKEGFKNKNASMIKSAFLPTGAFKADRYKSRGKGYNWGNYNTETQKCEIFNVKPT
P50491.1    EKIKEGFKNKNASMIKSAFLPTGAFKADRYKSRGKGYNWGNYNTETQKCEIFNVKPT
20          EKIKEGFKNKNASMIKSAFLPTGAFKADRYKSHGKGYNWGNYNRETQKCEIFNVKPT
21          EKIKEGFKNKNASMIKSAFLPTGAFKADRYKSHGKGYNWGNYNRETQKCEIFNVKPT
P50490.1    EKIKEGFKNKNASMIKSAFLPTGAFKADRYKSHGKGYNWGNYNRETQKCEIFNVKPT
P50489.1    EKIKEGFKNKNASMIKSAFLPTGAFKADRYKSHGKGYNWGNYNRKTHKCEIFNVKPT

22          EKIKEGFKNKNASMIKSAFLPTGAFKADRYKSHGKGYNWGNYNRKTQKCEIFNVKPT
24          EKIKEGFKNKNASMIKSAFLPTGAFKADRYKSHGKGYNWGNYNTETQKCEIFNVKPT
26          EKIKEGFKNKNASMIKSAFLPTGAFKADRYKSHGKGYNWGNYNTETQKCEIFNVKPT
1           EKIKEGFKNKNASMIKSAFLPTGAFKADRYKSHGKGYNWGNYNTETHKCEIFNVKPT
2           EKIKEGFKNKNASMIKSAFLPTGAFKADRYKSHGKGYNWGNYNTETHKCEIFNVKPT
33          EKIKEGFKNKNASMIKSAFLPTGAFKADRYKSHGKGYNWGNYNTETQKCEIFNVKPT
34          EKIKEGFKNKNASMIKSAFLPTGAFKADRYKSHGKGYNWGNYNTETQKCEIFNVKPT
36          EKIKEGFKNKNASMIKSAFLPTGAFKADRYKSHGKGYNWGNYNTETQKCEIFNVKPT
52          EKIKEGFKNKNASMIKSAFLPTGAFKADRYKSHGKGYNWGNYNTETQKCEIFNVKPT
3           EKIKEGFKNKNASMIKSAFLPTGAFKADRYKSHGKGYNWGNYNTETQKCEIFNVKPT
4           EKIKEGFKNKNASMIKSAFLPTGAFKADRYKSHGKGYNWGNYNTETQKCEIFNVKPT
40          EKIKEGFKNKNASMIKSAFLPTGAFKADRYKSHGKGYNWGNYNTETQKCEIFNVKPT
P22621.1    EKIKEGFKNKNASMIKSAFLPTGAFKADRYKSHGKGYNWGNYNTETQKCEIFNVKPT
32          EKIKEGFKNKNASMIKSAFLPTGAFKADRYKSHGKGYNWGNYNTKTQKCEIFNVKPT
            ****  **************************:*:********  :*:**********


35          NNSSYIATTALSHPNEVEHNFPCSLYKDEIKKEIERESKRIKLNDNDDEGNKKIIAP
51          NNSSYIATTALSHPNEVEHNFPCSLYKDEIKKEIERESKRIKLNDNDDEGNKKIIAP
50          NNSSYIATTALSHPNEVEHNFPCSLYKDEIKKEIERESKRIKLNDNDDEGNKKIIAP
49          NNSSYIATTALSHPNEVEHNFPCSLYKDEIKKEIERESKRIKLNDNDDEGNKKIIAP
47          NNSSYIATTALSHPNEVEHNFPCSLYKDEIKKEIERESKRIKLNDNDDEGNKKIIAP
46          NNSSYIATTALSHPNEVEHNFPCSLYKDEIKKEIERESKRIKLNDNDDEGNKKIIAP
45          NNSSYIATTALSHPNEVEHNFPCSLYKDEIKKEIERESKRIKLNDNDDEGNKKIIAP
44          NNSSYIATTALSHPNEVEHNFPCSLYKDEIKKEIERESKRIKLNDNDDEGNKKIIAP
43          NNSSYIATTALSHPNEVEHNFPCSLYKDEIKKEIERESKRIKLNDNDDEGNKKIIAP
42          NNSSYIATTALSHPNEVEHNFPCSLYKDEIKKEIERESKRIKLNDNDDEGNKKIIAP
41          NNSSYIATTALSHPNEVEHNFPCSLYKDEIKKEIERESKRIKLNDNDDEGNKKIIAP
39          NNSSYIATTALSHPNEVEHNFPCSLYKDEIKKEIERESKRIKLNDNDDEGNKKIIAP
38          NNSSYIATTALSHPNEVEHNFPCSLYKDEIKKEIERESKRIKLNDNDDEGNKKIIAP
37          NNSSYIATTALSHPNEVEHNFPCSLYKDEIKKEIERESKRIKLNDNDDEGNKKIIAP
```

```
48          NNSSYIATTALSHPNEVEHNFPCSLYKDEIKKEIERESKRIKLNDNDDEGNKKIIAP
7           NNSSYIATTALSHPNEVEHNFPCSLYKDEIKKEIERESKRIKLNDNDDEGNKKIIAP
5           NNSSYIATTALSHPNEVEHNFPCSLYKDEIKKEIERESKRIKLNDNDDEGNKKIIAP
P50492.1    NNSSYIATTALSHPNEVEHNFPCSLYKDEIKKEIERESKRIKLNDNDDEGNKKIIAP
11          NNSSYIATTALSHPNEVEHNFPCSLYKDEIKKEIERESKRIKLNDNDDEGNKKIIAP
10          NNSSYIATTALSHPNEVEHNFPCSLYKDEIKKEIERESKRIKLNDNDDEGNKKIIAP
9           NNSSYIATTALSHPNEVEHNFPCSLYKDEIKKEIERESKRIKLNDNDDEGNKKIIAP
8           NNSSYIATTALSHPNEVEHNFPCSLYKDEIKKEIERESKRIKLNDNDDEGNKKIIAP
6           NNSSYIATTALSHPNEVEHNFPCSLYKDEIKKEIERESKRIKLNDNDDEGNKKIIAP
12          NNSSYIATTALSHPNEVEHNFPCSLYKDEIKKEIERESKRIKLNDNDDEGNKKIIAP
13          NNSSYIATTALSHPIEVEHNFPCSLYKDEIKKEIERESKRIKLNDNDDEGNKKIIAP
14          NNSSYIATTALSHPNEVEHNFPCSLYKDEIKKEIERESKRIKLNDNDDEGNKKIIAP
15          NNSSYIATTALSHPNEVEHNFPCSLYKDEIKKEIERESKRIKLNDNDDEGNKKIIAP
16          NNSSYIATTALSHPNEVEHNFPCSLYKDEIKKEIERESKRIKLNDNDDEGNKKIIAP
17          NNSSYIATTALSHPIEVEHNFPCSLYKDEIKKEIERESKRIKLNDNDDEGNKKIIAP
18          NNSSYIATTALSHPIEVEHNFPCSLYKDEIKKEIERESKRIKLNDNDDEGNKKIIAP
19          NNSSYIATTALSHPIEVEHNFPCSLYKDEIKKEIERESKRIKLNDNDDEGNKKIIAP
23          NNSSYIATTALSHPNEVEHNFPCSLYKDEIKKEIERESKRIKLNDNDDEGNKKIIAP
25          NNSSYIATTALSHPNEVEHNFPCSLYKDEIKKEIERESKRIKLNDNDDEGNKKIIAP
28          NNSSYIATTALSHPIEVEHNFPCSLYKDEIKKEIERESKRIKLNDNDDEGNKKIIAP
29          NNSSYIATTALSHPIEVEHNFPCSLYKDEIKKEIERESKRIKLNDNDDEGNKKIIAP
27          NNSSYIATTALSHPIEVEHNFPCSLYKDEIKKEIERESKRIKLNDNDDEGNKKIIAP
30          NNSSYIATTALSHPIEVEHNFPCSLYKDEIKKEIERESKRIKLNDNDDEGNKKIIAP
31          NNSSYIATTALSHPNEVENNFPCSLYKDEIKKEIERESKRIKLNDNDDEGNKKIIAP
P50491.1    NNSSYIATTALSHPNEVENNFPCSLYKDEIKKEIERESKRIKLNDNDDEGNKKIIAP
20          NNSSYIATTALSHPIEVEHNFPCSLYKDEIKKEIERESKRIKLNDNDDEGNKKIIAP
21          NNSSYIATTALSHPIEVEHNFPCSLYKDEIKKEIERESKRIKLNDNDDEGNKKIIAP
P50490.1    NNSSYIATTALSHPIEVEHNFPCSLYKDEIKKEIERESKRIKLNDNDDEGNKKIIAP
P50489.1    NNSSYIATTALSHPIEVENNFPCSLYKNEIMKEIERESKRIKLNDNDDEGNKKIIAP
22          NNSSYIATTALSHPIEVEHNFPCSLYKDEIMKEIERESKRIKLNDNDDEGNKKIIAP
24          NNSSYIATTALSHPIEVEHNFPCSLYKDEIKKEIERESKRIKLNDNDDEGNKKIIAP
26          NNSSYIATTALSHPIEVEHNFPCSLYKDEIKKEIERESKRIKLNDNDDEGNKKIIAP
1           NNSSYIATTALSHPTEVENNFPCSLYKDEIMKEIERESKRIKLNDNDDEGNKKIIAP
2           NNSSYIATTALSHPTEVENNFPCSLYKDEIMKEIERESKRIKLNDNDDEGNKKIIAP
33          NNSSYIATTALSHPIEVENNFPCSLYKDEIMKEIERESKRIKLNDNDDEGNKKIIAP
34          NNSSYIATTALSHPIEVENNFPCSLYKDEIMKEIERESKRIKLNDNDDEGNKKIIAP
36          NNSSYIATTALSHPIEVENNFPCSLYKNEIMKEIERESKRIKLNDNDDEGNKKIIAP
52          NNSSYIATTALSHPIEVENNFPCSLYKNEIMKEIERESKRIKLNDNDDEGNKKIIAP
3           NNSSYIATTALSHPIEVENNFPCSLYKNEIMKEIERESKRIKLNDNDDEGNKKIIAP
4           NNSSYIATTALSHPIEVENNFPCSLYKNEIMKEIERESERIKLNDNDDEGNKKIIAP
40          NNSSYIATTALSHPIEVENNFPCSLYKNEIMKEIERESKRIKLNDNDDEGNKKIIAP
P22621.1    NNSSYIATTALSHPIEVEHNFPCSLYKNEIMKEIERESKRIKLNDNDDEGNKKIIAP
32          NNSSYIATTALSHPIEVENNFPCSLYKDEIMKEIERESKRIKLNDNDDEGNKKIIAP
            ************** ***:********:** *******:******************


35          ISDDIDSLKCPCDPEIVSNSTCNFFVCKCVEKRAEVTSNNEVVVKEEYKDEYADIPE
51          ISDDIDSLKCPCDPEIVSNSTCNFFVCKCVEKRAEVTSNNEVVVKEEYKDEYADIPE
50          ISDDIDSLKCPCDPEIVSNSTCNFFVCKCVEKRAEVTSNNEVVVKEEYKDEYADIPE
49          ISDDIDSLKCPCDPEIVSNSTCNFFVCKCVEKRAEVTSNNEVVVKEEYKDEYADIPE
47          ISDDIDSLKCPCDPEIVSNSTCNFFVCKCVEKRAEVTSNNEVVVKEEYKDEYADIPE
46          ISDDIDSLKCPCDPEIVSNSTCNFFVCKCVEKRAEVTSNNEVVVKEEYKDEYADIPE
```

```
45          ISDDIDSLKCPCDPEIVSNSTCNFFVCKCVEKRAEVTSNNEVVVKEEYKDEYADIPE
44          ISDDIDSLKCPCDPEIVSNSTCNFFVCKCVEKRAEVTSNNEVVVKEEYKDEYADIPE
43          ISDDIDSLKCPCDPEIVSNSTCNFFVCKCVEKRAEVTSNNEVVVKEEYKDEYADIPE
42          ISDDIDSLKCPCDPEIVSNSTCNFFVCKCVEKRAEVTSNNEVVVKEEYKDEYADIPE
41          ISDDIDSLKCPCDPEIVSNSTCNFFVCKCVEKRAEVTSNNEVVVKEEYKDEYADIPE
39          ISDDIDSLKCPCDPEIVSNSTCNFFVCKCVEKRAEVTSNNEVVVKEEYKDEYADIPE
38          ISDDIDSLKCPCDPEIVSNSTCNFFVCKCVEKRAEVTSNNEVVVKEEYKDEYADIPE
37          ISDDIDSLKCPCDPEIVSNSTCNFFVCKCVEKRAEVTSNNEVVVKEEYKDEYADIPE
48          ISDDIDSLKCPCDPEIVSNSTCNFFVCKCVEKRAEVTSNNEVVVKEEYKDEYADIPE
7           ISDDIDSLKCPCDPEIVSNSTCNFFVCKCVEKRAEVTSNNEVVVKEEYKDEYADIPE
5           ISDDIDSLKCPCDPEIVSNSTCNFFVCKCVEKRAEVTSNNEVVVKEEYKDEYADIPE
P50492.1    ISDDIDSLKCPCDPEIVSNSTCNFFVCKCVEKRAEVTSNNEVVVKEEYKDEYADIPE
11          ISDDIDSLKCPCDPEIVSNSTCNFFVCKCVEKRAEVTSNNEVVVKEEYKDEYADIPE
10          ISDDIDSLKCPCDPEIVSNSTCNFFVCKCVEKRAEVTSNNEVVVKEEYKDEYADIPE
9           ISDDIDSLKCPCDPEIVSNSTCNFFVCKCVEKRAEVISNNEVVVKEEYKDEYADIPE
8           ISDDIDSLKCPCDPEIVSNSTCNFFVCKCVEKRAEVTSNNEVVVKEEYKDEYADIPE
6           ISDDIDSLKCPCDPEIVSNSTCNFFVCKCVEKRAEVTSNSEVVVKEEYKDEYADIPE
12          ISDDIDSLKCPCDPEIVSNSTCNFFVCKCVEKRAEVTSNNEVVVKEEYKDEYADIPE
13          ISDDIDSLKCPCAPEIVSNSTCNFFVCKCVEKRAEVTSNNEVVVKEEYKDEYADIPE

14          ISDDIDSLKCPCDPEIVSNSTCNFFVCKCVEKRAEVTSNNEVVVKEEYKDEYADIPE
15          ISDDIDSLKCPCDPEIVSNSTCNFFVCKCVEKRAEVTSNNEVVVKEEYKDEYADIPE
16          ISDDIDSLKCPCDPEIVSNSTCNFFVCKCVEKRAEVTSNNEVVVKEEYKDEYADIPE
17          ISDDIDSLKCPCAPEIVSNSTCHFFVCKCVERRAEVTSNNEVVVKEEYKDEYADIPE
18          ISDDIDSLKCPCAPEIVSNSTCHFFVCKCVERRAEVTSNNEVVVKEEYKDEYADIPE
19          ISDDIDSLKCPCAPEIVSNSTCHFFVCKCVERRAEVTSNNEVVVKEEYKDEYADIPE
23          ISDDIDSLKCPCAPEIVSNSTCNFFVCKCVEKRAEVTSNNEVVVKEEYKDEYADIPE
25          ISDDIDSLKCPCAPEIVSNSTCNFFVCKCVEKRAEVTSNNEVVVKEEYKDEYADIPE
28          ISDDIDSLKCPCAPEIVSNSTCNFFVCKCVERRAEVTSNNEVVVKEEYKDEYADIPE
29          ISDDIDSLKCPCAPEIVSNSTCNFFVCKCVEKRAEVTSNNEVVVKEEYKDEYADIPE
27          ISDDIDSLKCPCAPEIVSNSTCNFFVCKCVEKRAEVTSNNEVVVKEEYKDEYADIPE
30          ISDDIDSLKCPCAPEIVSNSTCNFFVCKCVEKRAEVTSNNEVVVKEEYKDEYADIPE
31          ISDDKDSLKCPCDPEIVSNSTCNFFVCKCVEKRAEVTSNNEVVVKEEYKDEYADIPE
P50491.1    ISDDKDSLKCPCDPEIVSNSTCNFFVCKCVEKRAEVTSNNEVVVKEEYKDEYADIPE
20          ISDDKDSLKCPCDPEMVSNSTCRFFVCKCVERRAEVTSNNEVVVKEEYKDEYADIPE
21          ISDDKDSLKCPCDPEMVSNSTCRFFVCKCVERRAEVTSNNEVVVKEEYKDEYADIPE
P50490.1    ISDDKDSLKCPCDPEMVSNSTCRFFVCKCVERRAEVTSNNEVVVKEEYKDEYADIPE
P50489.1    ISDDKDSLKCPCDPEMVSNSTCRFFVCKCVERRAEVTSNNEVVVKEEYKDEYADIPE
22          ISDDKDSLKCPCDPEIVSNSTCNFFVCKCVERRAEVTSNNEVVVKEEYKDEYADIPE
24          ISDDIDSLKCPCDPEIVSNSTCNFFVCKCVEKRAEVTSNNEVVVKEEYKDEYADIPE
26          ISDDIDSLKCPCDPEIVSNSTCNFFVCKCVEKRAEVTSNNEVVVKEEYKDEYADIPE
1           ISDDKDSLKCPCDPEMVSNSTCRFFVCKCVERRAEVTSNNEVVVKEEYKDEYADIPE
2           ISDDKDSLKCPCDPEMVSNSTCRFFVCKCVERRAEVTSNNEVVVKEEYKDEYADIPE
33          ISDDKDSLKCPCDPEMVSNSTCRFFVCKCVERRAEVTSNNEVVVKEEYKDEYADIPE
34          ISDDKDSLKCPCDPEMVSNSTCRFFVCKCVERRAEVTSNNEVVVKEEYKDEYADIPE
36          ISDDKDSLKCPCDPEIVSNSTCNFFVCKCVEKRAEVTSNNEVVVKEEYKDEYADIPE
52          ISDDKDSLKCPCDPEIVSNSTCNFFVCKCVEKRAEVTSNNEVVVKEEYKDEYADIPE
3           ISDDKDSLKCPCDPEIVSNSTCNFFVCKCVEKRAEVTSNNEVVVKEEYKDEYADIPE
4           ISDDKDSLKCPCDPEIVSNSTCNFFVCKCVEKRAEVTSNNEVVVKEEYKDEYADIPE
40          ISDDKDSLKCPCDPEIVSNSTCNFFVCKCVEKRAEVTSNNEVVVKEEYKDEYADIPE

40          ISDDKDSLKCPCDPEIVSNSTCNFFVCKCVEKRAEVTSNNEVVVKEEYKDEYADIPE
P22621.1    ISDDKDSLKCPCDPEIVSNSTCNFFVCKCVERRAEVTSNNEVVVKEEYKDEYADIPE
32          ISDDKDSLKCPCDPEMVSNSTCNFFVCKCVERRAEVTSNNEVVVKEEYKDEYADIPE
            **** ******* **:******.********:**** **.*****************
```

35	TYDKMKIIIASSAAVAVLATILMVYLYKRKGNAEKYDKMDEPQDYGKS---------
51	TYDKMKIIIASSAAVAVLATILMVYLYKRKGNAEKYDKMDEPQDYGKS---------
50	TYDKMKIIIASSAAVAVLATILMVYLYKRKGNAEKYDKMDEPQDYGKS---------
49	TYDKMKIIIASSAAVAVLATILMVYLYKRKGNAEKYDKMDEPQDYGKS---------
47	TYDKMKIIIASSAAVAVLATILMVYLYKRKGNAEKYDKMDEPQDYGKS---------
46	TYDKMKIIIASSAAVAVLATILMVYLYKRKGNAEKYDKMDEPQDYGKS---------
45	TYDKMKIIIASSAAVAVLATILMVYLYKRKGNAEKYDKMDEPQDYGKS---------
44	TYDKMKIIIASSAAVAVLATILMVYLYKRKGNAEKYDKMDEPQDYGKS---------
43	TYDKMKIIIASSAAVAVLATILMVYLYKRKGNAEKYDKMDEPQDYGKS---------
42	TYDKMKIIIASSAAVAVLATILMVYLYKRKGNAEKYDKMDEPQDYGKS---------
41	TYDKMKIIIASSAAVAVLATILMVYLYKRKGNAEKYDKMDEPQDYGKS---------
39	TYDKMKIIIASSAAVAVLATILMVYLYKRKGNAEKYDKMDEPQDYGKS---------
38	TYDKMKIIIASSAAVAVLATILMVYLYKRKGNAEKYDKMDEPQDYGKS---------
37	TYDKMKIIIASSAAVAVLATILMVYLYKRKGNAEKYDKMDEPQDYGKS---------
48	TYDKMKIIIASSAAVAVLATILMVYLYKRKGNAEKYDKMDEPQHYGKS---------
7	TYDKMKIIIASSAAVAVLATILMVYLYKRKGNAEKYDKMDEPQDYGKSNSRNDEMLD
5	TYDKMKIIIASSAAVAVLATILMVYLYKRKGNAEKYDKMDEPQDYGKSNSRNDEMLD
P50492.1	TYDKMKIIIASSAAVAVLATILMVYLYKRKGNAEKYDKMDEPQDYGKSNSRNDEMLD
11	TYDKMKIIIASSAAVAVLATILMVYLYKRKGNAEKYDKMDEPQDYGKSNSRNDEMLD
10	TYDKMKIIIASSAAVAVLATILMVYLYKRKGNAEKYDKMDEPQDYGKSNSRNDEMLD
9	TYDKMKIIIASSAAVAVLATILMVYLYKRKGNAEKYDKMDEPQDYGKSNSRNDEMLD
8	TYDKMKIIIASSAAVAVLATILMVYLYKRKGNAEKYDKMDEPQDYGKSNSRNDEMLD
6	TYDKMKIIIASSAAVAVLATILMVYLYKRKGNAEKYDKMDEPQDYGKSNSRNDEMLD
12	TYDKMKIIIASSAAVAVLATILMVYLYKRKGNAEKYDKMDEPQDYGKSNSRNDEMLD
13	TYDKMKIIIASSAAVAVLATILMVYLYKRKGNAEKYDKMDEPQDYGKSNSRNDEMLD
14	TYDKMKIIIASSAAVAVLATILMVYLYKRKGNAEKYDKMDEPQHYGKSNSRNDEMLD
15	TYDKMKIIIASSAAVAVLATILMVYLYKRKGNAEKYDKMDEPQHYGKSNSRNDEMLD
16	TYDKMKIIIASSAAVAVLATILMVYLYKRKGNAEKYDKMDEPQHYGKSNSRNDEMLD
17	TYDNMKIIIASSAAVAVLATILMVYLYKRKGNAEKYDKMDQPQDYGKSKSRNDEMLD
18	TYDNMKIIIASSAAVAVLATILMVYLYKRKGNAEKYDKMDQPQDYGKSKSRNDEMLD
19	TYDNMKIIIASSAAVAVLATILMVYLYKRKGNAEKYDKMDQPQDYGKSKSRNDEMLD
23	TYDKMKIIIASSAAVAVLATILMVYLYKRKGNAEKYDKMDEPQHYGKSNSRNDEMLD
25	TYDKMKIIIASSAAVAVLATILMVYLYKRKGNAEKYDKMDEPQHYGKSNSRNDEMLD
28	TYDKMKIIIASSAAVAVLATILMVYLYKRKGNAEKYDKMDEPQHYGKSNSRNDEMLD
29	TYDKMKIIIASSAAVAVLATILMVYLYKRKGNAEKYDKMDEPQHYGKSNSRNDEMLD
27	TYDKMKIIIASSAAVAVLATILMVYLYKRKGNAEKYDKMDEPQHYGKSNSRNDEMLD
30	TYDKMKIIIASSAAVAVLATILMVYLYKRKGNAEKYDKMDEPQHYGKSNSRNDEMLD
31	TYDNMKIIIASSAAVAVLATILMVYLYKRKGNAEKYDKMDQPQHYGKSNSRNDEMLD
P50491.1	TYDNMKIIIASSAAVAVLATILMVYLYKRKGNAEKYDKMDEPQDYGKSTSRNDEMLD
20	TYDNMKIIIASSAAVAVLATILMVYLYKRKGNAEKYDKMDQPQHYGKSTSRNDEMLD
21	TYDNMKIIIASSAAVAVLATILMVYLYKRKGNAEKYDKMDQPQHYGKSTSRNDEMLD
P50490.1	TYDNMKIIIASSAAVAVLATILMVYLYKRKGNAEKYDKMDQPQHYGKSTSRNDEMLD
P50489.1	TYDNMKIIIASSAAVAVLATILMVYLYKRKGNAEKYDKMDQPQDYGKSTSRNDEMLD
22	TYDKMKIIIASSAAVAVLATILMVYLYKRKGNAEKYDKMDEPQHYGKSNSRNDEMLD
24	TYDKMKIIIASSAAVAVLATILMVYLYKRKGNAEKYDKMDEPQHYGKSNSRNDEMLD
26	TYDKMKIIIASSAAVAVLATILMVYLYKRKGNAEKYDKMDEPQHYGKSNSRNDEMLD
1	TYDKMKIIIASSAAVAVLATILMVYLYKRKGNAEKYDKMDEPQDYGKSNSRNDEMLD
2	TYDKMKIIIASSAAVAVLATILMVYLYKRKGNAEKYDKMDEPQDYGKSNSRNDEMLD
33	TYDKMKIIIASSAAVAVLATILMVYLYKRKGNAEKYDKMDEPQDYGKSNSRNDEMLD
34	TYDKMKIIIASSAAVAVLATILMVYLYKRKGNAEKYDKMDEPQDYGKSNSRNDEMLD
36	TYDKMKIIIASSAAVAVLATILMVYLYKRKGNAEKYDKMDEPQHYGKS---------
52	TYDKMKIIIASSAAVAVLATILMVYLYKRKGNAEKYDKMDEPQHYGKS---------

```
3           TYDKMKIIIASSAAVAVLATILMVYLYKRKGNAEKYDKMDEPQHYGKSNSRNDEMLD
4           TYDKMKIIIASSAAVAVLATILMVYLYKRKGNAEKYDKMDEPQHYGKSNSRNDEMLD
40          TYDKMKIIIASSAAVAVLATILMVYLYKRKGNAEKYDKMDEPQHYGKS---------
P22621.1    TYDKMKIIIASSAAVAVLATILMVYLYKRKGNAEKYDKMDEPQHYGKSNSRNDEMLD
32          TYDKMKIIIASSAAVAVLATILMVYLYKRKGNAEKYDKMDEPQHYGKSNSRNDEMLD
            ***:************************************:**.****

35          ----------------------
51          ----------------------
50          ----------------------
49          ----------------------
47          ----------------------
46          ----------------------
45          ----------------------
44          ----------------------
43          ----------------------
42          ----------------------
41          ----------------------
39          ----------------------
38          ----------------------
37          ----------------------
48          ----------------------
7           SFWGEEKRASHTTPVLMEKPYY 622
5           SFWGEEKRASHTTPVLMEKPYY 622
P50492.1    SFWGEEKRASHTTPVLMEKPYY 622
11          SFWGEEKRASHTTPVLMEKPYY 622
10          SFWGEEKRASHTTPVLMEKPYY 622
9           SFWGEEKRASHTTPVLMEKPYY 622
8           SFWGEEKRASHTTPVLMEKPYY 622
6           SFWGEEKRASHTTPVLMEKPYY 622
12          SFWGEEKRASHTTPVLMEKPYY 622
13          SFWGEEKRASHTTPVLMEKPYY 622
14          SFWGEEKRASHTTPVLMEKPYY 622
15          SFWGEEKRASHTTPVLMEKPYY 622
16          SFWGEEKRASHTTPVLMEKPYY 622
17          SFWGEEKRASHTTPVLMEKPYY 622
18          SFWGEEKRASHTTPVLMEKPYY 622
19          SFWGEEKRASHTTPVLMEKPYY 622
23          SFWGEEKRASHTTPVLMEKPYY 622
25          SFWGEEKRASHTTPVLMEKPYY 622
28          SFWGEEKRASHTTPVLMEKPYY 622
29          SFWGEEKRASHTTPVLMEKPYY 622
27          SFWGEEKRASHTTPVLMEKPYY 622
30          SFWGEEKRASHTTPVLMEKPYY 622
31          SFWGEEKRASHTTPVLMEKPYY 622
P50491.1    SFWGEEKRASHTTPVLMEKPYY 622
20          SFWGEEKRASHTTPVLMEKPYY 622
21          SFWGEEKRASHTTPVLMEKPYY 622
P50490.1    SFWGEEKRASHTTPVLMEKPYY 622
P50489.1    SFWGEEKRASHTTPVLMEKPYY 622
22          SFWGEEKRASHTTPVLMEKPYY 622
24          SFWGEEKRASHTTPVLMEKPYY 622
26          SFWGEEKRASHTTPVLMEKPYY 622
```

```
1            SFWGEEKRASHTTPVLMEKPYY 622
2            SFWGEEKRASHTTPVLMEKPYY 622
33           SFWGEEKRASHTTPVLMEKPYY 622
34           SFWGEEKRASHTTPVLMEKPYY 622
36           ----------------------
52           ----------------------
3            SFWGEEKRASHTTPVLMEKPYY 622
4            SFWGEEKRASHTTPVLMEKPYY 622
40           ----------------------
P22621.1     SFWGEEKRASHTTPVLMEKPYY 622
32           SFWGEEKRASHTTPVLMEKPYY 622
```

7.5 Parameter zur Massenspektroskopie

Tabelle 7-4: Parameter zur Massenspektroskopie

Information on MS/MS database search	
Software	extract_msn (Version 2.0, Thermo Fisher Scientific)
Parameter	Minimum mass m/z 700, Maximum mass m/z 7000. Grouping tolerance, 0.0001. Intermediate scans, 1. Minimum scans per group, 0. Precursor charge, AUTO Minimum peaks in .DTA, 10.
Search engine	Mascot algorithm (Version 2.2.2, Matrix Science)
Search Parameters	
Enzyme specificity considered	Trypsin/P
# of missed cleavages permitted	2. Considers partial fragments where the digest was not complete.
Fixed Modifications	+58 Da for Carboxymethyl (Cysteine) if iodoacetic acid was used for the alkylation process. +57 Da for Carbamidomethyl (Cysteine) if iodoacetamide was used for the alkylation process.
Variable Modifications	+42 Da for Acetylation (N-terminus) and +16 Da for Oxidation (Methionine).
Mass tolerance for precursor ions	For LC-ESI Ion Trap MS data, +/- 1.5 Da for LTQ and +/- 20ppm for Orbitrap LTQ (13C = 1).
Mass tolerance for fragment ions	For LC-ESI Ion Trap MS/MS data, +/- 0.8 Da.
Database searched	LudwigNR (Version Q310m1, 2010). The latest protein nonidentical database produced by Ludwig Institute for Cancer Research (Lausanne and Melbourne branches). Use the following URL for citation purposes: http://www.ludwig.edu.au/archive/ludwigNR
Species restriction	None - unless specified by User.
# protein entries actually searched	All LudwigNR proteins (i.e., currently over 10 million proteins).

Cut-off score for accepting individual MS/MS spectra	All peptide identifications are validated irrespective of thresholds.
Protein appears in database under different names and accession numbers	
If peptides match to multiple proteins, criteria used for selecting which one to report	Where possible, SwissProt database proteins are reported as they provide the most annotation. If multiple SwissProt entries match, then only one will be quoted (the most appropriate taking into consideration the origin of the sample, MW etc.). If a SwissProt database protein does not exist then only one matching protein is selected for reporting (regardless of the number of homologues). Peptide sequences have been provided if you are interested in homology searching.

Literaturverzeichnis

Abkarian, M., Massiera, G., Berry, L., Roques, M., Braun-Breton, C. (2011). A novel mechanism for egress of malarial parasites from red blood cells. *Blood.* **117**:4118-24.

Adisa, A., Frankland, S., Rug, M., Jackson, K., Maier, A.G., Walsh, P., Lithgow, T., Klonis, N., Gilson, P.R., Cowman, A.F., Tilley, L. (2007). Re-assessing the locations of Components of the classical vesicle-mediated trafficking machinery in transfected Plasmodium falciparum. *Int J Parasitol.* **37**:1127-41.

Alano, P. (2007). Plasmodium falciparum gametocytes: still many secrets of a hidden life. *Mol Microbiol.* **66**:291-302.

Alfalah, M., Jacob, R., Preuss, U., Zimmer, K.P., Naim, H., Naim, H.Y. (1999). O-linked glycans mediate apical sorting of human intestinal sucrase-isomaltase through association with lipid rafts. *Curr Biol.* **9**:593-6.

Allision, A.C. (1954). Protection afforded by sickle-cell trait against subtertian malareal infection. *Br Med J.* **1**:290-4.

Amino, R., Thiberge, S., Martin, B., Celli, S., Shorte, S., Frischknecht, F., Ménard, R. (2006). Quantitative imaging of Plasmodium transmission from mosquito to mammal. *Nat Med.* **12**:220-4.

Ashikov, A., Routier, F., Fuhlrott, J., Helmus, Y., Wild, M., Gerardy-Schahn, R., Bakker, H. (2005). The human solute carrier gene SLC35B4 encodes a bifunctional nucleotide sugar transporter with specificity for UDP-xylose and UDP-N-acetylglucosamine. *J Biol Chem.* **280**:27230-5.

Ayong, L., Pagnotti, G., Tobon, A.B., Chakrabarti, D. (2007). Identification of Plasmodium falciparum family of SNAREs. *Mol Biochem Parasitol.* 152**:113-22**

Baer, K., Roosevelt, M., Clarkson, A.B. Jr, van Rooijen, N., Schnieder, T., Frevert, U. (2007). Kupffer cells are obligatory for Plasmodium yoelii sporozoite infection of the liver. *Cell Microbiol.* **9**:397-412.

Bahl, A., Brunk, B., Crabtree, J., Fraunholz, M.J., Gajria, B., Grant, G.R., Ginsburg, H., Gupta, D., Kissinger, J.C., Labo, P., Li, L., Mailman, M.D., Milgram, A.J., Pearson, D.S., Roos, D.S., Schug, J., Stoeckert, C.J. Jr., Whetzel, P. (2003). PlasmoDB: the Plasmodium genome resource. A database integrating experimental and computational data. *Nucleic Acids Res.* **1**:212-5.

Bai, T., Becker, M., Gupta, A., Strike, P., Murphy, V.J., Anders, R.F., Batchelor, A.H. (2005). Structure of AMA1 from Plasmodium falciparum reveals a clustering of polymorphisms that surround a conserved hydrophobic pocket. *Proc Natl Acad Sci U S A.* **102**:12736-41.

Baldi, D.L., Andrews, K.T., Waller, R.F., Roos, D.S., Howard, R.F., Crabb, B.S., Cowman, A.F. (2000). RAP1 controls rhoptry targeting of RAP2 in the malaria parasite Plasmodium falciparum. *EMBO J.* **19**:2435-43.

Baljet, B. & VanderWerf, F. (2005). Connections between the lacrimal gland and sensory trigeminal neurons: a WGA/HRP study in the cynomolgous monkey. *J Anat.* **206**:257-63.

Ballou, W.R. (2009). The development of the RTS,S malaria vaccine candidate: challenges and lessons. *Parasite Immunol.* **31**:492-500.

Banerjee, R. (2006). B12 trafficking in mammals: A case for coenzyme escort service. *ACS Chem Biol.* **1**:149-59.

Banfield, D.K., Lewis, M.J., Pelham, H.R. (1995). A SNARE-like protein required for traffic through the Golgi complex. *Nature.* **375**:806-9.

Bannister, L.H., Hopkins, J.M., Fowler, R.E., Krishna, S., Mitchell, G.H. (2000). A brief illustrated guide to the ultrastructure of Plasmodium falciparum asexual blood stages. *Parasitol Today.* **16**:427-3.

Bannister, L.H., Hopkins, J.M., Dluzewski, A.R., Margos, G., Williams, I.T., Blackman, M.J., Kocken, C.H., Thomas, A.W., Mitchell, G.H. (2003). Plasmodium falciparum apical membrane antigen 1 (*Pf*AMA-1) is translocated within micronemes along subpellicular microtubules during merozoite development. *J Cell Sci.* **116**:3825-34.

Baruch, D.I., Pasloske, B.L., Singh, H.B., Bi, X., Ma, X.C., Feldman, M., Taraschi, T.F., Howard, R.J. (1995). Cloning the P. falciparum gene encoding *Pf*EMP1, a malarial variant antigen and adherence receptor on the surface of parasitized human erythrocytes. *Cell.* **82**:77-87.

Baum, J., Gilberger, T.W., Frischknecht, F., Meissner, M. (2008). Host-cell invasion by malaria parasites: insights from Plasmodium and Toxoplasma. *Trends Parasitol.* **24**:557-63.

Becherer, K.A., Rieder, S.E., Emr, S.D., Jones, E.W. (1996). Novel syntaxin homologue, Pep12p, required for the sorting of lumenal hydrolases to the lysosome-like vacuole in yeast. *Mol Biol Cell.* **74**:579-94.

Becker, B., Melkonian, M. (1996). The secretory pathway of protists: spatial and functional organization and evolution. *Microbiol Rev.* **60**:697-721.

Becker, K., Tilley, L., Vennerstrom, J.L., Roberts, D., Rogerson, S., Ginsburg, H. (2004). Oxidative stress in malaria parasite-infected erythrocytes: host-parasite interactions. *Int J Parasitol.* **34**:163-89.

Becker, K., Koncarevic, S., Hunt, N.H. (2005). In: Molecular Approaches to Malaria. Verlegt durch: Sherman, I.W. *Americal Society of Microbiology*. Whashington, USA.

Beet, E.A. (1946). Sickle cell disease in the Balovale District of Northern Rhodesia. *East Afr Med J.* **23**:75-86.

Beier, J.C., Keating, J., Githure, J.I., Macdonald, M.B., Impoinvil, D.E., Novak, R.J. (2008). Integrated vector management for malaria control. *Malar J.* **7**(Suppl 1):S4

Bender, A., van Dooren, G.G., Ralph, S.A., McFadden, G.I., Schneider, G. (2003). Properties and prediction of mitochondrial transit peptides from Plasmodium falciparum. *Mol. Biochem. Parasitol.* **132**:59 - 66.

Besteiro, S., Michelin, A., Poncet, J., Dubremetz, J.F., Lebrun, M. (2009). Export of a Toxoplasma gondii rhoptry neck protein complex at the host cell membrane to form the moving junction during invasion. *PLoS Pathog.* **5**:e1000309.

Besteiro, S., Dubremetz, J.F., Lebrun, M. (2011). The moving junction of apicomplexan parasites: a key structure for invasion. *Cell Microbiol.* **13**:797-805.

Biggs, B.A., Anders, R.F., Dillon, H.E., Davern, K.M., Martin, M., Petersen, C., Brown, G.V. (1992). Adherence of infected erythrocytes to venular endothelium selects for antigenic variants of Plasmodium falciparum. *J Immunol.* **149**:2047-54.

Binder, E.M., Lagal, V., Kim, K. (2008). The prodomain of Toxoplasma gondii GPI-anchored subtilase TgSUB1 mediates its targeting to micronemes. *Traffic.* **9**:1485-96.

Blackman, M.J., Heidrich, H.G., Donachie, S., McBride, J.S., Holder, A.A. (1990). A single fragment of a malaria merozoite surface protein remains on the parasite during red cell invasion and is the target of invasion-inhibiting antibodies. *J Exp Med.* **172**:379-82.

Blair, P.L., Kappe, S.H., Maciel, J.E., Balu, B., Adams, J.H. (2002). Plasmodium falciparum MAEBL is a unique member of the ebl family. *Mol Biochem Parasitol.* **122**:35-44.

Blake, J.A., Bult, C.J., Kadin, J.A., Richardson, J.E., Eppig, J.T. *et al.*. (2011). The Mouse Genome Database (MGD): premier model organism resource for mammalian genomics and genetics. *Nucleic Acids Res.* **39**:842-848.

Blum, R., Pfeiffer, F., Feick, P., Nastainczyk, W., Kohler, B., Schäfer, K.H., Schulz, I. (1999). Intracellular localization and in vivo trafficking of p24A and p23. *J Cell Sci.* **112**:537-48.

Boddey, J.A., Moritz, R.L., Simpson, R.J., Cowman, A.F. (2009). Role of the Plasmodium export element in trafficking parasite proteins to the infected erythrocyte. *Traffic.* **10**:285-99.

Boothroyd, J.C. & Dubremetz, J.F. (2008). Kiss and spit: the dual roles of Toxoplasma rhoptries. *Nat Rev Microbiol.* **6**:79-88.

Bozdech, Z., Llinás, M., Pulliam, B.L., Wong, E.D., Zhu, J., De Risi, J.L. (2003). The transcriptome of the intraerythrocytic developmental cycle of Plasmodium falciparum. *PLoS Biol.* 1 Epub

Chalfie, M., Tu, Y., Euskirchen, G., Ward, W.W., Prasher, D.C. (1994). Green fluorescent protein as a marker for gene expression. *Science.* **263**:802-5.

Chalfie, M. (1995). Green fluorescent protein. *Photochem Photobiol.* **62**:651-6.

Campanale, N., Nickel, C., Daubenberger, C.A., Wehlan, D.A., Gorman, J.J., Klonis, N., Becker, K., Tilley, L. (2003). Identification and characterization of heme-interacting proteins in the malaria parasite, Plasmodium falciparum. *J Biol Chem.* **278**:27354-61.

Cao, J., Kaneko, O., Thongkukiatkul, A., Tachibana, M., Otsuki, H., Gao, Q., Tsuboi, T., Torii, M. (2009). Rhoptry neck protein RON2 forms a complex with microneme protein AMA1 in Plasmodium falciparum merozoites. *Parasitol Int.* **58**:29-35.

Carlton, J.M., Angiuoli, S.V., Suh, B.B., Kooij, T.W., Pertea, M., Silva, J.C., Ermolaeva, M.D. *et al.* (2002). Genome sequence and comparative analysis of the model rodent malaria parasite Plasmodium yoelii yoelii. *Nature.* **419**:512-9.

Cavalier-Smith, T. (1991). Archamoebae: the ancestral eukaryotes? *Biosystems.* **25**:25-38.

Chesne-Seck, M.L., Pizarro, J.C., Vulliez-Le Normand, B., Collins, C.R., Blackman, M.J., Faber, B.W., Remarque, E.J., Kocken, C.H., Thomas, A.W., Bentley, G.A. (2005). Structural comparison of apical membrane antigen 1 orthologues and paralogues in apicomplexan parasites. *Mol. Biochem. Parasitol.* **144**:55-67.

Chin, W., Contacos, P.G., Coatney, G.R., Kimball, H.R. (1965). A naturally acquited quotidian-type malaria in man transferable to monkeys. *Science.* **149**:865.

Chitnis, C.E. & Sharma, A. (2008). Targeting the Plasmodium vivax Duffy-binding protein. *Trends Parasitol.* **24**:29-34.

Coggeshal, L.T. & Kumm, D.H. (1937). Demonstration of passive immunity in experimental monkey malaria. From the Laboratories of the International Health Didzion, The Rockefeller Foundation, New York, USA.

Cole, N. B., Sciaky, N., Marotta, A., Song, J., Lippincott-Schwartz, J. (1996). Golgi dispersal during microtubule disruption--regeneration of Golgi stacks at peripheral endoplasmic-reticulum exit sites. *Mol. Biol. Cell* **7**:631-650.

Coley, A.M., Campanale, N.V., Casey, J.L., Hodder, A.N., Crewther, P.E., Anders, R.F., Tilley, L.M., Foley, M. (2001). Rapid and precise epitope mapping of monoclonal antibodies against Plasmodium falciparum AMA1 by combined phage display of fragments and random peptides. *Protein Eng.* **14**:691-8.

Coley, A.M., Gupta, A., Murphy, V.J., Bai, T., Kim, H., Foley, M., Anders, R.F., Batchelor, A.H. (2007). Structure of the malaria antigen AMA1 in complex with a growth-inhibitory antibody. *PLoS Pathog.* 2007 **3**:1308-19.

Colley, K. J. (1997). Golgi localization of glycosyltransferases: more questions than answers. *Glycobiology* **7**:1–13.

Collins, W.E., Skinner, J.C., Pappaioanou, M., Broderson, J.R., Mehaffey, P. (1986). The sporogonic cycle of Plasmodium reichenowi. *J Parasitol.* **2**:292-8.

Collins, C.R., Withers-Martinez, C., Bentley, G.A., Batchelor, A.H., Thomas, A.W., Blackman, M.J. (2007). Fine mapping of an epitope recognized by an invasion-inhibitory monoclonal antibody on the malaria vaccine candidate apical membrane antigen 1. *J Biol Chem.* **282**:7431-41.

Collins, C.R., Withers-Martinez, C., Hackett, F., Blackman, M.J. (2009). An inhibitory antibody blocks interactions between components of the malarial invasion machinery. *PLoS Pathog.* **5**:e1000273.

Conchon, S., Cao, X., Barlowe, C., Pelham, H.R. (1999). Got1p and Sft2p: membrane proteins involved in traffic to the Golgi complex. *EMBO J.* **18**:3934-46.

Cowman, A.F., Crabb, B.S. (2006). Invasion of red blood cells by malaria parasites. *Cell.* **124**:755-66.

Cox-Singh, J., Davis, T.M., Lee, K.S., Shamsul, S.S., Matusop, A., Ratnam, S., Rahman, H.A., Conway, D.J., Singh, B. (2008). Plasmodium knowlesi malaria in humans is widely distributed and potentially life threatening. *Clin Infect Dis.* 2008 Jan 15; **46**(2):165-71.

Crabb, B.S., Cooke, B.M., Reeder, J.C., Waller, R.F., Caruana, S.R., Davern, K.M., Wickham, M.E., Brown, G.V., Coppel, R.L., Cowman, A.F. (1997). Targeted gene disruptionshows that knobs enable malaria-infected red cells to cytoadhere under physiological shear stress. *Cell.* **89**:287-96.

Crabb, B.S., Rug, M., Gilberger, T.W., Thompson, J.K., Triglia, T., Maier, A.G., Cowman, A.F. (2004). Transfection of the human malaria parasite Plasmodium falciparum. *Methods Mol Biol.* **270**:263-276.

Crompton, P.D., Pierce, S.K., Miller, L.H. (2010). Advances and challenges in malaria vaccine development. *J Clin Invest.* **120**:4168-78.

Dacks, J.B., Davis, L.A., Sjögren, A.M., Andersson, J.O., Roger, A.J., Doolittle, W.F. (2003). Evidence for Golgi bodies in proposed 'Golgi-lacking' lineages. *Proc Biol Sci.* **270**:168-71.

Deans, J.A., Alderson, T., Thomas, A.W., Mitchell, G.H., Lennox, E.S., Cohen S. (1982). Rat monoclonal antibodies which inhibit the in vitro multiplication of Plasmodium knowlesi. *Clin. Exp. Immunol.* **49**:297–309.

Delepine, M. (1951). Joseph Pelletier and Joseph Caventou. *J Chem Educ.* **28**: 454–461.

Delplace, P., Bhatia, A., Cagnard, M., Camus, D., Colombet, G., Debrabant, A., Dubremetz, J.F., Dubreuil, N., Prensier, G., Fortier, B. *et al.* (1988). Protein p126: a parasitophorous vacuole antigen associated with the release of Plasmodium falciparum merozoites. *Biol Cell.* **64**:215-21.

Desowitz, R.S. (1991). The Malaria Capers. *WWNorton & Company.* New York

De Castro, F.A., Ward, G.E., Jambou, R., Attal, G., Mayau, V., Jaureguiberry, G., Braun-Breton, C., Chakrabarti, D., Langsley, G. (1996). Identification of a family of Rab G- proteins in Plasmodium falciparum and a detailed characterisation of PfRab6. *Mol. Biochem.Parasitol.* **80**:77-88.

de la Cruz, V.F. & McCutchan, T.F. (1986). Heterogeneity at the 5' end of the circumsporozoite protein gene of Plasmodium falciparum is due to a previously undescribed repeat sequence. *Nucleic Acids Res.* **14**:4695.

De Souza, W. (2002). Basic cell biology of Trypanosoma cruzi. *Curr Pharm Des.* **8**:269-85.

Di Cristina, M., Spaccapelo, R., Soldati, D., Bistoni, F., Crisanti, A. (2000). Two conserved amino acid motifs mediate protein targeting to the micronemes of the apicomplexan parasite Toxoplasma gondii. *Mol Cell Biol.* **20**:7332-41.

Dluzewski, A.R., Rangachari, K., Wilson, R.J., Gratzer, W.B. (1983). Properties of red cell ghost preparations susceptible to invasion by malaria parasites. *Parasitology.* **87**:429-38.

Doherty, P.C., Christensen, J.P., Belz, G.T., Stevenson, P.G., Sangster, M.Y. (2001). Dissecting the host response to a gamma-herpesvirus. *Philos Trans R Soc Lond B Biol Sci.* **356**:581-93.

Dolan, S.A., Proctor, J.L., Alling, D.W., Okubo, Y., Wellems, T.E., Miller, L.H. (1994). Glycophorin B as an EBA-175 independent Plasmodium falciparum receptor of human erythrocytes. *Mol Biochem Parasitol.* **64**:55-63.

Dower, W.J., Miller, J.F., Ragsdale, C.W. (1988). High efficiency transformation of E. coli by high voltage electroporation. *Nucleic Acids Res.* **16**:6127-6145.

Duraisingh, M.T., Triglia, T., Ralph, S.A., Rayner, J.C., Barnwell, J.W., McFadden, G.I., Cowman, A.F. (2003). Phenotypic variation of Plasmodium falciparum merozoite proteins directs receptor targeting for invasion of human erythrocytes. *EMBO J.* **22**:1047-57.

Dvorin, J.D., Bei, A.K., Coleman, B.I., Duraisingh, M.T. (2010). Functional diversification between two related Plasmodium falciparum merozoite invasion ligands is determined by changes in the cytoplasmic domain. *Mol Microbiol.* **75**:990-1006.

Eisenhaber, F., Imperiale, F., Argos, P., Frömmel, C. (1996). Prediction of secondary structural content of proteins from their amino acid composition alone. I. New analytic vector decomposition methods. *Proteins.* **25**:157-68.

Elmendorf, H.G. & Haldar, K. (1993). Secretory transport in Plasmodium. *Parasitol Today.* **9**:98-102.

Epstein, P.R. (2000). Is global warming harmful to health? *Sci Am.* **283**:50-7.

Famin, O. & Ginsburg, H. (2003). The treatment of Plasmodium falciparum-infected erythrocytes with chloroquine leads to accumulation of ferriprotoporphyrin IX bound to particular parasite proteins and to the inhibition of the parasite's 6-phosphogluconate dehydrogenase. *Parasite.* **10**:39-50.

Fang, W., Vega-Rodríguez, J., Ghosh, A.K., Jacobs-Lorena, M., Kang, A., St Leger, R.J. (2011). Development of transgenic fungi that kill human malaria parasites in mosquitoes. *Science.* **331**:1074-7.

Ferreira, A., Marguti, I., Bechmann, I., Jeney, V., Chora, A., Palha, N.R., Rebelo, S., Henri, A., Beuzard, Y., Soares, M.P. (2011). Sickle hemoglobin confers tolerance to Plasmodium infection. *Cell.* **145**:398-409.

Fidock, D.A., Nomura, T., Talley, A.K., Cooper, R.A., Dzekunov, S.M., Ferdig, M.T., Ursos, L.M., Sidhu, A.B., Naudé, B., Deitsch, K.W., Su, X.Z., Wootton, J.C., Roepe, P.D., Wellems, T.E. (2000). Mutations in the P. falciparum digestive vacuole transmembrane protein PfCRT and evidence for their role in chloroquine resistance. *Mol. Cell* **6**:861-871.

Fidock, D.A., Wellems, T.E. (1997). Transformation with human dihydrofolate reductase renders malaria parasites insensitive to WR99210 but does not affect the intrinsic activity of proguanil. *Proc Natl Acd Sci USA.* **94**:10931-10936.

Finger, J.H., Smith, C.M., Hayamizu, T.F., McCright, I.J., Eppig, J.T., Kadin, J.A., Richardson, J.E., Ringwald, M. (2011). The mouse Gene Expression Database (GXD): 2011 update. *Nucleic Acids Res* **39**:835-41.

Fisk, T.L., Millet, P., Collins, W.E., Nguyen-Dinh, P. (1989). In vitro activity of antimalarial compounds on the exoerythrocytic stages of Plasmodium cynomolgi and P. knowlesi. *Am J Trop Med Hyg.* **40**:235-9.

Florens, L., Washburn, M.P., Raine, J.D., Anthony, R.M., Grainger, M., Haynes, J.D., Moch, J.K. *et al.*. (2002). A proteomic view of the Plasmodium falciparum life cycle. *Nature.* **419**:520-6.

Flück, C., Bartfai, R., Volz, J., Niederwieser, I., Salcedo-Amaya, A.M., Alako, B.T., Ehlgen, F., Ralph, S.A., *et al.* (2009). Plasmodium falciparum heterochromatin protein 1 marks genomic loci linked to phenotypic variation of exported virulence factors. *PLoS Pathog.* **5**:e1000569.

Foster, S. (1994). Economic prospects for a new antimalarial drug. *Trans R Soc Trop Med Hyg.* **88:**55-6.

Foth, B.J., Ralph, S.A., Tonkin, C.J., Struck, N.S., Fraunholz, M., Roos, D.S., Cowman, A.F., McFadden, G.I. (2003). Dissecting apicoplast targeting in the malaria parasite Plasmodium falciparum. *Science.* **299**:705-8.

Foth, B.J., Zhang, N., Mok, S., Preiser, P.R., Bozdech, Z. (2008). Quantitative protein expression profiling reveals extensive post-transcriptional regulation and post-translational modifications in schizont-stage malaria parasites. *Genome Biol.* **9**:R177.

Füllekrug, J., Suganuma, T., Tang, B.L., Hong, W., Storrie, B., Nilsson, T. (1999). Localization and recycling of gp27 (hp24gamma3): complex formation with other p24 family members. *Mol Biol Cell.* **10**:1939-55.

Galinski, M.R., Medina, C.C., Ingravallo, P., Barnwell, J.W. (1992). A reticulocyte-binding protein complex of Plasmodium vivax merozoites. *Cell.* **69**:1213-26.

Galinski, M.R. & Barnwell J.W. (1996). Plasmodium vivax: Merozoites, invasion of reticulocytes and considerations for malaria vaccine development. *Parasitol Today.* **12**:20-9.

Gamain, B., Miller, L.H., Baruch, D.I. (2002). The surface variant antigens of Plasmodium falciparum contain cross-reactive epitopes. *Proc Natl Acad Sci U S A.* **98**:2664-9.

Gaffar, F.R., Yatsuda, A.P., Franssen, F.F., de Vries, E. (2004). Erythrocyte invasion by Babesia bovis merozoites is inhibited by polyclonal antisera directed against peptides derived from a homologue of Plasmodium falciparum apical membrane antigen 1. *Infect. Immun.* **72**:2947–2955.

Gardner, M.J., Tettelin, H., Carucci, D.J., Cummings, L.M., Aravind, L., Koonin, E.V.,Shallom, S., *et al.* (1998). Chromosome 2 sequence of the human malaria parasite Plasmodium falciparum. *Science.* **282**:1126-32.

Gardner, M.J., Hall, N., Fung, E., White, O., Berriman, M., Hyman, R.W., Carlton, J.M., *et al.* (2002a). Genome sequence of the human malaria parasite Plasmodium falciparum. *Nature.* **419**:498-511.

Gardner, M.J., Shallom, S.J., Carlton, J.M., Salzberg, S.L., Nene, V., Shoaibi, A., Ciecko, A., Lynn, J., *et al.* (2002b). Sequence of Plasmodium falciparum chromosomes 2, 10, 11 and 14. *Nature.* **419**:531-534.

Garoff, H., Ansorge, W. (1981). Improvements of DNA sequencing gels. *Anal Biochem.* **115**:450-457.

Gerrard, S.R., Levi, B.P., Stevens, T.H. (2000). Pep12p is a multifunctional yeast syntaxin that controls entry of biosynthetic, endocytic and retrograde traffic into the prevacuolar compartment. *Traffic.* **1**:259-69.

Ghai, M., Dutta, S., Hall, T., Freilich, D., Ockenhouse, C.F. (2002). Identification, expression, and functional characterization of MAEBL, a sporozoite and asexual blood stage chimeric erythrocyte-binding protein of Plasmodium falciparum. *Mol Biochem Parasitol.* **123**:35-45.

Giemsa, G. (1904). Färbemethoden für Malariaparasiten. D.Z.XXXI 307.

Gilberger, T.W., Thompson, J.K., Triglia, T., Good, R.T., Duraisingh, M.T., Cowman, A.F. (2003). A novel erythrocyte binding antigen-175 paralogue from Plasmodium falciparum defines a new trypsin-resistant receptor on human erythrocytes. *J Biol Chem.* **278**:14480-6.

Gilmore, R., Blobel, G., Walter, P. (1981). Protein translocation across the endoplasmic reticulum. I. Detection in the microsomal membrane of a receptor for the signal recognition particle. *J Cell Biol.* **95**:463-77.

Glick, B.S. (2000). Organization of the Golgi apparatus. *Curr Opin Cell Biol.* **12**:450-6.

Gommel, D., Orci, L., Emig, E.M., Hannah, M.J., Ravazzola, M., Nickel, W., Helms, J.B., Wieland, F.T., Sohn, K. (1999). p24 and p23, the major transmembrane proteins of COPI-coated transport vesicles, form hetero-oligomeric complexes and cycle between the organelles of the early secretory pathway. *FEBS Lett.* **447**:179-85.

Good, M.F., Doolan, D.L. (2010). Malaria vaccine design: immunological considerations. *Immunity.* **33**:555-66.

Gould, S.B., Tham, W.H., Cowman, A.F., McFadden, G.I., Waller, R.F. (2008). Alveolins, a new family of cortical proteins that define the protist infrakingdom Alveolata. *Mol Biol Evol.* **25**:1219-30.

Grassi, B., Bignami, A., Bastianelli, G. (1899). Ulteriore ricerche sul ciclo dei parassiti malarici umani sul corpo del zanzarone. *Atti Reale Accad Lincei.* **8**:21-28.

Griffiths, G., Simons, K. (1986). The *trans*-Golgi network: sorting at the exit site of the Golgi complex. *Science.* **234**:438- 443.

Grüring, C., Heiber, A., Kruse, F., Ungefehr, J., Gilberger, T.W., Spielmann, T. (2011). Development and host cell modifications of Plasmodium falciparum blood stages in four dimensions. *Nat Commun.* **2**:165.

Guerra, C.A., Gikandi, P.W., Tatem, A.J., Noor, A.M., Smith, D.L., Hay, S.I., Snow, R.W. (2008). The Limits and Intensity of Plasmodium falciparum Transmission: Implications for Malaria Control and Elimination Worldwide. *PLoS Med.* **5**:e38.

Gunasekera, A.M., Patankar, S., Schug, J., Eisen, G., Wirth, D.F. (2003). Drug-induced alterations in gene expression of the asexual blood forms of Plasmodium falciparum. *Mol Microbiol.* **50**:1229-39.

Haase, S., Cabrera, A., Langer, C., Treeck, M., Struck, N., Herrmann, S., Jansen, P.W., Bruchhaus, I., Bachmann, A., Dias, S., Cowman, A.F., Stunnenberg, H.G., Spielmann, T., Gilberger, T.W. (2008). Characterization of a conserved rhoptry-associated leucine zipper-like protein in the malaria parasite Plasmodium falciparum. *Infect Immun.* **76**:879-87.

Hall, N., Pain, A., Berriman, M., Churcher, C., Harris, B., Harris, D., Mungall, K., *et al.*. (2002). Sequence of Plasmodium falciparum chromosomes 1, 3-9 and 13. *Nature.* **419**:527-31.

Hall, N., Karras, M., Raine, J.D., Carlton, J.M., Kooij, T.W., Berriman, M., Florens, L., *et al.*. (2005). A comprehensive survey of the Plasmodium life cycle by genomic, transcriptomic, and proteomic analyses. *Science.* **307**:82-6.

Hanahan, D. (1983). Studies on transformation of Escherichia coli with plasmids. *J Mol Biol.* **166**:557-580.

Harris, K.S., Casey, J.L., Coley, A.M., Masciantonio, R., Sabo, J.K., Keizer, D.W., Lee, E.F., McMahon, A., Norton, R.S., Anders, R.F., Foley, M. (2005). Binding hot spot for invasion inhibitory molecules on Plasmodium falciparum apical membrane antigen 1. *Infect Immun.* **73**:6981-9.

Hawass, Z., Gad, Y.Z., Ismail, S., Khairat, R., Fathalla, D., Hasan, N., Ahmed, A., *et al.*. (2010). Ancestry and pathology in King Tutankhamun's family. *JAMA.* **303**:638-47.

Healer, J., Crawford, S., Ralph, S., McFadden, G., Cowman, A.F. (2002). Independent translocation of two micronemal proteins in developing Plasmodium falciparum merozoites. *Infect Immun.* **70**:5751-8.

Hehl, A.B., Lekutis, C., Grigg, M.E., Bradley, P.J., Dubremetz, J.F., Ortega-Barria, E., Boothroyd JC. (2000). Toxoplasma gondii homologue of Plasmodium apical membrane antigen 1 is involved in invasion of host cells. *Infect. Immun.* **68**:7078–7086.

Hiller, N.L., Bhattacharjee, S., van Ooij, C., Liolios, K., Harrison, T., Lopez-Estraño, C., Haldar, K. (2004). A host-targeting signal in virulence proteins reveals a secretome in malarial infection. *Science.* **306**:1934-7.

Hines, R.M., Kang, R., Goytain, A., Quamme, G.A. (2010). Golgi-specific DHHC zinc finger protein GODZ mediates membrane Ca2+ transport. J *Biol Chem.* **285**:4621-8.

Hodder, A.N., Crewther, P.E., Matthew, M.L., Reid, G.E., Moritz, R.L., Simpson, R.J., Anders, R.F. (1996). The disulfide bond structure of Plasmodium apical membrane antigen-1. *J Biol Chem.* **271**:29446-52.

Hodder, A.N., Crewther, P.E., Anders, R.F. (2001). Specificity of the protective antibody response to apical membrane antigen 1. *Infect Immun.* **69**:3286-94.

Hodder, A.N., Drew, D.R., Epa, V.C., Delorenzi, M., Bourgon, R., Miller, S.K., Moritz, R.L., Frecklington, D.F., Simpson, R.J., Speed, T.P., Pike, R.N., Crabb, B.S. (2003). Enzymic, phylogenetic, and structural characterization of the unusual papain-like protease domain of Plasmodium falciparum SERA5. *J Biol Chem.* **278**:48169-77.

Hoogenraad, N.J., Ward, L.A., Ryan, M.T. (2002). Import and assembly of proteins into mitochondria of mammalian cells. *Biochim Biophys Acta.* **1592**:97-105.

Howell, S.A., Withers-Martinez, C., Kocken, C.H.M., Thomas, A.W., Blackman, M.J (2001). Proteolytic Processing and Primary Structure of Plasmodium falciparum Apical Membrane Antigen-1. *J Biol Chem.* **276**:31311–31320.

Howell, S.A., Well, I., Fleck, S.L., Kettleborough, C., Collins, C.R., Blackman, M.J. (2003). A single malaria merozoite serine protease mediates shedding of multiple surface proteins by juxtamembrane cleavage. *J Biol Chem.* **278:**23890-8.

Htun, H., Barsony, J., Renyi, I., Gould, D.L., Hager, G.L. (1996). Visualization of glucocorticoid receptor translocation and intranuclear organization in living cells with a green fluorescent protein chimera. *Proc Natl Acad Sci U S A*. **93**:4845-50.

Hu, G., Cabrera, A., Kono, M., Mok, S., Chaal, B.K., Haase, S., Engelberg, K., Cheemadan, S., Spielmann, T., Preiser, P.R., Gilberger, T.W., Bozdech, Z. (2010). Transcriptional profiling of growth perturbations of the human malaria parasite Plasmodium falciparum. *Nat Biotechnol*. **28**:91-8.

Huh, W.K., Falvo, J.V., Gerke, L.C., Carroll, A.S., Howson, R.W., Weissman, J.S., O'Shea, E.K. (2003). Global analysis of protein localization in budding yeast. *Nature*. **425**:686-91.

Hyman, R.W., Fung, E., Conway, A., Kurdi, O., Mao, J., Miranda, M., Nakao, B., Rowley, D., Tamaki, T., Wang, F., Davis, R.W. (2002). Sequence of Plasmodium falciparum chromosome 12. *Nature*. **419**:534-7.

Isaacs, A.T., Li, F., Jasinskiene, N., Chen, X., Nirmala, X., Marinotti, O., Vinetz, J.M., James, A.A. (2011). Engineered resistance to Plasmodium falciparum development in transgenic Anopheles stephensi. *PLoS Pathog*. **7**:e1002017.

Ito, T., Chiba, T., Ozawa, R., Yoshida, M., Hattori, M., Sakaki, Y. (2001). A comprehensive two-hybrid analysis to explore the yeast protein interactome. *Proc Natl Acad Sci U S A*. **98**:4569-74.

Iwamuro, S., Saeki, M., Kato, S. (1999). Multi-ubiquitination of a nascent membrane protein produced in a rabbit reticulocyte lysate. *J Biochem*. **126**:48-53.

Jiang, J.B., Li, G.Q., Guo, X.B., Kong, Y.C., Arnold, K. (1982). Antimalarial activity of mefloquine and qinghaosu. *Lancet*. **2**:285-8.

Joiner, K.A. & Roos, D.S. (2002). Secretory traffic in the eukaryotic parasite Toxoplasma gondii: less is more. *J Cell Biol*. **157**:557-63.

Joshi, H., Valecha, N., Verma, A., Kaul, A., Mallick, P.K., Shalini, S., Prajapati, S.K., Sharma, S.K., Dev, V., Biswas, S., Nanda, N., Malhotra, M.S., Subbarao, S.K., Dash, A.P. (2007). Genetic structure of Plasmodium falciparum field isolates in eastern and north-eastern India. *Malar J*. **6**:60.

Klemba, M., Beatty, W., Gluzman, I., Goldberg, D.E. (2004). Trafficking of plasmepsin II to the food vacuole of the malaria parasite Plasmodium falciparum. *J Cell Biol*. **164**:47-56.

Klute, M.J., Melançon, P., Dacks, J.B. (2011). Evolution and Diversity of the Golgi. *Cold Spring Harb Perspect Biol* doi: 10.1101/cshperspect.a007849.

Knottnerus, O.S. (2002). Malaria Around the North Sea: A Survey. In: Climatic Development and History of the North Atlantic Realm: Hanse Conference Report. Verlegt von: Wefer, G., Berger, W.H., Behre, K.H., Jansen, *E. Springer-Verlag*, Berlin. 339-53.

Kocken, C.H., van der Wel, A.M., Dubbeld, M.A., Narum, D.L., van de Rijke, F.M., van Gemert, G.J., van der Linde, X., Bannister, L.H., Janse, C., Waters, A.P., Thomas, A.W. (1998). Precise timing of expression of a Plasmodium falciparum-derived transgene in Plasmodium berghei is a critical determinant of subsequent subcellular localization. *J Biol Chem*. **271**:15119-24.

Komaki-Yasuda, K., Kawazu, S., Kano, S. (2003). Disruption of the Plasmodium falciparum 2-Cys peroxiredoxin gene renders parasites hypersensitive to reactive oxygen and nitrogen species. *FEBS Lett*. **547**:140-4.

Kondylis, V. & Rabouille, C. (2009). The Golgi apparatus: lessons from Drosophila. *FEBS Lett*. **583**:3827-38.

Kreuels, B., Kreuzberg, C., Kobbe, R., Ayim-Akonor, M., Apiah-Thompson, P., Thompson, B., Ehmen, C., Adjei, S., Langefeld, I., Adjei, O., May, J. (2010). Differing effects of HbS and HbC traits on uncomplicated falciparum malaria, anemia, and child growth. *Blood.* **115**:4551-8.

Krotoski, W.A., Krotoski, D.M., Garnham, P.C., Bray, R.S., Killick-Kendrick, R., Draper, C.C., Targett, G.A., Guy, M.W. (1980). Relapses in primate malaria: discovery of two populations of exoerythrocytic stages. Preliminary note. *Br Med J.* **280**:153-4.

Krotoski, W.A., Bray, R.S., Garnham, P.C., Gwadz, R.W., Killick-Kendrick, R., Draper, C.C., Targett, G.A., Krotoski, D.M., Guy, M.W., Koontz, L.C., Cogswell, F.B. (1982). Observations on early and late post-sporozoite tissue stages in primate malaria. II. The hypnozoite of Plasmodium cynomolgi bastianellii from 3 to 105 days after infection, and detection of 36- to 40-hour pre-erythrocytic forms. *Am J Trop Med Hyg.* **31**:211-25.

Krotoski, W.A., Garnham, P.C., Cogswell, F.B., Collins, W.E., Bray, R.S., Gwasz, R.W., Killick-Kendrick, R., Wolf, R.H., Sinden, R., Hollingdale, M., *et al.*. (1986). Observations on early and late post-sporozoite tissue stages in primate malaria. IV. Pre-erythrocytic schizonts and/or hypnozoites of Chesson and North Korean strains of Plasmodium vivax in the chimpanzee. *Am J Trop Med Hyg.* **35**:263-74.

Krupke, D.M., Begley, D.A., Sundberg, J.P., Bult, C.J., Eppig, J.T. (2008). The Mouse Tumor Biology database. *Nat Rev Cancer.* **8**:459-65.

Kühn, M.J., Schekman, R. (1997). COPII and secretory cargo capture into transport vesicles. *Curr Opin Cell Biol.* **9**:477-83.

Kumar, N., Koski, G., Harada, M., Aikawa, M., Zheng, H. (1991). Induction and localization of Plasmodium falciparum stress proteins related to the heat shock protein 70 family. *Mol. Biochem. Parasitol.* **48**:47- 58.

Kyhse-Andersen, J. (1984). Electroblotting of multiple gels: a simple apparatus without buffer tank for rapid transfer of proteins from polyacrylamide to nitrocellulose. *J Biochem Biophs Methods.* **19**:203-209.

Kyte, J., Doolittle, R.F. (1982). A simple method for displaying the hydropathic character of a protein. *J Mol Biol.* **157**:105-32.

Ladda, R.L. (1969). New insights into the fine structure of rodent malarial parasites. *Mil Med.* **134**:825-65.

Ladinsky, M.S., Mastronarde, D.N., McIntosh, J.R., Howell, K.E., Staehelin, L.A. (1999). Golgi structure in three dimensions: functional insights from the normal rat kidney cell. *J Cell Biol.* **144**:1135-49.

Laemmli, U.K. (1970). Cleavage of structural proteins during the assembly of the head of bacteriophage T4. *Nature.* **48**:47-58.

Lamarque, M., Besteiro, S., Papoin, J., Roques, M., Vulliez-Le Normand, B., Morlon-Guyot, J., Dubremetz, J.F., Fauquenoy, S., Tomavo, S., Faber, B.W., Kocken, C.H., Thomas, A.W., Boulanger, M.J., Bentley, G.A., Lebrun, M. (2011). The RON2-AMA1 interaction is a critical step in moving junction-dependent invasion by apicomplexan parasites. *PLoS Pathog.* **7**:e1001276.

Lambros, C., Vanderberg, J.P. (1979). Synchronization of Plasmodium falciparum erythrocytic stages in culture. *J Parasitol.* **65**:418-420.

Lopez-Estraño, C., Bhattacharjee, S., Harrison, T., Haldar, K. (2003). Cooperative domains define a unique host cell-targeting signal in Plasmodium falciparum-infected erythrocytes. *Proc Natl Acad Sci U S A.* **100**:12402-7.

Kaslow, D.C., Quakyi, I.A., Syin, C., Raum, M.G., Keister, D.B., Coligan, J.E., McCutchan, T.F., Miller, L.H. (1988). A vaccine candidate from the sexual stage of human malaria that contains EGF-like domains. *Nature.* **333**:74-6.

Latijnhouwers, M., Hawes, C., Carvalho, C. (2005). Holding it all together? Candidate proteins for the plant Golgi matrix. *Curr Opin Plant Biol.* **8**:632-9.

La Greca, N., Hibbs, A.R., Riffkin, C., Foley, M., Tilley, L. (1997) Identification of an endoplasmic reticulum resident protein with multiple EF- hand motifs in asexual stages of Plasmodium falciparum. *Mol. Biochem. Parasitol.* **89**:283-93.

Lewis, M.J., Pelham, H.R. (1990). A human homologue of the yeast HDEL receptor. *Nature.* **348**:162-3.

Lewis, M.J., Sweet, D.J., Pelham, H.R. (1990). The ERD2 gene determines the specificity of the luminal ER protein retention system. *Cell.* **61**:1359-63.

Lewis, M.J., Pelham, H.R. (1992). Sequence of a second human KDEL receptor. *J Mol Biol.* **226**:913-6.

Laufer, M.K. (2009). Monitoring antimalarial drug efficacy: current challenges. *Curr Infect Dis Rep.* **11**:59-65.

Laveran, A. (1880). A new parasite found in the blood of malarial patients. Parasitic origin of malarial attacks. *Bull. mem. soc. med. hosp. Paris.* **17**:158-164.

Lee, M.C., Moura, P.A., Miller, E.A., Fidock, D.A. (2008). Plasmodium falciparum Sec24 marks transitional ER that exports a model cargo via a diacidic motif. *Mol Microbiol.* **68**:1535-46.

Le Roch, K.G., Zhou, Y., Blair, P.L., Grainger, M., Moch, J.K., Haynes, J.D., De La Vega, P., Holder, A.A., Batalov, S., Carucci, D.J., Winzeler, E.A. (2003). Discovery of gene function by expression profiling of the malaria parasite life cycle. *Science.* **301**:1503-8.

Leykauf, K., Treeck, M., Gilson, P.R., Nebl, T., Braulke, T., Cowman, A.F., Gilberger, T.W., Crabb, B.S. (2010). Protein kinase a dependent phosphorylation of apical membrane antigen 1 plays an important role in erythrocyte invasion by the malaria parasite. *PLoS Pathog.* **6**:e1000941.

Liu, W., Li, Y., Learn, G.H., Rudicell, R.S., Robertson, J.D., Keele, B.F., Ndjango, J.B. *et al.*. (2010). Origin of the human malaria parasite Plasmodium falciparum in gorillas. *Nature.* **467**:420-5.

Llinás, M., Bozdech, Z., Wong, E.D., Adai, A.T., DeRisi, J.L. (2006). Comparative whole genome transcriptome analysis of three Plasmodium falciparum strains. *Nucleic Acids Res.* **34**:1166-73.

Luke, T.C., Hoffman, S.L. (2003). Rationale and plans for developing a non-replicating, metabolically active, radiation-attenuated Plasmodium falciparum sporozoite vaccine. *J Exp Biol.* **206**:3803-8.

Maćasev, D., Whelan, J., Newbigin, E., Silva-Filho, M.C., Mulhern, T.D., Lithgow, T. (2004). Tom22', an 8-kDa trans-site receptor in plants and protozoans, is a conserved feature of the TOM complex that appeared early in the evolution of eukaryotes. *Mol Biol Evol.* **21**:1557-64.

Maier, A.G., Duraisingh, M.T., Reeder, J.C., Patel, S.S., Kazura, J.W., Zimmerman, P.A., Cowman, A.F. Plasmodium falciparum erythrocyte invasion through glycophorin C and selection for Gerbich negativity in human populations. *Nat Med.* **9**:87-92.

Marra, P., Salvatore, L., Mironov, Jr., A., Di Campli, A., Di Tulio, G., Trucco, A., Beznoussenko, G., Mironov, A., De Matteis, M.A. (2007). The biogenesis of the Golgi ribbon: the roles of membrane input from the ER and of GM130. *Mol. Biol. Cell.* **18:**1595-1608.

Marti, M., Li, Y., Schraner, E. M., Wild, P., Kohler, P., Hehl, A. B. (2003a). The secretory apparatus of an ancient eukaryote: protein sorting to separate export pathways occurs before formation of transient Golgi-like compartments. *Mol. Biol. Cell.* **14**:1433-1447.

Marti, M., Regos, A., Li, Y., Schraner, E. M., Wild, P., Muller, N., Knopf, L. G., Hehl, A. B. (2003b). An ancestral secretory apparatus in the protozoan parasite Giardia intestinalis. *J. Biol. Chem.* **278**:24837-24848.

Marti, M., Good, R.T., Rug, M., Knuepfer, E., Cowman, A.F. (2004). Targeting malaria virulence and remodeling proteins to the host erythrocyte. *Science.* **306**:1930-3.

Marti, M., Baum, J., Rug, M., Tilley, L., Cowman, A.F. (2005). Signal-mediated export ofproteins from the malaria parasite to the host erythrocyte. *J Cell Biol.* **171**:587-92.

Martin, M.J., Rayner, J.C., Gagneux, P., Barnwell, J.W., Varki, A. (2005). Evolution of human-chimpanzee differences in malaria susceptibility: relationship to human genetic loss of N-glycolylneuraminic acid. *Proc Natl Acad Sci U S A.* **36**:12819-24.

Mayer, D.C., Kaneko, O., Hudson-Taylor, D.E., Reid, M.E., Miller, L.H. (2001). Characterization of a Plasmodium falciparum erythrocyte-binding protein paralogous to EBA-175. *Proc Natl Acad Sci U S A.* **98**:5222-7.

Mayer, D.C., Mu, J.B., Kaneko, O., Duan, J., Su, X.Z., Miller, L.H. (2004). Polymorphism in the Plasmodium falciparum erythrocyte-binding ligand JESEBL/EBA-181 alters its receptor specificity. *Proc Natl Acad Sci U S A.* **101**:2518-23.

McFadden, G.I. (2010). The apicoplast. *Protoplasma.* Springer Verlag. Berlin. DOI 10.1007/s00709-010-0250-5.

McKerrow, J.H., Sun, E., Rosenthal, P.J., Bouvier, J. (1993). The proteases and pathogenicity of parasitic protozoa. *Annu Rev Microbiol.* **47**:821-53.

Mehlhorn, H., Piekarski, G. (2002). Grundriss der Parasitenkunde, *Spektrum Akademischer Verlag*, Heidelberg.

Mehlhorn, H.P. (2003). Grundriss der Parasitenkunde. *Spektrum akademischer Verlag*, Heidelberg.

Mellman, I. & Simons, K. (1992). The Golgi complex: in vitro veritas? *Cell.* **68**:829-40.

Meyer, C.G. (2007). Tropenmedizin. Infektionskrankheiten. *Ecomed Medizin*. Landsberg.

Mital, J., Meissner, M., Soldati D., Ward, G.E. (2005). Conditional expression of Toxoplasma gondii apical membrane antigen-1 (TgAMA1) demonstrates that TgAMA1 plays a critical role in host cell invasion. *Mol Biol Cell.* **16**:4341-9.

Mitchell, G.H., Bannister, L.H. (1988). Malaria parasite invasion: interactions with the red cell membrane. *Crit Rev Oncol Hematol.* **8**:225-310.

Mogelsvang, S., Marsh, B.J., Ladinsky, M.S., Howell, K.E. (2004). Predicting function from structure: 3D structure studies of the mammalian Golgi complex. *Traffic.* **5**:338-45.

Möskes, C. (2004). Plasmodium falciparum calciumabhängige Proteinkinase 1 (*Pf*CDPK1): Strukturelle und funktionelle Charakterisierung. Dissertation. Ruprecht-Karls-Universität, Heidelberg.

Mota, M. M., Pradel, G., Vanderberg, J. P., Hafalla, J. C., Frevert, U., Nussenzweig R. S., Nussenzweig, V., Rodriguez, A. (2001). Migration of Plasmodium sporozoites through cells before infection. *Science*. **291:**141-144.

Mota, M. M., Hafalla, J. C., Rodriguez, A. (2002). Migration through host cells activates Plasmodium sporozoites for infection. *Nature Med.* **8:**1318-1322.

Mowbrey, K., Dacks, J.B. (2009). Evolution and diversity of the Golgi body. *FEBS Lett.* **583**:3738–3745.

Mueller, A.K., Camargo, N., Kaiser, K., Andorfer, C., Frevert, U., Matuschewski, K., Kappe, S.H. (2005a). Plasmodium liver stage developmental arrest by depletion of a protein at the parasite-host interface. *Proc Natl Acad Sci U S A.* **102**:3022-7.

Mueller, A.K., Labaied, M., Kappe, S.H., Matuschewski, K. (2005b). Genetically modified Plasmodium parasites as a protective experimental malaria vaccine. *Nature.* **433**:164-7.

Müller, O., van Hensbroek, M.B., Jaffar, S., Drakeley, C., Okorie, C., Joof, D., Pinder, M., Greenwood, B. (1996). A randomized trial of chloroquine, amodiaquine and pyrimethaminesulphadoxine in Gambian children with uncomplicated malaria. *Trop Med Int Health.* **1**:124-32.

Müller, S. (2004). Redox and antioxidant systems of the malaria parasite Plasmodium falciparum. *Mol Microbiol.* **53**:1291-305.

Mullis, K.B., Faloona, F.A. (1987). Specific synthesis of DNA in vitro via a polymerase-catalyzed chain reaction. *Methods Enzymol.* **155**:335-350.

Nakamura, N., Rabouille, C., Watson, R., Nilsson, T., Hui, N., Slusarewicz, P., Kreis, T.E., Warren, G. (1995). Characterization of a cis-Golgi matrix protein, GM130. *J Cell Biol.* **131**:1715-26.

Narum, D.L. & Thomas, A.W. (1994). Differential localization of full-length and processed forms of PF83/AMA-1 an apical membrane antigen of Plasmodium falciparum merozoites. *Mol Biochem Parasitol.* **67**:59-68.

Narum, D.L., Fuhrmann, S.R., Luu, T., Sim, B.K. (2002). A novel Plasmodium falciparum erythrocyte binding protein-2 (EBP2/BAEBL) involved in erythrocyte receptor binding. *Mol Biochem Parasitol.* **119**:159-68.

Neupert, W. & Brunner, M. (2002). The protein import motor of mitochondria. *Nat Rev Mol Cell Biol.* **3**:555-65.

Nickel, W. & Wieland, F.T. (1997). Biogenesis of COPI-coated transport vesicles. *FEBS Lett.* **413**:395-400.

Nielsen, H., Engelbrecht, J., Brunak, S., von Heinje, G. (1997). Identification of prokaryotic and eukaryotic signal peptides and prediction of their cleavage sites. *Protein Eng.* **10**:1–6.

Nussenzweig, R.S., Vanderberg, J., Most, H., Orton, C. (1967). Protective immunity produced by the injection of x-irradiated sporozoites of plasmodium berghei. *Nature.* **216**:160-2.

O'Donnell, R.A., Hackett, F., Howell, S.A., Treeck, M., Struck, N., Krnajski, Z., Withers-Martinez, C., Gilberger, T.W., Blackman, M.J. (2006). Intramembrane proteolysis mediates shedding of a key adhesin during erythrocyte invasion by the malaria parasite. *J Cell Biol.* **174**:1023-33.

Ollomo, B., Durand, P., Prugnolle, F., Douzery, E., Arnathau, C., Nkoghe, D., Leroy, E., Renaud, F. (2009). A new malaria agent in African hominids. *PLoS Pathog.* **5**:e1000446.

Orjih, A.U., Banyal, H.S., Chevli, R., Fitch, C.D. (1981). Hemin lyses malaria parasites. *Science.* **214**:667-9.

O'Rourke, N.A., Meyer, T., Chandy, G. (2005). Protein localization studies in the age of 'Omics'. *Curr Opin Chem Biol.* **9**:82-7.

Pagni, M., Ioannidis, V., Cerutti, L., Zahn-Zabal, M., Jongeneel, C.V., Hau, J., Martin, O., Kuznetsov, D., Falquet, L. (2007). MyHits: improvements to an interactive resource for analyzing protein sequences. *Nucleic Acids Res.* **35**:433-7.

Pain, A., Böhme, U., Berry, A.E., Mungall, K., Finn, R.D., Jackson, A.P., Mourier, T. *et al.* (2008). The genome of the simian and human malaria parasite Plasmodium knowlesi. *Nature.* **455**:799-803.

Pang, X.L., Mitamura, T., Horii, T. (1996). Antibodies reactive with the N-terminal domain of Plasmodium falciparum serine repeat antigen inhibit cell proliferation by agglutinating merozoites and schizonts. *Infect Immun.* **67**:1821-7.

Parish, L.A. & Rayner, J.C. (2009). Plasmodium falciparum secretory pathway: characterization of PfStx1, a plasma membrane Qa-SNARE. *Mol Biochem Parasitol.* **164**:153-6.

Payne, D., (1987). Spread of chloroquine resistance in Plasmodium falciparum. *Parasitol Today.* **3**:241-6.

Pelletier, L., Stern, C.A, Pypaert, M., Sheff, D., Ngo, H.M., Roper, N., He, C.Y., Hu, K., Toomre, D., Coppers, I., Roos, D.S., Joiner, K.A., Warren, G. (2002). Golgi biogenesis in Toxoplasma gondii. *Nature.* **418**: 548-552.

Peterson, M.G., Crewther, P.E., Thompson, J.K., Corcoran, L.M., Coppel, R.L., Brown, G.V., Anders, R.F.,Kemp, D.J. (1988). A second antigenic heat shock protein of Plasmodium falciparum. *DNA.* **7**:71-8.

Pinder, J., Fowler, R., Bannister, L., Dluzewski, A., Mitchell, G.H. (2002). Motile systems in malaria merozoites: how is the red blood cell invaded? *Parasitol Today.* **16**:240-5.

Pirovano, W., Feenstra, K.A., Heringa, J. (2008). Transmembrane Structure Integration. *Bioinformatics* **24**:492-497.

Pizarro, J.C., Vulliez-Le Normand, B., Chesne-Seck, M.L., Collins, C.R., Withers-Martinez, C., Hackett, F., Blackman, M.J. *et al..* (2005). Crystal structure of the malaria vaccine candidate apical membrane antigen 1. *Science.* **308**:408-11.

Ponnudurai, T., Lensen, A.H., Meis, J.F., Meuwissen, J.H. (1986). Synchronization of Plasmodium falciparum gametocytes using an automated suspension culture system. *Parasitology.* **93**:263-74.

Pradel, G., Garapaty, S., Frevert, U. (2002). Proteoglycans mediate malaria sporozoite targeting to the liver. *Mol Microbiol.* **45**:637-51.

Preuss, D., Mulholland, J., Franzusoff, A., Segev, N., Botstein, D. (1992). Characterization of the Saccharomyces Golgi complex through the cell cycle by immunoelectron microscopy. *Mol Biol Cell.* **3**:789-803.

Prosser, D.C., Tran, D., Gougeon, P.Y., Verly, C., Ngsee, J.K. (2008). FFAT rescues VAPA-mediated inhibition of ER-to-Golgi transport and VAPB-mediated ER aggregation. *J Cell Sci.* **18**:3052-61.

Prugnolle, F., Durand, P., Neel, C., Ollomo, B., Ayala, F.J., Arnathau, C., Etienne, L., Mpoudi-Ngole, E., Nkoghe, D., Leroy, E., Delaporte, E., Peeters, M., Renaud, F. (2010). African great apes are natural hosts of multiple related malaria species, including Plasmodium falciparum. *Proc Natl Acad Sci U S A.* **107**:1458-63.

Prugnolle, F., Durand, P., Ollomo, B., Duval, L., Ariey, F., Arnathau, C., Gonzalez, J.P., Leroy, E., Renaud, F. (2011). A fresh look at the origin of Plasmodium falciparum, the most malignant malaria agent. *PLoS Pathog.* **7**:e1001283.

Przyborski, J. & Lanzer, M. (2004). Parasitology. The malarial secretome. *Science.* **306**:1897-8.

Puthenveedu, M.A. & Linstedt, A.D. (2005). Subcompartmentalizing the Golgi apparatus. *Curr Opin Cell Biol.* **17**:369-75.

Quevillon, E., Spielmann, T., Brahimi, K., Chattopadhyay, D., Yeramian, E., Langsley, G. (2003). The Plasmodium falciparum family of Rab GTPases. *Gene* **306**:13-25.

Raghavendra, K., Barik, T.K., Reddy, B.P., Sharma, P., Dash, A.P. (2011). Malaria vector control: from past to future. *Parasitol Res.* **108**:757-79.

Rambourg, A., Clermont, Y., Hermo, L., Segretain, D. (1987). Tridimensional structure of the Golgi apparatus of nonciliated epithelial cells of the ductuli efferentes in rat: an electron microscope stereoscopic study. *Biol Cell.* **60**:103-15.

Rambourg, A. & Clermont, Y. (1990). Three-dimensional electron microscopy: structure of the Golgi apparatus. *Eur J Cell Biol.* **51**:189-200.

Rayner, J.C., Galinski, M.R., Ingravallo, P., Barnwell, J.W. (2000). Two Plasmodium falciparum genes express merozoite proteins that are related to Plasmodium vivax and Plasmodium yoelii adhesive proteins involved in host cell selection and invasion. *Proc Natl Acad Sci U S A.* **97**:9648-53.

Rayner, J.C., Vargas-Serrato, E., Huber, C.S., Galinski, M.R., Barnwell, J.W. (2001). A Plasmodium falciparum homologue of Plasmodium vivax reticulocyte binding protein (PvRBP1) defines a trypsin-resistant erythrocyte invasion pathway. *J Exp Med.* **194**:1571-81.

Rayner, J.C., Liu, W., Peeters, M., Sharp, P.M., Hahn, B.H. (2011). A plethora of Plasmodium species in wild apes: a source of human infection? *Trends Parasitol.* **27**:222-9.

Reiss, M., Viebig, N., Brecht, S., Fourmaux, M.N., Soete, M., Di Cristina, M., Dubremetz, J.F., Soldati, D. (2001). Identification and characterization of an escorter for two secretory adhesins in Toxoplasma gondii. *J Cell Biol.* **152**:563-78.

Richard, D., Kats, L.M., Langer, C., Black, C.G., Mitri, K., Boddey, J.A., Cowman, A.F., Coppel, R.L. (2009). Identification of rhoptry trafficking determinants and evidence for a novel sorting mechanism in the malaria parasite Plasmodium falciparum. *PLoS Pathog.* **5**:e1000328.

Richard, D., MacRaild, C.A., Riglar, D.T., Chan, J.A., Foley, M., Baum, J., Ralph, S.A., Norton, R.S., Cowman, A.F. (2010). Interaction between Plasmodium falciparum apical membrane antigen 1 and the rhoptry neck protein complex defines a key step in the erythrocyte invasion process of malaria parasites. *J Biol Chem.* **285**:14815-22.

Richter, S., Voss, U., Jürgens, G. (2009). Post-Golgi traffic in plants. *Traffic.* **10**:819-28.

Rieckmann, K.H., Beaudoin, R.L., Cassells, J.S., Sell, K.W. (1979). Use of attenuated sporozoites in the immunization of human volunteers against falciparum malaria. *Bull World Health Organ.* 57 Suppl **1**:261-5.

Riglar, D.T., Richard, D., Wilson, D.W., Boyle, M.J., Dekiwadia, C., Turnbull, L., Angrisano, F., Marapana, D.S., Rogers, K.L., Whitchurch, C.B., Beeson, J.G., Cowman, A.F., Ralph, S.A., Baum, J. (2011). Super-resolution dissection of coordinated events during malaria parasite invasion of the human erythrocyte. *Cell Host Microbe.* **9**:9-20.

Rogerson, S.J., Grau, G.E., Hunt, N.H. (2004). The microcirculation in severe malaria. *Microcirculation.* **11**:559-76.

Roll Back Malaria Partnership. (2009). www.rollbackmalaria.org

Ross, R. (1883). Observations on a Condition Necessary to the Transformation of the Malaria Crescent. *Br Med J.* **1**:251-5.

Rothman, J.E. & Orci, L. (1992). Molecular dissection of the secretory pathway. *Nature.* **355**:409-15.

Rothman, J.E. & Wieland, F.T. (1996). Protein sorting by transport vesicles. *Science.* **272**:227-34.

Rug, M., Wickham, M.E., Foley, M., Cowman, A.F., Tilley, L. (2004). Correct promoter control is needed for trafficking of the ring-infected erythrocyte surface antigen to the host cytosol in transfected malaria parasites. *Infect Immun.* **72**:6095-105.

Saeed, M., Roeffen, W., Alexander, N., Drakeley, C.J., Targett, G.A., Sutherland, C.J. (2008). Plasmodium falciparum antigens on the surface of the gametocyte-infected erythrocyte. *PLoS One.* **3**:e2280.

Saiki, R.K., Chang, C.A., Levenson, C.H., Warren, T.C., Boehm, C.D., Kazazian, H.H., Erlich, H.A. (1988). Diagnosis of sickle cell anemia and beta-thalassemia with enzymatically amplified DNA and nonradioactive allele-specific oligonucleotide probes. *N Eng J Med.* **319**:537-541.

Salmon, B.L., Oksman, A., Goldberg, D.E. (2001). Malaria parasite exit from the host erythrocyte: a two-step process requiring extraerythrocytic proteolysis. *Proc Natl Acad Sci U S A.* **98**:271-6.

Sambrook, J., Russel, D. W. (1989). Molecular cloning. A laboratory manual. 3 Vol. *Cold Spring Harbor Laboratory Press.* New York.

Santos, J.M., Ferguson, D.J., Blackman, M.J., Soldati-Favre, D. (2011). Intramembrane cleavage of AMA1 triggers Toxoplasma to switch from an invasive to a replicative mode. *Science.* **331**:473-7.

Schatten, H. (2011). Low voltage high-resolution SEM (LVHRSEM) for biological structural and molecular analysis. *Micron.* **42**:175-85.

Scherf, A., Lopez-Rubio, J.J., Riviere, L. (2008). Antigenic variation in Plasmodium falciparum. *Annu Rev Microbiol.* **62**:445-70.

Schmolze, D.B., Standley, C., Fogarty, K.E., Fischer, A.H. (2011). Advances in microscopy techniques. *Arch Pathol Lab Med.* **135**:255-63.

Schofield, L., Hewitt, M.C., Evans, K., Siomos, M.A., Seeberger, P.H. (2002). Synthetic GPI as a candidate anti-toxic vaccine in a model of malaria. *Nature.* **418**:785-9.

von **Seidlein**, L., Jawara, M., Coleman, R., Doherty, T., Walraven, G., Targett, G. (2001). Parasitaemia and gametocytaemia after treatment with chloroquine, pyrimethamine/sulfadoxine combined with artesunate in young Gambians with uncomplicated malaria. *Trop Med Int Health.* **6**:92-8.

Service, M.W. (1993). The Anopheles vector. In: Gilles HM, Warrell DA, Verlegt von: Arnold, E. *Bruce-Chwatt's Essential Malariology.* 3rd , London. 96-123.

Seydel, K.B., Gaur, D., Aravind, L., Subramanian, G., Miller, L.H. (2005). Plasmodium falciparum: characterization of a late asexual stage golgi protein containing both ankyrin and DHHC domains. *Exp Parasitol.* **110**:389-93.

Sheffield, H.G & Melton, M.L. (1968). The Fine Structure and Reproduction of Toxoplasma gondii. *J Parasitol.* **54**:209-226.

Shorter, J., Warren, G. (2002). Golgi architecture and inheritance. *Annu Rev Cell Dev Biol.* **18**:379-420.

Shortt, H. E., Garnham, P. C. (1948). Demonstration of a persisting exo-erythrocytic cycle in Plasmodium cynomolgi and its bearing on the production of relapses. *Bull World Health Organ 2000.* **78**:1447-9.

Shima, D. T., Haldar, K., Pepperkok, R., Watson, R., Warren, G. (1997). Partitioning of the Golgi apparatus during mitosis in living HeLa cells. *J. Cell Biol.* **137:**1211-1228.

Sidhu, A.B., Verdier-Pinard, D., Fidock, D.A. (2002). Chloroquine resistance in Plasmodium falciparum malaria parasites conferred by pfcrt mutations. *Science.* **298**:210–21.

Silvie, O., Franetich, J.F., Charrin, S., Mueller, M.S., Siau, A., Bodescot, M., Rubinstein, E. *et al.* (2004). A role for apical membrane antigen 1 during invasion of hepatocytes by Plasmodium falciparum sporozoites. *J Biol Chem.* **279**:9490-6.

Sim, B.K., Toyoshima, T., Haynes, J.D., Aikawa, M. (1992). Localization of the 175-kilodalton erythrocyte binding antigen in micronemes of Plasmodium falciparum merozoites. *Mol Biochem Parasitol.* **51**:157-9.

Sim, B.K., Chitnis, C.E., Wasniowska, K., Hadley, T.J., Miller, L.H. (1994). Receptor and ligand domains for invasion of erythrocytes by Plasmodium falciparum. *Science.* **264**:1941-4.

Simossis, V.A., Heringa, J. (2005a). PRALINE: a multiple sequence alignment toolbox that integrates homology-extended and secondary structure information. *Nucleic Acids Res.* **33**:289-94.

Simossis, V.A., Kleinjung, J., Heringa, J. (2005b). Homology-extended sequence alignment. *Nucleic Acids Res.* **33**:816-824.

Sluiter, Swellengrebel, Ihle (1922). 25 Plasmodium reichenowi. In: Primate Malarias. Verlegt von: Coatney, G.R., Collins, W.E., Warren, McW., Contacos, PG. U. S. Government Printing Office, Washington, D.C., USA. 309-13.

Snounou, G., Zhu, X., Siripoon, N., Jarra, W., Thaithong, S., Brown, K.N., Viriyakosol, S. (1999). Biased distribution of msp1 and msp2 allelic variants in Plasmodium falciparum populations in Thailand. *Trans R Soc Trop Med Hyg.* **93**:369-74.

Soulama, I., Bigoga, J.D., Ndiaye, M., Bougouma, E.C., Quagraine, J., Casimiro, P.N., Stedman, T.T., Sirima, S.B. (2011). Genetic diversity of polymorphic vaccine candidate antigens (apical membrane antigen-1, merozoite surface protein-3, and erythrocyte binding antigen-175) in Plasmodium falciparum isolates from western and central Africa. *Am J Trop Med Hyg.* **84**:276-84.

Spitz, S. (1946). The pathology of acute falciparum malaria. *Mil Surg.* **99**:555-72.

Stefanic, S., Palm, D., Svärd, S.G., Hehl, A.B. (2006). Organelle proteomics reveals cargo maturation mechanisms associated with Golgi-like encystation vesicles in the early-diverged protozoan Giardia lamblia. *J Biol Chem.* **281**:7595-604.

Storch, V., Welsch, U. (2003). Systematische Zoologie, *Spektrum akademischer Verlag.* Heidelberg.

Straub, K.W., Peng, E.D., Hajagos, B.E., Tyler, J.S., Bradley, P.J. (2011). The moving junction protein RON8 facilitates firm attachment and host cell invasion in Toxoplasma gondii. *PLoS Pathog.* **7**:e1002007.

Striepen, B. (2007). Switching parasite proteins on and off. *Nat Methods.* **12**:999-1000.

Struck, N.S., de Souza Dias, S., Langer, C., Marti, M., Pearce, J.A., Cowman, A.F., Gilberger, T.W. (2005). Re-defining the Golgi complex in Plasmodium falciparum using the novel Golgi marker PfGRASP. *J. Cell Sci.* **118**:5603-5613.

Struck, N.S., Herrmann, S., Langer, C., Krueger, A., Foth, B.J., Engelberg, K., Cabrera, A.L., Haase, S., Treeck, M., Marti, M., Cowman, A.F., Spielmann, T., Gilberger, T.W. (2008). Plasmodium falciparum possesses two GRASP proteins that are differentially targeted to the Golgi complex via a higher- and lower-eukaryote-like mechanism. *J Cell Sci.* **121**:2123-9.

Stuart, R.A. (2005). The Apicoplast. In: Molecular Approaches to Malaria. Verlegt durch: Sherman, I.W. *Americal Society of Microbiology*. Whashington, USA. 272-89.

Stubbs, J., Simpson, K.M., Triglia, T., Plouffe, D., Tonkin, C.J., Duraisingh, M.T., Maier, A.G., Winzeler, E.A., Cowman, A.F. (2005). Molecular mechanism for switching of P. falciparum invasion pathways into human erythrocytes. *Science.* **309**:1384-7.

Sturm, A., Amino, R., van de Sand, C., Regen, T., Retzlaff, S., Rennenberg, A., Krueger, A., Pollok, J.M., Menard, R., Heussler, V.T. (2006). Manipulation of host hepatocytes by the malaria parasite for delivery into liver sinusoids. *Science.* **313**:1287-90.

Sullivan, D.J. (2002). Theories on malarial pigment formation and quinoline action. *Int J Parasitol.* **32**:1645-53.

Sunyaev, S., Hanke, J., Aydin, A., Wirkner, U., Zastrow, I., Reich, J., Bork, P. (1999). Prediction of nonsynonymous single nucleotide polymorphisms in human disease-associated genes. *J Mol Med.* **77**:754-60.

Sutherland, C. J., Alloueche, A., Curtis, J., Drakeley, C. J., Ord, R., Duraisingh, M., Greenwood, B. M., Pinder, M., Warhurst, D., Targett, G. A. (2002). Gambian children successfully treated with chloroquine can harbor and transmit Plasmodium falciparum gametocytes carrying resistance genes. *Am J Trop Med Hyg* **67**:578-85.

Sutherland, C.J., Tanomsing, N., Nolder, D., Oguike, M., Jennison, C., Pukrittayakamee, S., Dolecek, C. *et al.*. (2010). Two nonrecombining sympatric forms of the human malaria parasite Plasmodium ovale occur globally. *J Infect Dis.* **201**:1544-50.

Tachihara, K., Uemura, T., Kashiwagi, K., Igarashi, K. (2005). Excretion of putrescine and spermidine by the protein encoded by YKL174c (TPO5) in Saccharomyces cerevisiae. *J Biol Chem.* **13**:12637-42.

Taketo, A. (1988). DNA transfection of Escherichia coli by electroporation. *Biochem Biophy Acta.* **949**:318-324.

Tanner, M., de Savigny, D. (2008). Malaria eradication back on the table. *Bull World Health Org.* **86**:81-160.

Tarun, A.S., Dumpit, R.F., Camargo, N., Labaied, M., Liu, P., Takagi, A., Wang, R., Kappe, S.H. (2007). Protracted sterile protection with Plasmodium yoelii pre-erythrocytic genetically attenuated parasite malaria vaccines is independent of significant liver-stage persistence and is mediated by CD8+ T cells. *J Infect Dis.* **196**:608-16.

Templeton, T.J., Iyer, L.M., Anantharaman, V., Enomoto, S., Abrahante, J.E., Subramanian, G.M., Hoffman, S.L., Abrahamsen, M.S., Aravind, L. (2004). Comparative analysis of *Apicomplexa* and genomic diversity in eukaryotes. *Genome Res.* **14**:1686-95.

Thomas, A.W., Deans, J.A., Mitchell, G.H., Alderson, T., Cohen, S. (1984). The Fab fragments of monoclonal IgG to a merozoite surface antigen inhibit Plasmodium knowlesi invasion of erythrocytes. *Mol. Biochem. Parasitol.* **13**:187–199.

Thompson, J.K., Triglia, T., Reed, M.B., Cowman, A.F. (2001). A novel ligand from Plasmodium falciparum that binds to a sialic acid-containing receptor on the surface of human erythrocytes. *Mol Microbiol.* **41**:47-58.

Tilley, L., Sougrat, R., Lithgow, T., Hanssen, E. (2008). The twists and turns of Maurer's cleft trafficking in P. falciparum-infected erythrocytes. *Traffic.* **9**:187-97.

Timmann, C., Meyer, C.G. (2010). Malaria, mummies, mutations: Tutankhamun's archaeological autopsy. *Trop Med Int Health.* **15**:1278-80.

Tindall, KR. & Kunkel, TA. (1988). Fidelity of DNA synthesis by the Thermus aquaticus DNA polymerase. *Biochemistry.* **27**:6008-13.

Tonkin, C.J., Pearce, J.A., McFadden, G.I., Cowman, A.F. (2006). Protein targeting to destinations of the secretory pathway in the malaria parasite Plasmodium falciparum. *Curr Opin Microbiol.* **9**:381-7.

Trager, W., Jensen, J.B. (1976). Human malaria parasites in continuous culture. *Science.* **193**:673-675.

Trape, J.F., Pison, G., Preziosi, M.P., Enel, C., Desgrees du Lou, A., Delaunay, V., Samb, B., Lagarde, E., Molez, J.F., Simondon, F. (1998). Impact of chloroquine resistance on malaria mortality. *C R Acad. Sci. III.* **321**:689-97.

Treeck, M., Struck, N.S., Haase, S., Langer, C., Herrmann, S., Healer, J., Cowman, A.F., Gilberger, T.W. (2006). A conserved region in the EBL proteins is implicated in microneme targeting of the malaria parasite Plasmodium falciparum. *J Biol Chem.* **281**:31995-2003.

Treeck, M., Zacherl, S., Herrmann, S., Cabrera, A., Kono, M., Struck, N.S., Engelberg, K., Haase, S., Frischknecht, F., Miura, K., Spielmann, T., Gilberger, T.W. (2009). Functional analysis of the leading malaria vaccine candidate AMA-1 reveals an essential role for the cytoplasmic domain in the invasion process. *PLoS Pathog.* **5**:e1000322.

Treeck, M., Tamborrini, M., Daubenberger, C.A., Gilberger, T.W., Voss, T.S. (2009). Caught in action: mechanistic insights into antibody-mediated inhibition of Plasmodium merozoite invasion. *Trends Parasitol.* **25**:494-7.

Triglia, T., Tham, W.H., Hodder, A., Cowman, A.F. (2009). Reticulocyte binding protein homologues are key adhesins during erythrocyte invasion by Plasmodium falciparum. *Cell Microbiol.* **11**:1671-87.

Tyler, J.S., Treeck, M., Boothroyd, J.C. (2011). Focus on the ringleader: the role of AMA1 in apicomplexan invasion and replication. *Trends Parasitol.* doi:10.1016/j.pt.2011.04.002.

Udomsangpetch, R., Wahlin, B., Carlson, J., Berzins, K., Torii, M., Aikawa, M., Perlmann, P., Wahlgren, M. (1989). Plasmodium falciparum infected erythrocytes form spontaneous erythrocyte rosettes. *J. Exp. Med.* **169:**1835-40.

Umlas, J., Fallon, J.N. (1971). New thick-film technique for malaria diagnosis. Use of saponin stromatolytic solution for lysis. *Am J Trop Med Hyg.* **20**:527-9.

Wahlgren, M. (1986). Antigens and antibodies involved in humoral immunity to Plasmodium falciparum. PhD thesis. Karolinska Institut, Stockholm, Schweden.

Waller, R.F., Keeling, P.J., Donald, R.G., Striepen, B., Handman, E., Lang-Unnasch, N., Cowman, A.F., Besra, G.S., Roos, D.S., McFadden, G.I. (1998). Nuclear-encoded proteins target to the plastid in Toxoplasma gondii and Plasmodium falciparum. *Proc Natl Acad Sci U S A.* **95**:12352-7.

Waller, R.F., Reed, M.B., Cowman, A.F., McFadden, G.I. (2000). Protein trafficking to the plastid of Plasmodium falciparum is via the secretory pathway. *EMBO J.* **19**:1794-802.

Walter, P., Ibrahimi, I., Blobel, G. (1981). Translocation of proteins across the endoplasmic reticulum. I. Signal recognition protein (SRP) binds to in-vitro-assembled polysomes synthesizing secretory protein. *J Cell Biol.* **91**:545-61.

Wang, Z., Gershon, M.D., Lungu, O., Panagiotidis, C.A., Zhu, Z., Hao, Y., Gershon, A.A. (1998). Intracellular transport of varicella-zoster glycoproteins. *J Infect Dis.* **178**:7-12.

Wang, Y., Seemann, J., Pypaert, M., Shorter, J., Warren, G. (2003). A direct GRASP65 as a mitotically regulated Golgi stacking factor. *EMBO J.* **22**:3279-90.

Wang, Y., Satoh, A., Warren, G. (2005). Mapping the functional domains of the Golgi stacking factor GRASP65. *J Biol Chem.* **280**:4921-8.

Wasmuth, J., Daub, J., Peregrín-Alvarez, J.M., Finney, C.A., Parkinson, J. (2009). The origins of apicomplexan sequence innovation. *Genome Res.* **19**:1202-13.

Waters, A.P., Higgins, D.G., McCutchan, T.F. (1991). Plasmodium falciparum appears to have arisen as a result of lateral transfer between avian and human hosts. *Proc Natl Acad Sci U S A.* **88:**3140-4.

Weiner, A., Dahan-Pasternak, N., Shimoni, E., Shinder, V., von Huth, P., Elbaum, M., Dzikowski, R. (2011). 3D nuclear architecture reveals coupled cell cycle dynamics of chromatin and nuclear pores in the malaria parasite Plasmodium falciparum. *Cell Microbiol.* **13**:967-77.

Welch, W.H. (1897). Adaption in pathological processes. *Science.* **5**:813-32.

White, N.J. (2003). Chapter71: Malaria. Manson´s Tropical diseases. 21st Edition. Cook, G.C. & Zumla, A.. *Elsevier Science Limited and W. B. Saunders.* Edinburgh, UK. 1205-1295.

WHO. (2008). World Malaria Report 2008. www.who.int/malaria/wmr2008.

WHO. (2010). World Malaria Report 2010. www.who.int/malaria/world_malaria_report_2010/en/index.html

Wickham, M.E., Rug, M., Ralph, S.A., Klonis, N., McFadden, G.I., Tilley, L., Cowman, A.F. (2001) Trafficking and assembly of the cytoadherence complex in Plasmodium falciparum-infected human erythrocytes. *EMBO J.* **20**:5636-49.

Wickham, M.E., Culvenor, J.G., Cowman, A.F. (2003). Selective inhibition of a two-step egress of malaria parasites from the host erythrocyte. *J Biol Chem.* **278**:37658-63.

Williams, T.N. (2006). Human red blood cell polymorphisms and malaria. *Curr Opin Microbiol.* **9**:1–7.

Wilson, R.J., Gardner, M.J., Feagin, J.E., Williamson, D.H. (1991). Have malaria parasites three genomes? *Parasitol Today.* **7**:134-6.

Wood, C.S., Schmitz, K.R., Bessman, N.J., Setty, T.-G., Ferguson, K.M., Burd, C.G. (2009). PtdIns4P recognition by Vps74/GOLPH3 links PtdIns 4-kinase signaling to retrograde Golgi trafficking. *J Cell Biol.***187:**967-75.

Wooding, S. & Pelham, H.R. (1998), The dynamics of golgi protein traffic visualized in living yeast cells. *Mol Biol Cell.* **9**:2667-80.

Wu, Y., Sifri, C.D., Lei, H.H., Su, X.Z., Wellems, T.E. (1995). Transfection of Plasmodium falciparum within human red blood cells. *Proc Natl Acad Sci USA.* **92**:973-977.

van **Wye**, J., Ghori, N., Webster, P., Mitschler, R.R., Elmendorf, H.G., Haldar, K. (1996). Identification and localization of rab6, separation of rab6 from ERD2 and implications for an „unstacked" Golgi, in Plasmodium falciparum. *Mol. Biochem. Parasitol.* **83**:107-20.

Yuste, R. (2005). Fluorescence microscopy today. *Nat Methods.* **2**:902-4.

Zhang, H,. Compaore, M.K., Lee, E.G., Liao, M., Zhang, G., Sugimoto, C., Fujisaki, K., Nishikawa, Y., Xuan, X. (2007). Apical membrane antigen 1 is a cross-reactive antigen between Neospora caninum and Toxoplasma gondii, and the anti-NcAMA1 antibody inhibits host cell invasion by both parasites. *Mol Biochem Parasitol.* **151**:205-12.

Zhang, J., Planey, S.L., Ceballos, C., Stevens, S.M. Jr., Keay, S.K., Zacharias, D.A. (2008). Identification of CKAP4/p63 as a major substrate of the palmitoyl acyltransferase DHHC2, a putative tumor suppressor, using a novel proteomics method. *Mol Cell Proteomics.* **7**:1378-88.

Zhang, Z., Mo, D., Cong, P., He, Z., Ling, F., Li, A., Niu, Y., Zhao, X., Zhou, C., Chen, Y. (2010). Molecular cloning, expression patterns and subcellular localization of porcine TMCO1 gene. *Mol Biol Rep.* **37**:1611-8.

Zhou, Y., Ramachandran, V., Kumar, K.A., Westenberger, S., Refour, P., Zhou, B., Li, F., Young, J.A., Chen, K., Plouffe, D., Henson, K., Nussenzweig, V., Carlton, J., Vinetz, J.M., Duraisingh, M.T., Winzeler, E.A. (2008). Evidence-based annotation of the malaria parasite's genome using comparative expression profiling. *PLoS One*. **3**:e1570.

MIX
Papier aus verantwortungsvollen Quellen
Paper from responsible sources
FSC® C105338

Printed by Books on Demand GmbH, Norderstedt / Germany